科学新悦读文丛

三角之美

边边角角的趣事

第2版

[以]
伊莱·马奥尔
（Eli Maor）
著

曹雪林 边晓娜
译

Trigonometric Delights

人民邮电出版社
北京

图书在版编目（CIP）数据

三角之美：边边角角的趣事：第2版 / (以色列)伊莱·马奥尔(Eli Maor)著；曹雪林，边晓娜译. -- 北京：人民邮电出版社，2018.12
(科学新悦读文丛)
ISBN 978-7-115-49185-5

Ⅰ. ①三… Ⅱ. ①伊… ②曹… ③边… Ⅲ. ①三角函数—普及读物 Ⅳ. ①O171-49

中国版本图书馆CIP数据核字(2018)第209757号

版权声明

◆ 著　　　　[以] 伊莱·马奥尔（Eli Maor）
译　　　　曹雪林　边晓娜
责任编辑　刘　朋
责任印制　陈　犇
◆ 人民邮电出版社出版发行　　北京市丰台区成寿寺路 11 号
邮编　100164　　电子邮件　315@ptpress.com.cn
网址　http://www.ptpress.com.cn
北京虎彩文化传播有限公司印刷
◆ 开本：700×1000　1/16
印张：15.25　　　　2018 年 12 月第 1 版
字数：200 千字　　　2025 年 1 月北京第 21 次印刷
著作权合同登记号　图字：01-2017-9211 号

定价：49.00 元

读者服务热线：(010)81055410　印装质量热线：(010)81055316
反盗版热线：(010)81055315
广告经营许可证：京东市监广登字 20170147 号

内容提要

三角学是一个古老的数学分支，它美丽而又神秘。

本书从历史发展的角度展现了三角学与其他诸多学科的紧密联系，阿涅西的女巫、高斯的启示、芝诺的遗憾……一连串有趣的故事构成了一幅美丽的画卷。全书共 15 章，历史、理论、趣闻、应用尽含其中，涵盖了三角学的所有精华部分。品读此书，你会感叹数学之美、人类之聪慧、科学发展之不易。

本书适合所有对数学特别是三角学感兴趣的读者阅读。

前　言

在数学领域中，可能没有其他分支学科能像三角学一样始终占据着中心位置。

——赫伯特

本书既不是一本三角学教材（这类书已经有很多了），也不是一本全面阐述三角学历史的书（尽管目前还没有这样的书）。本书只是尝试从历史发展的角度，向人们呈现一些精选出来的三角学方面的课题，并展示三角学与其他自然科学的联系。选择这个主题，不仅出于我对三角学的喜爱，还出于我对该学科在大学中的授课方式深深的失望。

首先谈一下我对三角学的热爱。在初中的时候，我有幸遇到了一位很优秀的老师，他年轻且精力充沛，教我们数学和物理。他是一位严肃认真、要求非常苛刻的老师，不能容忍上课迟到或者缺考现象（你最好保证你不会这样做，否则这些不良记录都会体现在你的成绩单上）。如果你没有完成家庭作业或者某次测验的成绩很糟糕，那么就更伤脑筋了。我们个个都怕他，挨训时会吓得发抖，生怕他通知我们的父母。然而，我们都很尊敬他，他成了我们许多人的榜样。更为重要的是，他给我们展现了数学与现实世界的联系，特别是与物理学的联系。因此，我们自然而然地学到了大量的三角学知识。

多年以来，我和他一直保持通信，并且后来还见过几面。他非常固执，不论你谈起什么话题（数学或其他学科），他总会和你争辩，并且通常都会让你哑口无言。在我大学毕业后的很多年里，我一直认为他依然是我的老师。他的父母在第二次世界大战前从欧洲辗转到中国躲避战乱，他出生在中国，后来随父母移民到以色列，进入耶路撒冷的希伯来大学学习，随后在第一次中东战争期间应召入伍。后来他在特拉维夫大学任教，并被授予终身教职（他是全校获此殊荣的两位教师之一），尽管他没有博士学位。1989 年，他在讲授每周都有的数学史课时突然倒下，就这样与世长辞了。他就是伊利欧索夫，我非常想念他。

现在谈些让我失望的事情吧。20 世纪 50 年代后期，随着苏联在太空领域的胜利（史波尼克一号卫星在 1957 年 10 月 4 日成功发射，我记得这个日子，因为那天正好是我的 20 岁生日），美国民众对整个教育体系改革，特别是对自然科学教育改革的呼声日益高涨。人们纷纷提出新的想法和计划，旨在缩小与苏联之间的科技差距（尽管也有人勇敢地质疑这种差距是否真的存在，但是在这种大众的狂热氛围中人们对这些声音置若罔闻）。这些年是美国自然科学教育的黄金时代，只要你对如何教授一门学科有新想法（哪怕只是一个粗浅的想法），那么几乎可以保证你能申请到一笔经费开展工作。因此，所谓的“新数学”运动诞生了，“新数学”运动的目的在于使学生们理解他们所学的知识，而不是像前面几代人一样，只是采取机械学习和死记硬背的方式。我们花费了大量的时间和经费来研究和推广新的数学教学方法，这些方法强调抽象概念，比如集合论、函数（定义为有序对的集合）以及形式逻辑。人们行色匆匆地组织研讨班、学术研讨会，开发新课程以及编写新教材。成百上千的教育工作者开始致力于向困惑不解的广大教师和家长传授这些新的理念，更有一些人开始周游世界向发展中国家传播这些新的主张，此时有些发展中国家的大部分民众连大字都还不识几个。

如今，40 年过去了，大多数教育工作者认为“新数学”弊大于利。我们的学生可能学习到集合论的语言和符号，但是当他们遇到最简单的数值计算时容易出错，无论有没有用计算器。因此，许多高中毕业生缺乏基本的运算技能，他们中大约一半的人在初进大学后的微积分考试中不及格。学院和大学投入了大量的资金开展补救项目，而且为了更容易被大家接受，他们给这些项目起了一些委婉的名字，如“发展计划”或者“数学实验室”，但收效并不显著。

几何学和三角学就是“新数学”运动中的两门课程。作为在自然科学和工程学中都至关重要的一门学科，三角学首当其冲，成为变革的牺牲品。打着严谨的旗号，形式化的定义和冗长的逻辑推导取代了对三角学的真正理解。人们不再谈论角，而是角的度量；不再讨论在几何环境中定义正弦和余弦函数（直角三角形中直角边与斜边边长的比率，或者单位圆在 x 轴和 y 轴上的投影），而是谈论着从实数到区间［$-1, 1$］上的函数。集合符号和集合语言已经遍及所有的讨论，酿成的后果就是一个相对简单的学科被毫无意义的形式主义搞得晦涩难懂。

更糟糕的是，由于众多的高中毕业生缺乏基本的运算技能，因此通用三角学教材的水准和深度正在日益下降。示例和练习题通常都是最简单和最常规的类型，只需要记住一些基本的公式即可解决所有的运算。诸如代数学中大家熟知的“文字题”，多数都枯燥无味，无法引起学生的兴趣，只会让学生产生一种“不以为然”的感觉。学生们很少有机会去处理真正具有挑战性并足以带给他们成就感的恒等式。下面举两个例子。

1. 证明：对任意数 x，

$$\frac{\sin x}{x} = \cos\frac{x}{2}\cos\frac{x}{4}\cos\frac{x}{8}\ \cdots$$

这个公式是欧拉首先发现的。令 $x=\frac{\pi}{2}$，利用 $\cos\frac{\pi}{4}=\frac{\sqrt{2}}{2}$，并重复使用余弦函数的半角公式，我们就可以得到如下优美的公式：

$$\frac{2}{\pi}=\frac{\sqrt{2}}{2}\times\frac{\sqrt{2+\sqrt{2}}}{2}\times\frac{\sqrt{2+\sqrt{2+\sqrt{2}}}}{2}\times\cdots$$

1593 年，数学家韦达用纯几何的方法发现了这个公式。

2. 证明在任意三角形中，

$$\sin\alpha+\sin\beta+\sin\gamma=4\cos\frac{\alpha}{2}\cos\frac{\beta}{2}\cos\frac{\gamma}{2}$$

$$\sin 2\alpha+\sin 2\beta+\sin 2\gamma=4\sin\alpha\sin\beta\sin\gamma$$

$$\sin 3\alpha+\sin 3\beta+\sin 3\gamma=-4\cos\frac{3\alpha}{2}\cos\frac{3\beta}{2}\cos\frac{3\gamma}{2}$$

$$\tan\alpha+\tan\beta+\tan\gamma=\tan\alpha\tan\beta\tan\gamma$$

（这个公式具有一些意想不到的重要意义，我们将会在第 12 章进行讨论。）

这些公式由于它们的对称性而引人注目，你甚至可以说它们“漂亮”（对于一门以枯燥和专业性著称的学科来说，这个词是它少有的荣誉）。在附录 C 中，我收集了另外一些漂亮的公式，当然“漂亮”的评判标准相当主观。

克雷默在《现代数学的本质与发展》（*The Nature and Growth of Modern Mathematics*）一书中提到：“有些学生认为，三角学是将折磨人的计算美化了的几何学。”本书将试图消除这种印象。我按照历史发展的顺序来编写这本书，部分原因是我认为这对帮助学生喜爱数学（或者广泛的自然科学）大有益处。然而，我没有严格按照历史的发展顺序来选择题材，而是根据它们美学上的感染力或者与其他学科的相关性来选择。当然，对这些题材的选择在很大程度上只反映了我自己的偏好，可选的题材其实还有很多。

阅读前 9 章只需要具备基本的代数学和三角学知识即可，其他章节则要依赖一些初级微积分的知识（不超过微积分Ⅱ的程度）。书中内容对高中生和大学生来说是很容易理解的。由于我很清楚这本书的读者群，因此我把讨论的重点限制在平面三角学，不涉及球面三角学（尽管从历史的角度上看，后者首先主宰着这门学科）。另外，我把一些额外的历史资料（多为人物传记）放在8个可独立于主要章节阅读的“辅助内容”里，供读者参考。即使只有几个读者从这些内容中受到启发，我的付出也就值得了。

非常感谢我的儿子伊亚，他绘制了书中的所有插图；非常感谢宾夕法尼亚州阿兰顿市穆冷博格学院的威廉·邓汉姆和新罕布什尔大学的保罗·J. 纳宁，他们非常认真地阅读了我的初稿；非常感谢普林斯顿大学出版社的工作人员，他们一丝不苟地完成了该书的出版工作；非常感谢斯科基公共图书馆的工作人员，他们极力地帮助我找到一些珍贵的和绝版的资源；最后，特别感谢我亲爱的妻子戴利亚，她始终如一地支持我完成这本书。没有他们的帮助，这本书将永远不可能问世。

说明：本书多次引用《科学传记辞典》（*Dictionary of Scientific Biography*，共16卷，查尔斯·科尔斯顿·吉利斯皮编）。为简单起见，本书在提到该辞典时将使用其英文缩写DSB。

伊莱·马奥尔

1997年2月20日于伊利诺伊州斯科基市

目录

CONTENTS

开篇语　书吏阿梅斯　/ 1

古埃及的数学娱乐　/ 8

第 1 章　角　/ 13

第 2 章　弦　/ 17

普林顿 322：最早的三角函数表　/ 26

第 3 章　6 个函数的发展　/ 31

雷吉奥蒙塔努斯　/ 37

第 4 章　解析三角学的出现　/ 45

韦达　/ 50

第 5 章　测量天空和地球　/ 57

棣莫弗　/ 73

第 6 章　几何中的两个定理　/ 81

第 7 章　外摆线与内摆线　/ 89

玛利亚 · 阿涅西和她的“女巫”　/ 100

第 8 章　高斯的启示　/ 104

第 9 章　芝诺的遗憾　/ 110

第 10 章　$(\sin x)/x$　/ 121

第 11 章　非凡的公式　/ 131

利萨如和他的图形　/ 137

第 12 章　$\tan x$　/ 141

第 13 章　地图制作者的天堂　/ 155

第 14 章　$\sin x=2$: 复三角学　/ 167

兰道：优秀的严谨主义者　/ 178

第 15 章　傅里叶定理　/ 183

附录 A　旧观念古为今用　/ 195

附录 B　巴罗的 $\sec\phi$ 积分　/ 200

附录 C　三角公式精华　/ 203

附录 D　$\sin\alpha$ 的一些特殊值　/ 205

注释及资料来源　/ 207

参考文献　/ 229

开篇语

书吏阿梅斯

士兵们，在远方金字塔的顶上，4 000 年的岁月在俯视着你们！

——拿破仑，1798 年 7 月 21 日在埃及

1858 年，苏格兰律师兼文物收藏家莱因德（1833—1863）在前往尼罗河谷的旅途中买了一份文献，这份文献是几年前在上埃及底比斯城（现在的卢克索附近）的一个小建筑废墟中出土的。这份文献现在被称为《莱因德纸草书》（*Rhind Papyrus*），是一本包含 84 个数学问题的文集，内容涉及算术、早期代数和几何[1]。由于莱因德在 30 岁时便英年早逝，这批文献随后为大英博物馆所拥有，成为永久馆藏。这份纸草书最初被发现时是 548.64 厘米长、33.02 厘米宽的卷轴，但是当大英博物馆得到它时，一部分已经遗失了。然而，十分幸运的是，后来发现这些遗失的部分由纽约历史学会所保存，因此现在可以看到完整的文献。

古埃及的神殿及宝藏，总是令欧洲的旅行者们神往不已。1799年，拿破仑率领军队入侵埃及，虽然以失败告终，但是它为大批的学者、文物研究者和探险者打开了通往埃及的大门。拿破仑对文化和科学有着浓厚的兴趣，他的幕僚中有众多各个领域的学者，其中就有数学家傅里叶（我们在后面还会谈到他）。这些学者在整个埃及搜罗古代的宝藏，凡是能带走的都被带回了欧洲。他们最著名的发现，就是在尼罗河三角洲最西端的小镇拉希德（欧洲人称之为罗塞塔）附近发掘出的一块巨大的玄武岩石碑。

和《莱因德纸草书》一样，罗塞塔石碑最后也由大英博物馆收藏，上面刻有托勒密五世王朝（公元前195）由埃及僧侣组成的议会所颁布的一项法令，分别用3种文字——希腊文、古埃及通用文字和象形文字写成。英国物理学家托马斯·杨（1773—1829）是第一个破译石碑上文字的人（托马斯兴趣广泛，最著名的成就是他提出了光的波动性理论）。通过比较3种文字中符号相似的部分，他编纂出一部关于古埃及文字的初级字典。这部字典最后于1822年由法国著名的埃及古物学者商博良（1790—1832）完成，商博良还在刻文中辨识出埃及艳后克利奥帕特拉的名字。商博良具有划时代意义的工作，使学者们得以译出大量写在莎草纸、木片以及石碑上的古埃及文献，其中有几卷就是有关数学的。目前最长最完整的数学文献就是《莱因德纸草书》。

德国学者埃森洛尔最先将《莱因德纸草书》翻译成现代语言，英译版则由皮特所译，1923年在伦敦出版[2]。但是，影响最广泛的版本是由蔡斯于1929年完成的。蔡斯原本是美国的一个商人，1910年的埃及之行使他成为一位埃及古物学者。正是通过他翻译的版本，《莱因德纸草书》才被普通大众所知道[3]。

纸草书上的文字是用僧侣体从右向左写成的，这与较早的象形文字截然相反。全文用黑红两种颜色写成，并配有几何图形。它由一位名叫阿莫斯的书吏所写，现代的作者一般称他为阿梅斯。但是，纸草书上所记载的内容不是他自己的著作，他只是将它们从更古老的手稿中抄录下来而已，这可以从他自己写的序文中看出：

> 本书是在第33年洪水泛滥季节的第4个月抄录的，时值上下埃及统治者阿屋赛瑞法老时代，它以相似的形式，为上下埃及统治者奈马特瑞时代的文献赋予新的生命。抄录者是阿梅斯[4]。

上面提到的第一位法老阿屋赛瑞，已经被确认是希克索斯王朝的君王之一，大约生活在公元前1650年。第二位法老奈马特瑞是阿美尼赫特三世，统治时期是公元前1849年至公元前1801年，这一时期被称为中王国时代。因此，我们可以确定原著和抄录的确切时间，这份文献写于将近4 000年前，是目前所知年代最早、内容最广泛的古代数学文献之一[5]。

这本著作在一开始就展现了作者的宏大愿景：计划向读者提供一个“对所有事物全面而彻底的研究，洞察所有存在的事物，知晓所有的秘密”[6]。即使这些愿望未能很好地实现，这本著作仍然能够使我们对古埃及数学有非常深刻的领悟。文献中所列出的84个问题涵盖算术、口述代数（求出未知量）、测量（面积和体积计算），甚至还有等差及等比数列。那些习惯了希腊数学形式结构（定义、公理、定理和证明）的人，一定会对《莱因德纸草书》的内容感到失望，因为这里既没有提出可以应用到某一类问题上的一般规则，也没有根据既有事实逻辑推导出来的结果。相反，问题都是给出特定值的特定例子。它们几乎都是“叙述型问题”，处理的都是很平常的事物，比如求一块田地的面积、一个粮仓的容积，或者是如何在许多人当中分配一定数量的面包等。显然，这本著作是书吏学校的一本习题集，因为当时只有皇室书吏阶级才能从事文字工作，包括阅读、写作和算术，也就是我们现在的“3R”[7]。该纸草书还包含一个看上去没有实际用途的问题，其目的显然是挑战和娱乐读者（见本章后的“古埃及的数学娱乐”）。

《莱因德纸草书》的开头是两个表：一个是2被3到101之间所有奇数除的除法表，另一个则是整数1到9被10除的除法表。所有答案都是以单位分数（分子是1的分数）的形式给出的。不知道出于什么原因，这是古埃及人所知道的用来处理分数的唯一方式，2/3是一个例外，它本身被视作一个基本分数。他们用大量的时间和技巧将一个分数分解成单位分数的和。例如，6 被 10 除的结果是 1/2+1/10，7 被 10 除的结果是 2/3+1/30[8]。当然，古埃及人并没有使用我们现代的符号来表示分数，他们在整数上加一个点（或者在象形文字上加一个椭圆）来表示该整数的倒数。他们也没有表示加法的符号，单位分数简单地并列写在一起就表示相加[9]。

该文献接下来处理的是包含减法（称为“求全”）和乘法的算术问题，以及求解未知量的问题。这些问题统称为“啊哈”问题，因为它们通常以字母 h（发音 aha 或者 hau）开头，所代表的意思可能就是要找出的“未知量”[10]。例如，第 30 题是：“如果有人问什么数的（2/3+1/10）是 10，请告诉他。”文献中记载的答案是 13+1/23，并且在后面列出一个证明过程（我们现在称之为“验证”），来证明这确实是一个正确答案。

用现代语言来说，第 30 题等同于解方程 $(2/3+1/10)x=10$。这类线性方程用所谓的“试位法”来求解：假设用一个合适（容易算）的数字表示 x（比如 30），代入到方程中，则等式左边变成 23，不等于 10。又因为 23 必须乘以 10/23 才能得到 10，所以正确的解应该是 10/23 乘以假设的值，也就是 $x=300/23=13+1/23$。可见，在现代代数符号出现之前约 3 500 年，埃及人就已经掌握了一种能够有效求解线性方程的方法[11]。

第 41~60 题实质上是几何问题。第 41 题说：“求出一个直径为 9，高度为 10 的圆柱形粮仓的容积。”解答如下：“减去 9 的 1/9（也就是 1），得到 8。将 8 乘以 8，得到 64。将 64 乘以 10，得到 640。”（单位是立方腕尺，然后作者将此结果乘以 15/2，转换成“赫卡”——这是当时用来测量谷物容积的标准单位，1 赫卡等于 4.789 立方分米。）[12] 显然，为了计算出圆柱的底面积，书吏将圆形的底用边长为直径的 8/9 的正方形来代替。如果用 d 来表示直径，则面积公式为 $A=[(8/9)d]^2=(64/81)d^2$。如果将此公式与 $A=\pi d^2/4$ 相比较，我们可以发现埃及人使用的 π 值是 3.160 49（≈256/81），这与真实值的误差只有 0.6%。精度之高让人惊叹，真是非常了不起的成就！[13]

我们特别感兴趣的是第 56~60 题，这几道题都与埃及的名胜古迹金字塔有关，并且所有问题都用到了词“塞克特”（参见图 0-1）[14]。这个词的意思我们随后就会知道。

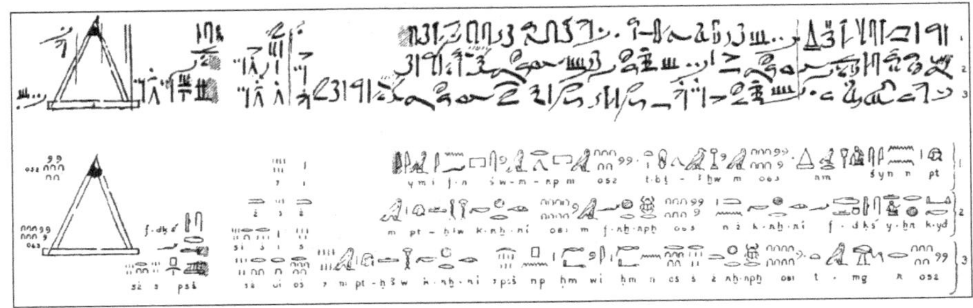

图 0-1 《莱因德纸草书》第 56 题

第 56 题说：“如果一个金字塔高 250 腕尺，底边的边长为 360 腕尺，则它的‘塞克特’是多少？”阿梅斯的解答如下。

取 360 的 1/2 为 180，为了得到 180，乘以 250，得到 1/2 1/5 1/50 腕尺。1 腕尺等于 7 掌，用 7 乘以 1/2 1/5 1/50：

1	7		
1/2	3	1/2	
1/5	1	1/3	1/15
1/50		1/10	1/25

则塞克特是 $5\frac{1}{25}$ 掌，即 (3+1/2)+(1+1/3+1/15)+(1/10+1/25)=$5\frac{1}{25}$ [15]。

让我们来分析一下这个解。显然，360 的 1/2（即 180）是金字塔正方形底边边长的一半（参见图 0-2）。“为了得到 180，乘以 250”的意思是，找出一个数 x，使得 250 乘以 x 等于 180，因此可得 x= 180/250=18/25。但是，埃及数学家要求所有的答案都必须以单位分数的形式给出，而 1/2、1/5 和

1/50 的和正好是 18/25，所以这个数值是金字塔底边边长的一半与金字塔的高之比，也就是金字塔侧面的横宽对纵高之比。事实上，阿梅斯发现的这个量（塞克特）就是金字塔的底面与侧面夹角的余切值[16]。

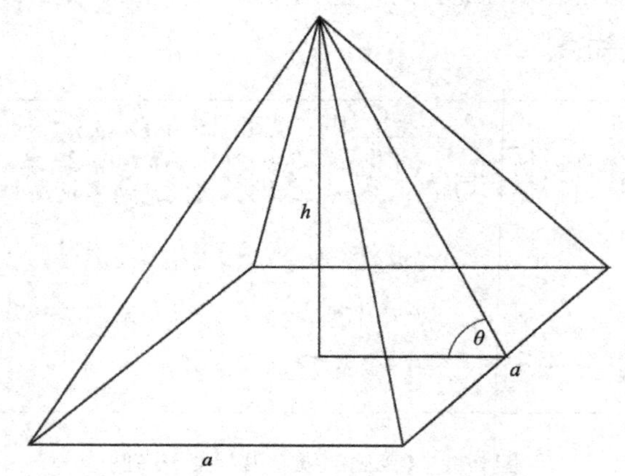

图 0-2　以正方形为底的金字塔

有读者可能马上会产生两个疑问。首先，为什么他不像我们今天的做法一样求出这个比率的倒数，也就是纵高对横宽之比呢？答案是，人们在建造垂直建筑物时，会很自然地去度量当高度增加一个单位时，水平方向与垂线的偏离程度，也就是横宽对纵高之比。这确实是建筑学的实际做法，他们用“直倾斜”来度量一面想象中的竖直墙的内倾斜率。

其次，为什么阿梅斯要把他的答案乘以 7 呢？其原因是，金字塔的建造者们在测量水平距离时常用“掌”或者“手”作为单位，而测量垂直距离则用腕尺作为单位。1 腕尺等于 7 掌，因此所求出的“塞克特”值$5\frac{1}{25}$是以每腕尺的“掌数”为单位给出的横宽对纵高之比。当然，我们今天只是将这些比率视作纯数字。

为什么横宽对纵高之比被认为如此重要，以至于被赋予一个专有名词，并且在纸草书中占用了 4 个题目？原因在于，金字塔建造者必须保持每个面相对水平面的倾斜度是一致的。这可能在纸上看着非常容易，但是一旦开始实际建造，建筑工人就必须经常检查，以确保在施工过程中保持所需的倾斜度。也就是说，每一个面的“塞克特”值必须一样。

第 57 题是第 56 题的相反形式：给出“塞克特”值和底边的边长，然后求高。第 58、59 题与第 56 题类似，得到“塞克特”的值是$5\frac{1}{4}$掌（每腕尺），所不同的是，答案以 5 掌 1 指（1 掌等于 4 指）来表示。最后，第 60 题是求一个高 30 腕尺、“底”15 腕尺的柱子的“塞克特”值。我们不知道该柱子是金字塔形还是圆柱形（如果是此情形，15 则是底面的直径），然而不论是哪种情况，答案都是 1/4。

第 56 题中求出的“塞克特”是 18/25（无量纲单位），对应的底与面的夹角是 54°15′。第 58 题和第 59 题所求出的“塞克特”转换成无量纲单位就是$5\frac{1}{4}:7$，即 3/4，对应的角是 53°8′。将这些数字与吉萨的一些金字塔的实际角度相比较，可以得到以下有趣的结果 [17]。

基奥普斯金字塔：51°52′

切夫伦金字塔：52°20′

迈锡里努斯金字塔：50°47′

这些数字与例题中算出的结果非常接近。至于第 60 题中的柱子，它的角度则大多了，当然也和我们对这种建筑的预期相吻合：$\phi=\cot^{-1}(1/4)=75°58'$。

如果因此说埃及人发明了三角学，这未免有些可笑了。在埃及的文献中，没有一处谈到角的概念，因此埃及人尚没有能力去构造三角形中边与角的数量关系。然而，引用蔡斯的话：“在公元前 18 世纪初，可能甚至比这还要早 1 000 年，当大金字塔开始建造时，埃及的数学家们就已经知道，以一个直角三角形的一边作为度量单位（即标准），来讨论直角三角形的相似关系。”因此，我们可以公平地认为，埃及人已经有了实用三角学（可能“原始三角学”是一个更为恰当的词）的粗略概念，这比希腊人开始考虑这个课题并将它视为应用数学的重要工具要早两千多年！

古埃及的数学娱乐

以下是《莱因德纸草书》第 79 题（参见图 0-3）[18]：

表 0-1

房屋库存清单		房子	7
1	2 801	猫[a]	49
2	5 602	老鼠	343
4	11 204	小麦	2 301[b]
		赫卡	16 807
总数	19 607	总数	19 607

注：a. 埃及关于"猫"的单词是 myw，当把省略的元音加进去时，就变成 meey'auw。

b. 很明显，阿梅斯在这里犯了一个错误，正确的数字应该是 2 401。

这么隐秘的韵文背后究竟是什么含义呢？很明显，摆在我们面前的是一个首项和公比都是 7 的等比数列，而书吏阿梅斯给我们展示的就是如何求出它们的和。正如任何一位优秀的教师都会想办法打破数学课的单调乏味一样，阿梅斯用一个有趣的小故事来讲述这道习题：这里有 7 座房子，每座房子里有 7 只猫，每只猫吃 7 只老鼠，每只老鼠吃 7 个麦穗，而每个麦穗又生产 7 赫卡的麦子。现在请求出所有项的总和。

最右边一栏给出了数列 7, 7^2, 7^3, 7^4, 7^5 以及它们的和 19 607，至于错误项 2 301 是阿梅斯在抄录过程中的手误还是原著中就有的错误，我们不得而知。在左边一栏中，阿梅斯给我们展示了如何用一种简短、巧妙的方法来得到答案，从中可以看到埃及人是如何做乘法运算的。埃及人知道任何一个整数都可以用等比数列 1, 2, 4, 8, …的和来表示，而且这种表示方法是唯一的（这正是将整数用二进位法来表示的原理，其系数也就是“二进位数”为 0 或 1）。例如，要计算 13×17，他们先将其中一个乘数写成关于 2 的幂级数的和，比如 13=1+4+8，再用另一乘数与每一项相乘并相加：$13\times17=1\times17+4\times17+8\times17=17+68+136=221$。这个计算过程可以简单地表示如下。

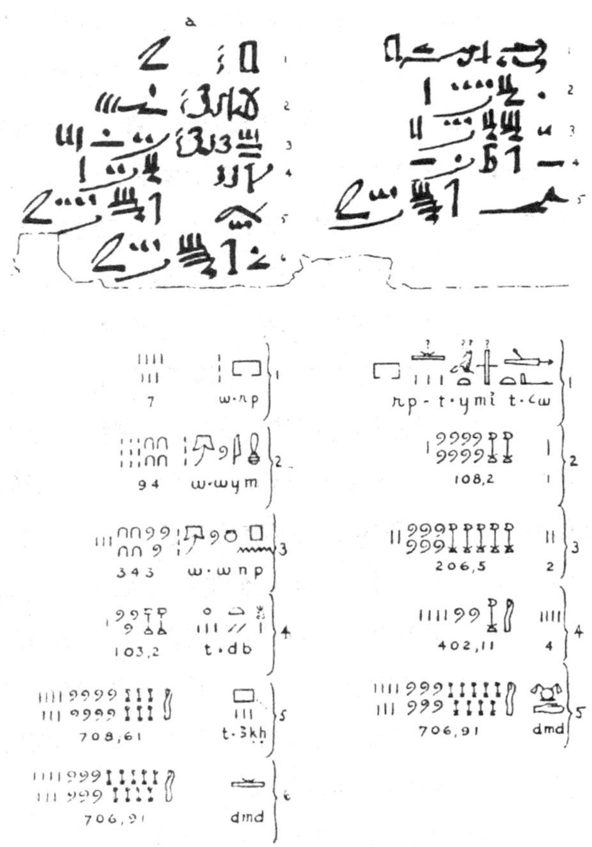

图 0–3 《莱因德纸草书》第 79 题

$17\times 1 = 17$ *

$\times 2 = 34$

$\times 4 = 68$ *

$\times 8 = 136$ *（星号表示这些幂要相加。）

因此埃及人可以通过反复加倍和相加来做任何乘法运算。在我们所知的埃及所有的数学文献中，使用的都是这种方法。这对埃及书吏而言是最基本的技巧，就像今天的小学生必须要熟记乘法表一样。

那么，第 79 题左边一栏的第一个数字 2 801 是怎么得来的呢？在这里阿梅斯用了埃及人熟知的等比数列的性质：初始项和公比相同的等比数列的前 n 项和，等于公比乘以 1 加上前 $(n-1)$ 项的和。用现代符号表示就是 $a+a^2+a^3+\cdots+a^n=a(1+a+a^2+\cdots+a^{n-1})$。这种“递推公式”使得埃及书吏能够将等比数列的求和问题变成另一个相同但项数和数字都小一点的求和问题。为了求出 7+49+343+2 401+16 807 的和，阿梅斯将它变成 7×(1+7+49+343+2 401)。因为括号内的项的和是 2 801，所以他需要做的就是将这个值乘以 7，而 7 又可以写成 1+2+4，这就是左边一栏给我们展示的内容。请注意，与右边一栏那个需要 5 个步骤的“明显”解法相比，左边这一栏只需要 3 个步骤就可以了。很明显，书吏将这个练习作为有创意思维的例子了。

可能又有人要问：“为什么阿梅斯将公比选作 7 呢？”吉林斯在他的优秀著作《法老时代的数学》（*Mathematics in the Times of the Pharaohs*）中这样回答了这个问题：“数字 7 在埃及人的乘法中经常出现，这是因为在加倍运算中，前 3 个乘数总是 1、2 和 4，而它们的和就是 7。”[19] 然而，这个解释并不能让人信服，因为同样的论证也可以用在 3（=1+2）、15（=1+2+4+8）以及任何一个可以写成 2^n-1 的整数上。一个更为合理的解释是，之所以选择 7，是因为一个较大的数字会让计算过程变得太冗长，而较小的数字又无法说明数列的快速增长。假如阿梅斯用的数字是 3，那么最后的结果（363）可能就不够“轰动”，不能给读者留下深刻的印象了。

等比数列的急剧增长，一直以来就令数学家们为之着迷，甚至在某些文化的民间传说中也能找到它的踪迹。其中有一个古老的传说是这样的：一位波斯国王对象棋非常欣赏，所以他决定奖赏象棋的发明者。象棋的发明者是个住在边远地方的穷农夫，当他被传唤到宫里时，他只请求在棋盘的第一格放一粒麦子，第二格放两粒麦子，第三格放四粒，以此类推，直到 64 格都放完。国王对如此微薄的要求感到十分惊讶，于是他吩咐仆人搬来几袋麦子，并让他们耐心地往棋盘上放麦子。然而，大家很快就发现，即使全国的谷物都拿来也不能满足农夫的要求，因为等比数列 $1+2+2^2+\cdots+2^{63}$ 的和是个令人震惊的数字——18 446 744 073 709 551 615，足够形成一条两光年长的麦子链！

阿梅斯的第 79 题和一首古老的儿歌非常相似：

在去圣艾夫斯的途中，
我遇到一个人，他有七个妻子；
每个妻子有七个袋子，
每个袋子里有七只猫，
每只猫有七只小猫。
小猫、猫、袋子和妻子，
共有多少东西要去圣艾夫斯？

在斐波那契的著名著作《算盘书》（*Liber Abaci*，1202）中有一个问题，除了故事不同外和这首儿歌完全一样。这导致一些学者认为第 79 题“自古埃及时代至今一直都是经典”[20]。对此，吉林斯这样回答：“对于这个（结论），所有能够得到的证据都在我们眼前，人们可以得到他自己希望的任何结论。我们很希望能够对孩子说，‘这是一首流传了近 4 000 年的儿歌’，但这是事实吗？我们可能从来就没有真正知道过。”[21]

等比数列可能看起来和三角学没有什么关系，但是在本书第 9 章中我们将会看到，这两者其实是紧密相连的。我们可以从几何角度来研究这些数列，可能会找出一个好理由，解释为什么这些数列又称为“几何数列”（等比数列的英文单词是 geometric progression，即“几何数列”）。

第1章

角

平面角是指平面内两条相交但不重叠的直线间的夹角。

——欧几里得，《几何原本》，定义8

几何实体分为两类：一类是完全定性的，比如点、线、面；另一类可以赋予数值，能够度量。属于后面一类的有：线段，以长度度量；平面区域，以面积度量；旋转，以角度度量。

角的概念会产生一定的歧义，因为它既描述了两条相交直线之间“分离”的定性概念，也描述了这种分离程度的数值（角的度量）。（注意，在两个点之间的“分离”上是没有这种歧义的，因为线段和长度这两个概念已能区分得很清楚。）好在我们不需要担心这种混淆，因为在三角学中，我们只关注线段和角的性质中可以量化的部分[1]。

角最常用的度量单位“度”，被认为起源于巴比伦人。一般认为，他们将圆分为 360 等份，是因为它和一年中有 365 天这个数字接近。另一个原因可能是，一个圆可以自然地分成 6 等份，每一部分对应的弦的长度与半径相等（参见图 1–1）。然而，目前尚且没有确凿的证据来支持这些假设，因此把圆分为 360 等份的准确原因可能永远也无法知道[2]。不管怎样，这与巴比伦人的六十进制计数法十分吻合。不久，希腊人采用了这套系统，托勒密也将这套系统用在了他的弦长表中（参见第 2 章）。

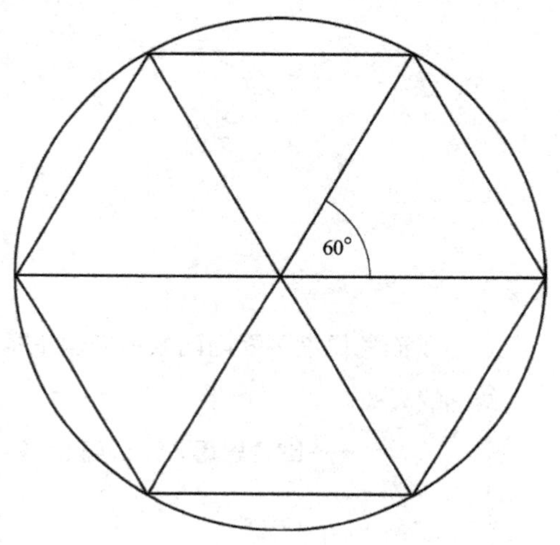

图 1–1　圆内接正六边形

作为一种计数法，六十进制现在已经被淘汰了，但是把圆分为 360 等份的做法依然保留——它不仅用在角的度量中，而且也用在时间的度量中，比如把 1 小时分为 60 分钟，1 分钟分为 60 秒。这种用法已经深深扎根于我们的日常生活中，即便是具有支配地位的公制化也无法取代它。卡约里在《数学历史》（*A History of Mathematics*，1983）一书中的陈述在今天依然正确：“目前没有任何角的十进制度量法能够取代这种度量，即使在法国（公制化的创始地）也是这样。”[3] 然而，现在的许多小型计算器上都有百分度这个选择键，其相当于把一个直角分为 100 份，不到一份的分数部分则用小数表示。

英文单词 degree（度）起源于希腊文。根据数学历史学家史密斯的说法，希腊人用的是 *μοιρα*（moria），阿拉伯人将它翻译成 daraja（和希伯来文的

dar'ggah 相似，意思是梯子或等级中的一级），后来它变成拉丁文 de gradus，最后演变成英文中的 degree。希腊人称 1 度的 1/60 为"第一部分"，"第一部分"的 1/60 为"第二部分"，以此类推。在拉丁文中，前者被称为 pars minuta prima（第一小部分），后者被称为 pars minuta secunda（第二小部分），现在的英文单词 minute（分钟）和 second（秒）就是从它们演变而来的[4]。

到了近代，"弧度"作为角的自然度量单位已经被普遍采用。1 弧度就是圆周上弧长等于半径的圆弧所对应的圆心角的角度（参见图 1–2）。由于一个圆的周长等于 2π（≈6.28）个半径，而每个弧长等于半径的圆弧对应的圆心角是 1 弧度，所以 360 度 = 2π 弧度，从而我们得到 1 弧度 = 360 度 / 2π ≈ 57.29 度。我们经常听到有人说，用弧度作为度量角的单位比度更方便是因为 1 弧度所对应的角比较大，能够用较小的数字表示角度，这是完全错误的[5]。用弧度的唯一原因在于，它简化了许多公式。例如，如果一个圆心角的角度为 θ 弧度，那么它对应的圆弧的弧长可以表示成 $s=r\theta$，但是如果改为以度为单位，那么相应的公式就变为 $s=\pi r\theta/180$。同理，一个角度为 θ 弧度的扇形面积为 $A=r^2\theta/2$，如果改为以度为单位，则扇形面积为 $A=\pi r^2\theta/360$[6]。弧度的使用去除了这些公式中"多余"的因子 π/180。

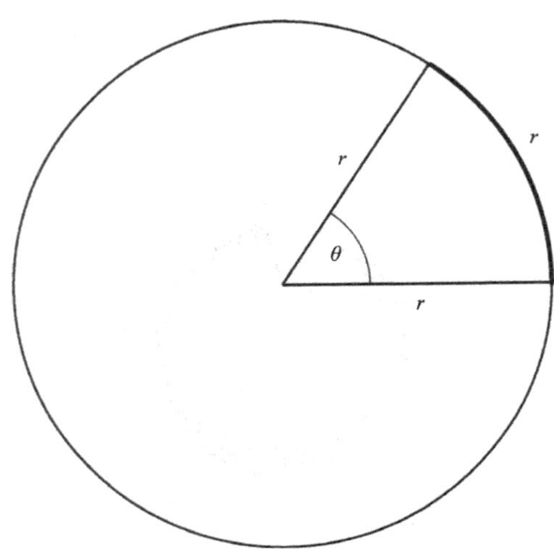

图 1–2　角的弧度

更为重要的是，只有当角用弧度表示的时候，下面这个事实才成立：一个很小的角和它的正弦值在数值上近似相等，并且这个角越小，值就越接近。举例来说，我们用计算器可以得到 1 度的正弦值（sin1°）是 0.017 452 4，而把 1° 转换成弧度，则有 $1° = 2\pi/360 \approx 0.017\ 453\ 3$，和它的正弦值相差不到十万分之一。对于一个 0.5° 的角，换算成弧度后的值与其正弦值相差不到百万分之一。这个事实又可以表示为 $\lim_{\theta\to 0}(\sin\theta)/\theta = 1$，因此弧度度量在微积分中非常重要。

英文单词 radian（弧度）是一个现代产物，它由汤姆逊（著名物理学家开尔文爵士的弟弟）于 1871 年所创造。radian 这个词第一次在印刷物中出现，还是在 1873 年汤姆逊于贝尔法斯特女王学院所出的考题中[7]。弧度这个词更早期用的是 rad 和 radial。

没有人知道按逆时针方向测量角的习惯起源于哪里。这可能来源于我们所熟悉的坐标系统：如果逆时针旋转 90° 将会从正 x 轴转到正 y 轴，但是顺时针旋转 90° 将会从正 x 轴转到负 y 轴。当然，这种选择完全是任意的，如果我们最初让 x 轴指向左边为正，或者 y 轴指向下边为负，那么情况就截然相反了。甚至“顺时针”这个词也是有歧义的，几年前我看到过一个“逆时针时钟”的广告，尽管时钟的指针反着走，但是能完全正确地告诉你时间（参见图 1–3）。出于好奇，我买了一个逆时针时钟，并把它挂在我的厨房里，到我家来访的客人看到这个时钟总会感到一头雾水，以为我在跟他们开玩笑。

图 1–3　逆时针时钟

第 2 章

弦

智出于勾，勾出于矩。

——《周髀算经》，约公元前 1105

把线段和角分开考虑，它们表现出一种非常简单的形式：两条线段头尾相接所形成的线段的长度等于这两条线段的长度之和；平面上绕同一点相继旋转两次，总共旋转的角度等于这两次旋转的角度之和。但是，当我们把这两个概念放在一起考虑时，事情就变得复杂了。例如，从一固定点去观察一个每一级都等距的梯子时，你会发现它们所成的角并不相等（参见图 2-1）。反之，相等的角投射到一条直线上所截得的线段也不相等（参见图 2-2）。基础平面三角学（粗略地说，也就是 16 世纪所熟知的三角学）所讨论的内容就是角和线段之间的数值关系，特别是三角形中的角和线段。事实上，英文单词 trigonometry（三角学）

就是来源于希腊词汇 trigonon 和 metron。前者相当于英文单词 triangle，意思是三角学；后者相当于英文单词 measure，意思是度量 [1]。

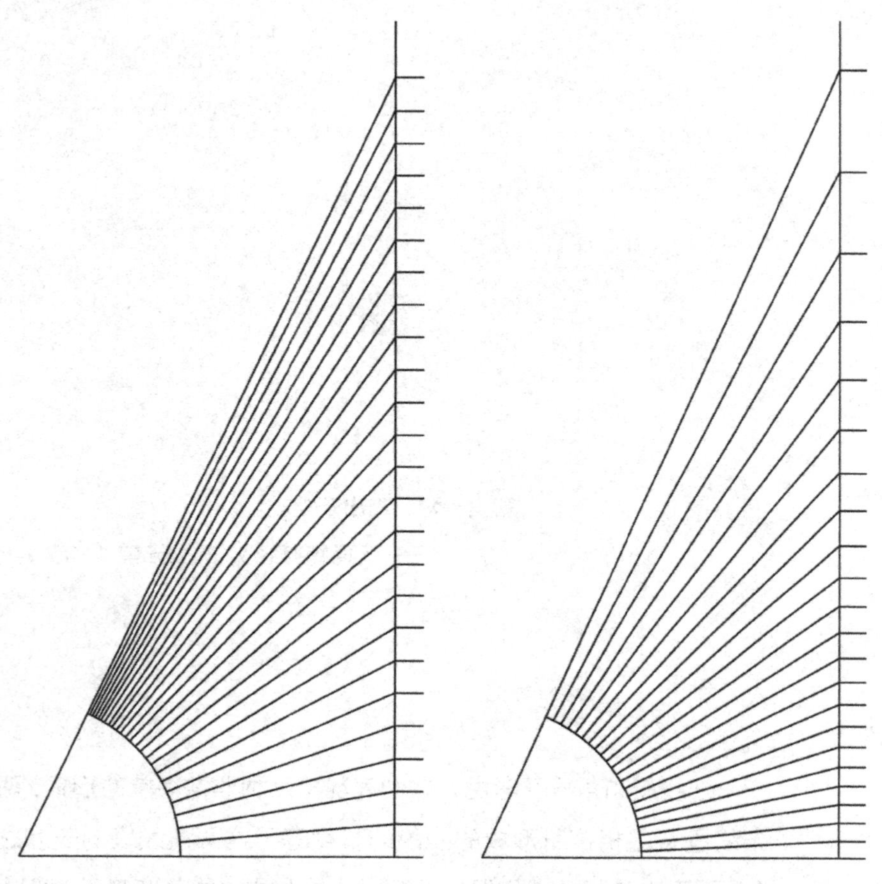

图 2−1　相等的垂线段对应的角不相等　　图 2−2　相等的角对应的垂线段不相等

前面我们看到，早在公元前两千多年前，埃及人在建造金字塔时就用到了简单的三角学知识。在美索不达米亚，巴比伦的天文学家详细记录了星星的升落、行星的运转、日食、月食等现象，而能够做到这些都需要他们对在天球上测量角距非常熟悉 [2]。根据历史学家希罗多德（约公元前 450）的说法，早期希腊人熟悉的日晷（一个通过测量竖直杆子投影的长度来计时的简单装置）也是巴比伦人流传下来的。日晷本质上是一个用来计算余切函数的类似装置：如果用 h 表示杆子的高度（参见图 2–3），s 表示当太阳与地平线成 α 夹角时它影子的长度，则 $s=h\cdot\cot\alpha$，因此得知 s 与 $\cot\alpha$ 成正比。当然，古人对余切函数本身并不感兴趣，他们只是把日晷作为一个计时器而已。事实上，通过测量每天正午太阳影子长度的变化，日晷还可以用来确定是一年中的哪一天。

作为希腊历史上的第一位哲学家和数学家，据传泰勒斯（约公元前 640—前 546）可以通过比较金字塔和日晷的投影来计算金字塔的高度。历史学家普鲁塔克在他的《七个智者的盛宴》(*Banquet of the Seven wise men*)一书中记载了某位客人对泰勒斯所说的话：

> 然而他（埃及王）尊敬你，他特别欣赏你的才能，只需要一点工夫，不需要什么数学工具，就能够如此精确地知道金字塔的高度。你将标杆竖立在金字塔影子的尖端，这样通过太阳的射线就形成了两个三角形，由此你得到了两个投影之比就等于金字塔的高度和杆子的长度之比[3]。

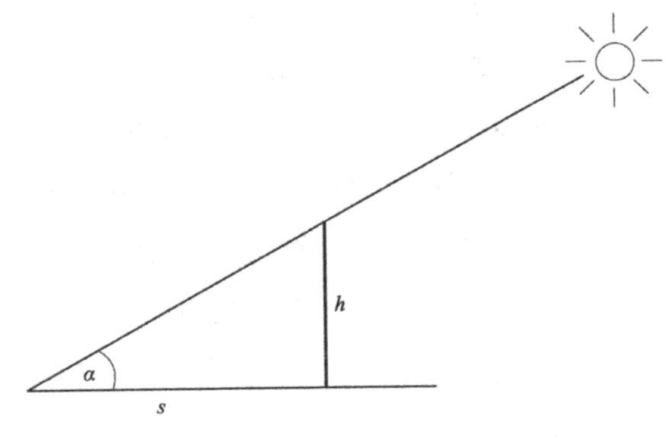

图 2–3　日晷

同样地，这里也没有直接用到三角学，只是用到了相似直角三角形。这种“投影计算”早为古人所熟知，这也可以说是三角学的前身。后来，这种简单的方法被成功地运用到测量地球的大小上，再往后甚至还用它来测量地球与其他星球之间的距离（参见第 5 章）。

现代意义下的“三角学”这个词，首创于古代公认的最伟大的天文学家希巴尔卡斯（约公元前 190—前 120）。和许多希腊学者一样，希巴尔卡斯的事迹也是通过后人的著作才为我们所了解的，即狄翁（约公元 390）在托勒密的《天文学大成》（*Almagest*）一书中的评论。希巴尔卡斯出生在尼西亚，也就是现在土耳其西北部的伊兹尼克，但是他的大多数时间都是在爱琴海东南部的罗德岛上度过的。他在上面建造了一个天文台，还利用自己发明的仪器，确定出大约 1 000 颗恒星在天空中的经度和纬度，并且在地图上一一标注出来——这是第一张精确的恒星图（他会对这个工程有浓厚的兴趣，可能是因为他在公元前 134 年第一次观测到了一颗新星的爆炸）。为了根据恒星的亮度对其进行分类，希巴尔卡斯把最亮的恒星划为 1 等星，最暗的恒星划为 6 等星。尽管这种分级方法在后来经过不断修改和扩展，但一直沿用至今。人们还认为是希巴尔卡斯发现了岁差（天极的缓慢周期性运动，周期是 26 700 年）。现在我们知道，这种周期性运动是由于地球自转时的扰动造成的（牛顿在他万有引力理论的基础上正确解释了这种现象）。他还改进和精简了关于本轮的古老系统，这个系统是由亚里士多德首创的，用来解释围绕地球的各行星的运动现象（参见第 7 章）。这实际上是一种倒退，因为在此之前，阿里斯塔克斯已经预想到宇宙的中心是太阳，而不是地球。

希巴尔卡斯为了能够完成这些计算，需要一个三角比率表，但是没有任何地方可以求助，这样的表并不存在，因此他只能自己计算。他把每一个三角形（无论是平面三角形还是球面三角形）都当作圆内的一个内接三角形，这样三角形的每一个边都变成圆的弦。为了计算三角形的各个部分，我们必须把弦长用圆心角的函数表示，而这就成了三角学在接下来几个世纪中的主要任务。身为天文学家，希巴尔卡斯最关注的是球面三角形，但是他一定知道许多平面三角学的公式，例如（用现代符号表示），$\sin^2\alpha+\cos^2\alpha=1$，$\sin^2(\alpha/2)=(1-\cos\alpha)/2$，$\sin(\alpha\pm\beta)=\sin\alpha\cos\beta\pm\cos\alpha\sin\beta$。当然，这些公式完全是由几何方法推导出来的，并且被表示成圆内角与弦长关系的定理（例如，第一个公式就是三角学形式的勾股定理）。我们在第 6 章将讨论这些公式。希巴尔卡斯总共写了 12 本关于弦长计算的书，不过全都失传了。

完整呈现在我们面前的第一本有关三角学的主要著作是《天文学大成》，它由托拉玛斯（约公元85—165）所著。托拉玛斯就是我们熟知的托勒密[4]。托勒密生活在当时的希腊文化中心——亚历山大港，但是我们对他的生平了解不多（他和公元前323年在亚历山大大帝死后统治埃及的托勒密王朝没有关系）。与那些认为数学是纯粹、抽象科学的大多数古希腊数学家相比，托勒密是第一位重要的应用数学家。他的著作涵盖了天文学、地理学和音乐，也可能包含光学。他根据希巴尔卡斯的研究编写了一份恒星目录表，在其上面列出并命名了48个星座，这些名称一直沿用至今。托勒密在他的著作《地理学》（*Geography*）中，系统地运用了希巴尔卡斯提出的天体投影技术（一种将球形的地球投影到平面上的技术）。他所绘制的带有经纬度的世界地图，是当时标准的世界地图，并且一直沿用到中世纪。然而托勒密严重低估了地球的大小，他认为埃拉托色尼（约公元前275—前194）的估计值太大了而没有采纳（参见第5章）。事后看来，这也是一件幸运的事情，因为它促使了哥伦布尝试由欧洲前往亚洲的西行之旅，从而发现了新大陆。

托勒密最伟大的著作是《天文学大成》，这本书总结了他那个时代的数理天文学知识。这本书所依据的理论是假设地球是静止的，并且位于宇宙的中心，所有其他天体按照各自的轨道绕地球运转（地心系统）。《天文学大成》共有13部分（卷），这使人想起欧几里得的《几何原本》，同样也是13卷。这两部著作的相似之处不只这一点，书中属于作者自己的创新观点并不多，在一定程度上这两部书都是基于前人的成果（以托勒密为例，主要是总结希巴尔卡斯的成果），总结各领域的成就编撰而成的。这两部著作都对后世的思想家产生了巨大的影响，两者的不同之处在于，《几何原本》在今天构成了古典几何学的核心，《天文学大成》却在哥白尼的日心说系统被接受后失去了它的权威性。因此，与《几何原本》相比，《天文学大成》在今天鲜为人知。这是一件很不幸的事情，因为对当代著书人而言，《天文学大成》仍不失为同类书籍中一个很好的典范。

英文单词“Almagest”（大成）有一个很有趣的演化过程：托勒密自己所用的书名翻译过来是《数学文集》，后人则加上了形容词最高级“megiste”

（最伟大）。当阿拉伯人把这个词翻译成他们自己的文字时，保留了单词“megiste”，但是在前面添加了连接词“al”（相当于英文单词“the”），随后就变成了大家所熟知的“Almagest”[5]。在 1175 年，《天文学大成》的阿拉伯版本被译为拉丁文，自此以后，它就成为地球中心论者的基石，支配着欧洲科学和哲学思想直到 16 世纪，并且成为罗马教会的圣典。

我们最感兴趣的是托勒密的弦长表，也就是《天文学大成》中第一卷第 10 章和第 11 章所讨论的主题。托勒密将弦长表示成它所对应的圆心角的函数（参见图 2-4），圆心角的度数从 0°～180°，并且以 0.5° 为梯度递增。稍微思考一下就可以知道这其实是一张正弦函数表：用 r 表示半径，α 表示圆心角，d 表示弦长，则可以得到：

$$d = 2r\sin\frac{\alpha}{2} \tag{1}$$

托勒密将圆的直径定为 120 个单位长度，则 r=60（这样取值的原因我们随后就会很清楚），从而式 (1) 就变为：$d = 120\sin\frac{\alpha}{2}$。因此，除了比例因子 120 外，我们就得到关于 $\sin\frac{\alpha}{2}$ 值的一张表，从而也就得到 $\sin\alpha$ 的值（通过倍角关系）。

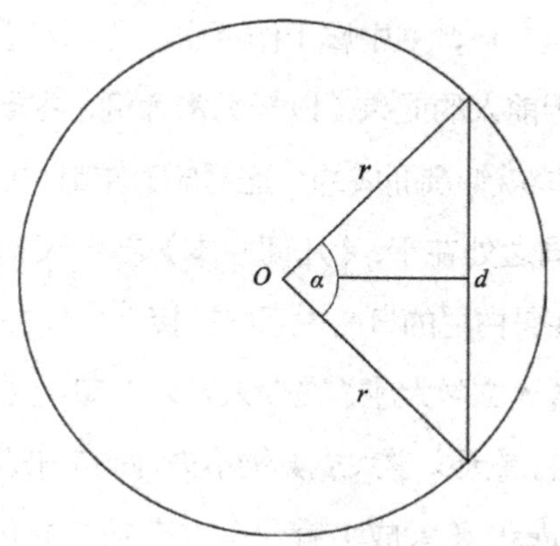

图 2-4　d= 圆心角 α 对应的弦长 $=2r\sin(\alpha/2)$

托勒密在计算弦长表时用的是巴比伦人的六十进制，这是他那个时代唯一适合用来处理分数的计数系统（十进制要在 1 000 年以后才出现）。但他将此与希腊计数系统结合在一起使用，也就是将希腊字母表上的每一个字母赋予一个数值：α=1，β=2，……因此，他的弦长表虽然看起来有点不方便，但是稍加练习就可以熟练地阅读了（参见图 2–5）。例如，对于一个 7° 的角（用希腊字母表示就是 ζ），托勒密的表给出的弦长是 7；19 和 33（写作 ζ $\iota\theta$ $\lambda\gamma$，字母 ι、θ、λ 和 γ 分别表示 10、9、30 和 3，分号用来分开整数部分和小数部分）用现在符号表示的六十进制数字就是 7+19/60+33/3 600。用我们现在的十进制表示，这个数值近似等于 7.325 83，如果用 5 位有效数字表示，则该弦长近似为 7.325 82。这是非常令人赞叹的成就！

Κανόνιον τῶν ἐν κύκλῳ εὐθειῶν			Table of Chords		
περιφερειῶν	εὐθειῶν	ἑξηκοστῶν	arcs	chords	sixtieths
∠′	ō λα κε	ō α β ν	½°	0;31,25	0;1,2,50
α	α β ν	ō α β ν	1°	1; 2.50	0;1,2.50
α∠′	α λδ ιε	ō α β ν	1½°	1;34.15	0;1,2.50
β	β ε μ	ō α β ν	2°	2; 5,40	0;1,2,50
β∠′	β λζ δ	ō α β μη	2½°	2;37, 4	0;1,2,48
γ	γ η κη	ō α β μη	3°	3; 8,28	0;1,2,48
γ∠′	γ λθ νβ	ō α β μη	3½°	3;39,52	0;1,2,48
δ	δ ια ις	ō α β μζ	4°	4;11,16	0;1,2,47
δ∠′	δ μβ μ	ō α β μζ	4½°	4;42,40	0;1,2,47
ε	ε ιδ δ	ō α β μς	5°	5;14, 4	0;1,2,46
ε∠′	ε με κζ	ō α β με	5½°	5;45,27	0;1,2,45
ς	ς ις μθ	ō α β μδ	6°	6;16,49	0;1,2,44
ς∠′	ς μη ια	ō α β μγ	6½°	6;48,11	0;1,2,43
ζ	ζ ιθ λγ	ō α β μβ	7°	7;19,33	0;1,2,42
ζ∠′	ζ ν νδ	ō α β μα	7½°	7;50,54	0;1,2,41
⋮	⋮	⋮	⋮	⋮	⋮
ροδ∠′	ριθ να μγ	ō ō β νγ	174½°	119;51,43	0;0,2,53
ροε	ριθ νγ ι	ō ō β λς	175°	119;53,10	0;0,2,36
ροε∠′	ριθ νδ κζ	ō ō β κ	175½°	119;54,27	0;0,2,20
ρος	ριθ νε λη	ō ō β γ	176°	119;55,38	0;0,2,3
ρος∠′	ριθ νς λθ	ō ō α μζ	176½°	119;56,39	0;0,1,47
ροζ	ριθ νζ λβ	ō ō α λ	177°	119;57,32	0;0,1,30
ροζ∠′	ριθ νη ιη	ō ō α ιδ	177½°	119;58,18	0;0,1,14
ροη	ριθ νη νε	ō ō ō νζ	178°	119;58,55	0;0,0,57
ροη∠′	ριθ νθ κδ	ō ō ō μα	178½°	119;59,24	0;0,0,41
ροθ	ριθ νθ μδ	ō ō ō κε	179°	119;59,44	0;0,0,25
ροθ∠′	ριθ νθ νς	ō ō ō θ	179½°	119;59,56	0;0,0,9
ρπ	ρκ ō ō	ō ō ō ō	180°	120;0,0	0;0,0,0

图 2–5　托勒密的弦长表（部分）

托勒密弦长表中的弦长精确到六十进制的第二位，即 1/3 600，这样的精度即使对于当今的大部分应用而言也足够了。除此之外，该表还给出了一列 1/60 的小数位，以方便人们在相邻两个数值之间进行插值，它给出了相邻两个弦长之间的平均增量，也就是两个弦长之差除以 30（因为相邻两角差半度，也就是 30 分）[6]。在计算这张弦长表时，托勒密用到了前述希巴尔卡斯的公式，所有这些公式都在《天文学大成》中证明过 [7]。

托勒密指出了如何应用这张弦长表在至少知道一条边的情形下来解任何三角形。和希巴尔卡斯一样，他考虑的也是圆内接三角形。我们在这里看一看最简单的情况，也就是直角三角形 [8]。假设直角三角形 ABC（参见图 2–6），C 为直角。由初等几何学我们可以知道，斜边 $c=AB$ 就是通过 A、B 和 C 三点的圆的直径。我们用 O 表示该圆的圆心（也就是 AB 的中点），由大家熟知的定理可以知道 $\angle BOC=2\angle BAC=2\alpha$。假设 α 和 c 是已经给定的。我们首先计算 2α，并从弦长表中找出对应的弦长值。由于弦长表中假设 $c=120$，因此我们必须把该数值乘以 $c/120$。从而我们得到边 $a=BC$ 的值。剩下的一边 $b=AC$ 可以由勾股定理得到，角 $\beta=\angle ABC$ 可以由等式 $\beta=90°-\alpha$ 得到。相反，如果两个边 a 和 c 是已知的，则我们可以计算比率 a/c，然后再乘以 120，利用该表反向找出 2α，从而就可以知道 α。

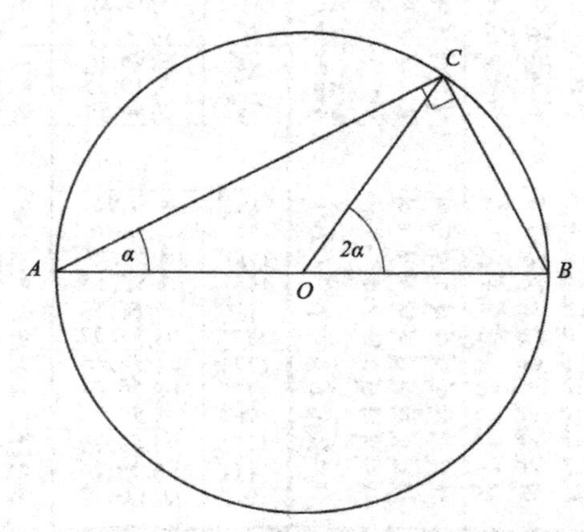

图 2–6　圆的内接直角三角形

上述过程可以用下面的公式进行总结：

$$a = \frac{c}{120}\text{chord}2\alpha \tag{2}$$

其中 chord2α 表示圆心角 2α 所对应的弦长。从中我们可以发现一个有趣的现象，在六十进制系统中，乘以或除以 120 相当于在十进制系统中乘以或除以 20，也就是简单地乘以或除以 2，并且将小数点分别向右或者向左移动 1 位。因此，在式 (2) 中，我们需要先求得两倍角，找出对应的弦长，然后再除以 2 就可以了。重复地做这样的工作只是在耗费时间而已，因此后来终于有人将此表简化，变成将弦长的一半当作两倍角的函数，也就是我们现在所用的正弦函数[9]。这项任务最后落在了印度人身上。

普林顿 322：最早的三角函数表[10]

埃及人在莎草纸和木片上记录他们的历史，中国人则记录在树皮及竹片上，这些都是容易腐烂的材料，但是巴比伦人用的是几乎不会腐烂的泥板。所以，我们目前所保存的巴比伦文献远多于其他任何一个古代文明。因此，我们对巴比伦的历史，不管是军事战役、商业活动，还是科技成就，所知都要超过其他文明。

现存于世界各地博物馆中的大约 50 000 块泥板中，有 300 块左右是与数学有关的。这些泥板可以分为两类：一类是“列表文献”，另一类是“问题文献”，后者主要包括各种各样的代数和几何问题。“列表文献”则包括乘法表、倒数表、复利表及各种各样的数列，这证明了巴比伦人拥有相当高超的计算技巧。

最让我们感兴趣的泥板之一就是被称为“普林顿 322”的泥板，之所以这样命名是因为它是纽约哥伦比亚大学普林顿收藏品中的第 322 号（参见图 2–7）。它始于古巴比伦的汉谟拉比王朝，大约公元前 1800 年到前 1600 年。仔细研究这份文献，可以发现它涉及的是毕氏三数组，就是满足等式 $c^2=a^2+b^2$ 的 3 个整数（a, b, c），比如（3, 4, 5）、（5, 12, 13）、（16, 63, 65）都是这样的数组。根据毕氏定理，或者更精确地说是其逆定理，这样的 3 个数恰好能够构成直角三角形的 3 条边。

令人遗憾的是，泥板的左边受到了损毁而且遗失了一部分，但是在边缘发现了现代胶水的痕迹，这说明泥板受损是在其被发现后发生的，也许某一天它会出现在古董市场上。通过非常严谨的学术研究，遗失的部分得以部分重建，我们现在可以相对舒适地阅读这张表了。然而我们要记住，巴比伦人用的是六十进制计数系统，他们没有 0 这个符号，因此相同的数字可能具有不同的意义，而且单个数字所表示的位数必须从上下文才能得知。

图 2-7　普林顿 322

文献是用楔形文字写的，先通过尖笔刻在湿泥板上，然后放在火炉内烘烤，或者放在太阳下晒，直到它们变硬可以成为永久的记录。表 2-1 用现代符号重建了此文献，其中六十进位数字（它们用现代十进位符号表示）用逗号隔开。此表共有 4 栏，最右边一栏在原文献中的标题为“名称”，而这里的数字 1~15 只是用来表示每行的序数。第二栏及第三栏（从右向左）的标题分别是“对角线解”和“宽度解”，即矩形中对角线和一个短边的长度，换句话说，也就是直角三角形中斜边和一条直角边的长度。在这里，我们分别用 c 和 b 表示。举例来说，第一行给出的 $b=1{,}59$ 和 $c=2{,}49$，分别表示数字 $1\times60+59=119$ 及 $2\times60+49=169$。我们很容易就可以算出此直角三角形的另一边 $a=\sqrt{169^2-119^2}=120$，因此数组（119, 120, 169）就构成了一个毕氏三数组。再举一个例子，第三行给出 $b=1{,}16{,}41=1\times60^2+16\times60+41=4\,601$，$c=1{,}50{,}49=1\times60^2+50\times60+49=6\,649$，因此 $a=\sqrt{6\,649^2-4\,601^2}=4\,800$，从而毕氏三数组为（4 601，4 800，6 649）。

表 2-1

$(c/a)^2$	b	c	
[1,59,0,]15	1,59	2,49	1
[1,56,56,]58,14,50,6,15	56,7	3,12,1	2
[1,55,7,]41,15,33,45	1,16,41	1,50,49	3
[1,]5[3,1]0,29,32,52,16	3,31,49	5,9,1	4
[1,]48,54,1,40	1,5	1,37	5
[1,]47,6,41,40	5,19	8,1	6
[1,]43,11,56,28,26,40	38,11	59,1	7
[1,]41,33,59,3,45	13,19	20,49	8
[1,]38,33,36,36	9,1	12,49	9
1,35,10,2,28,27,24,26,40	1,22,41	2,16,1	10
1,33,45	45	1,15	11
1,29,21,54,2,15	27,59	48,49	12
[1,]27,0,3,45	7,12,1	4,49	13
1,25,48,51,35,6,40	29,31	53,49	14
[1,]23,13,46,40	56	53	15

注：括号内的字是重建的。

这张表也存在一些明显的错误。在第9行，我们发现 $b=9{,}1=9\times60+1=541$，$c=12{,}49=12\times60+49=769$，这并不能构成一个毕氏三数组，因为第三个数字不是一个整数。但是如果我们把 9,1 替换成 $8{,}1=8\times60+1=481$，那么我们就得到一个毕氏三数组（481, 600, 769）。看起来这只是一个“笔误”，抄写员想必是一时分心，在湿泥板上刻了 9 道记号，而不是 8 道，等到太阳把泥板晒干，他的一时疏忽就永久成了历史记录的一部分。同样地，在第 13 行，$b=7,12,1=7\times60^2+12\times60+1=25\ 921$，$c=4,49=4\times60+49=289$，这也不能构成毕氏三数组。我们可能注意到 25 921 是 161 的平方，而 161 和 289 能够组成一个三数组（161, 240, 289）。这个看起来应该是抄写员忘记取 25 921 的平方根了。在第 15 行，$c=53$，我们发现这里正确的数字应该是它的两倍，即 106=1,46，这样就有毕氏三数组（56, 90, 106）[11]。这些错误使我们感觉到，人类的本性在过去四千多年来并未改变，这个不知名的抄写员因漫不经心所犯错的程度，不会比央求教授放过试卷上“一点点小错误”的学生更严重[12]。

最左边一栏最能引起我们的兴趣了。它的标题再次提到了“对角线”，但是除此之外，我们完全不知道它所表示的意思。然而，对这一栏进行仔细研究后我们恍然大悟：该栏给出了比值 c/a 的平方，也就是 $\csc^2\alpha$ 的值（其中 α 是边 a 所对应的角）。我们以第一行来验证该事实，有 $b=1,59=119$，$c=2,49=169$，从而可以得到 $a=120$。因此 $(c/a)^2=(169/120)^2=1.983$，精确到小数点后 3 位。在第四栏中对应的记录是 $1,59,0,15=1+59\times(1/60)+0\times(1/60^2)+15\times(1/60^3)=1.983$（请注意，巴比伦人并没有表示“空位”的符号，也就是我们的 0，因此数字的值可以有不同的理解方式，必须要参考上下文才能知道正确的值。在这个例子中，1 表示的是个位数，而不是六十位数）。读者可以自行验证该栏中其他各行的值，看看其是否等于 $(c/a)^2$。

马上就有几个问题出现了：该表中各行的顺序是随机的，还是暗藏着一定的规律呢？巴比伦人是如何找出这些毕氏三数组的呢？为什么他们对这些数字感兴趣，特别是 $(c/a)^2$ 呢？第一个问题回答起来相对简单些：如果我们对每行的 $(c/a)^2$ 值进行比较就可以发现，这些值从 1.983 逐渐减小到 1.387，因此我们可以推测出，数组的出现顺序可能是由这个值来决定的。如果再进一步计算最左边一栏的平方根，即 $\csc\alpha=c/a$，然后找出对应的角 α 的值，就

可以发现 α 从 45° 多一点递增到 58°。由此可见，表 2-1 的作者不仅是对找出毕氏三数组有兴趣，也对判定对应的直角三角形中的 c/a 的值感兴趣。如果泥板的剥落部分能够失而复得，我们这项推测或许就有证实的一天，因为其上面可能正好就有一栏为 a 值，另一栏为 c/a 的值。

至于巴比伦人是如何找出毕氏三数组的，这里可能只有一种解释了：他们一定知道产生毕氏三数组的算法。令 u 和 v 表示任意两个正整数，并且 $u>v$，则下面 3 个数

$$a=2uv,\ b=u^2-v^2,\ c=u^2+v^2 \tag{3}$$

就构成了一个毕氏三数组 [如果我们再假设 u 和 v 中一个是偶数，另一个是奇数，并且它们没有公因子，则称（a, b, c）为**本原**毕氏三数组，即 a, b, c 没有公因子]。很容易就可以验证式 (3) 给出的 3 个数 a, b, c 满足等式 $c^2=a^2+b^2$，而其逆定理就是任何毕氏三数组都可以用式 (3) 找出来，这在数论的任何一本标准教材中都可以找到证明。“普林顿 322” 表明巴比伦人不仅比毕达哥拉斯早 1 000 年就熟知毕氏定理，还懂得初等数论，并且有足够的计算技巧将该理论应用到实践当中。[13]

第3章

6个函数的发展

我们很难确切地描绘三角学是怎么出现的……总的来说，我们可以认为三角学的重点最初是放在天文学上的，接着转移到球面三角学，最后才落在平面三角学上。

——休斯，引自雷吉奥蒙塔努斯《论三角形》的前言

早期的印度天文学书籍《萨雅释哈塔》(*Surya Siddhanta*，约公元400)，给出了一个依据托勒密弦长表的半弦长表（参见图3-1）。但是，第一本明确提出正弦函数的著作是阿耶波多（在大约公元510年）所写的《阿里亚哈塔历书》(*Aryabhatiya*)，这本书被认为是印度最早的一本关于纯数学的著作[1]。在这部著作中，阿耶波多（生于公元475或476年，死于公元550年左右）[2]用来表示半弦的单词是ardha-jya，有时也用jya-ardha，有时还简写成jya或jiva。

द्वितीयाऽध्याय ३१

घटाने पर शेष २२४ होगा। इस २२४ को प्रथम ज्याढुं २२५ के साथ जोड़ देने से योगफल ४४९ होगा। यही द्वितीय ज्याढुं है ॥१५॥ उस द्वितीय ज्याढुं ४४९ को प्रथम ज्याढुं से भाग करके भागफल २ लेकर यह २ इसके साथ पूर्व द्वितीय ज्याढुं निष्कासन भाग फल से जो १ मिला है, जोड़ने से ३ होगा। इस ३ को उस भाजक २२५ से घटाने पर २२२ बचेगा, इसी २२२ को द्वितीय ज्याढुं ४४९ के साथ जोड़ने से ६७१ होगा, यही तृतीय ज्याढुं है। इसी प्रकार क्रमशः २४ ज्याढुं गणना करनी होगी।१६॥ किसी वृत्त के चतुर्थांश जिस का व्यासार्द्ध ३४३८ उस के ३४ अंश की ज्याढुं निम्नलिखित होंगी ॥

	अंश वा	कला	ज्या		अंश वा	कला	ज्या
प्रथम कोण	३ ३/४	२२५	२२५	१३ वां कोण	४८।।।	२४७५	२२६७
द्वितीय ,,	७ १/२	४५०	४४९	१४ वां ,,	५२ १/२	२७००	२४३१
तृतीय ,,	११ १/४	६७५	६७१	१५ वां ,,	५६ १/४	२९२५	२५८२
चतुर्थ ,,	१५	९००	८९०	१६ वां ,,	६०	३१५०	२७२८
पञ्चम ,,	१८ ३/४	११२५	११०५	१७ वां ,,	६३।।।	३३७५	२८५९
छठा ,,	२२ १/२	१३५०	१३१५	१८ वां ,,	६७ १/२	३६००	२९७८
सप्तम ,,	२६ १/४	१५७५	१५२०	१९ वां ,,	७१ १/४	३८२५	३०८४
अष्टम ,,	३०	१८००	१७१९	२० वां ,,	७५	४०५०	३१७७
नवम ,,	३३ ३/४	२०२५	१९१०	२१ वां ,,	७८।।।	४२७५	३२५६
दशम ,,	३७ १/२	२२५०	२०९३	२२ वां ,,	८२ १/२	४५००	३४०९
एकादश ,,	४१ १/४	२४७५	२२६७	२३ वां ,,	८६ १/४	५१७५	३४३१
द्वादश ,,	४५	२७००	२४३१	२४ वां ,,	९०	५४००	३४३८

पूर्वोक्त ज्याढुं परिमाण सब को उलटे प्रकार से ३४३८ व्यासार्द्ध से पृथक् पृथक् घटाने पर जो अङ्क घटाने से बचेंगे उनको उत्क्रमज्या कहते हैं। प्रति ३४ अंश में इस प्रकार उत्क्रमज्या हो जाती हैं। १६–२२ श्लोक तक ॥

मुनयोरन्ध्रयमला रसषट्कामुनीश्वराः। द्व्यष्टैकारूप-षड्दस्राः सागरार्थहुताशनाः ॥२३॥ खर्तुवेदा नवाद्र्यर्था दिङ्नगास्त्र्यर्थकुञ्जराः। नगाम्बरवियच्चन्द्रारूपभूधरश-

图 3–1 《萨雅释哈塔》中的一页

现在来看一下我们今天所用的“sine”（正弦）这个名称，是经过怎样有趣的词源演化而来的。当阿拉伯人把 *Aryabhatiya* 翻译成他们自己的语言时，仍然保留了单词 jiva，但是没有翻译出它的意思。在阿拉伯文及希伯来文中，单词通常只含有辅音，所缺失的元音部分则依靠习惯来发音。因此，单词 jiva 就可以读作 jiba 或 jaib，jaib 在阿拉伯语中的意思为胸部、海湾或曲线（月球地图上类似海湾的区域现在仍被称为 sinus）。我们在格拉尔多（约公元 1114—1187）的著作中发现了单词 sinus，格拉尔多把许多古希腊著作从阿拉伯文翻译成拉丁文，其中包括《天文学大成》。其他的作者也一样跟进，不久之后，sinus 这个词（英文则为 sine）在欧洲就广为数学文献所采用。简写符号 sin 最初由冈特（公元 1581—1626）开始使用，冈特是一个英国牧师，后来成为伦敦格瑞萨姆学院的天文学教授。他在 1624 年发明了一个被称为“冈特刻度”的机械工具，这个工具用来计算对数，可以说是现在我们所熟悉的计算尺的前身了，而 sin 和 tan 这两个符号就是在“冈特刻度”的图示说明中首次出现的[3]。

数学符号总是会有出人意料的变化。就像莱布尼茨反对奥特雷德用符号“×”表示“相乘”（因为它与字母 x 很相似），高斯（1777—1855）反对用 $\sin^2\phi$ 表示 $\sin\phi$ 的平方：

“$\sin^2\phi$ 对我而言是十分讨厌的，虽然拉普拉斯也这么用它。如果担心 $\sin^2\phi$ 的意义容易产生歧义——虽然可能不会发生……那么我们不如就写成 $(\sin^2\phi)^2$，而不是 $\sin^2\phi$，以此类推，后者应该表示 $\sin(\sin^2\phi)$。”[4]

尽管高斯竭力反对，$\sin^2\phi$ 的用法还是沿用了下来，但是高斯担心它和 $\sin(\sin\phi)$ 混淆也不是没有道理的。今天，重复运用同一函数到不同初始值的研究十分活跃，此外在数学文献中，像 $\sin(\sin(\sin\cdots(\sin\phi)\cdots))$ 这样的表示方法处处可见。

其余 5 个三角函数的历史就近多了。余弦函数与正弦函数处于同等重要的地位，它是由于要计算余角的正弦值而出现的。阿耶波多称它为 kotijya，使用起来和我们现在的三角函数表没什么差别（直到小型计算机取代了此表为止），就是在同一栏列出 0°～45° 角的正弦值及其余角的余弦值。单词 cosinus（余弦）最初是由冈特使用的，他把它写作 co.sinus，后来由约翰 · 牛顿（1622—1678）在 1658 年修改为 cosinus。这位牛顿是一名教师，写过数学教材，和发现万有引力的牛顿没有任何关系。缩写符号 cos 则是在 1674 年由英国数学家和测量员摩尔爵士（1617—1679）率先使用的。

正割和余割函数则出现得更晚。阿拉伯学者阿布 - 威法（公元 940—998）在他的著作中第一次提到这两个函数，但是没有给出具体的名称。阿布 - 威法也是第一个制作出正切函数表的人，不过此函数表直到 15 世纪航海表被计算出来后才大显身手。关于正割函数的第一张印刷表则出现在雷提库斯（1514—1576）的著作《三角学准则》（*Canon doctrinae triangulorum*, 1551）中。雷提库斯跟着哥白尼学习，也是他的第一个学生。在这本书中，6 个三角函数首次同时出现。至于 sec 这个符号，则是由出生在法国并于荷兰度过大半生的数学家吉拉德（1595—1632）首先提出的。（吉拉德是第一个理解负根在几何问题当中意义的人，他还猜测到一个多项式的根的个数与其次数是相同的，此外他还是最早倡导在代数中使用括号的人之一。）他用 $^{\sec}A$ 表示 sec$A$，tan$A$ 也用类似的符号表示，但是 sin$A$ 和 cos$A$ 分别用 A 和 a 表示。

正如我们所看到的，正切和余切这两个比率源自日晷和投影的想法。但是，把这两个比率作为角的函数则是由阿拉伯人开始的。第一个正切和余切表是艾哈迈德·伊本·阿布斯拉·阿尔－梅尔瓦齐在公元 860 年左右制作的，他写过天文学及天文仪器方面的书，一般都称他为哈巴什·阿尔－哈西布，意思是“审算者”[5]。天文学家阿尔·巴塔尼（大约在公元 858 年出生于美索不达米亚的巴坦，死于 929 年）给出了一个公式，可以用垂直高度为 h 的日晷的投影长度 s 来表示太阳在水平面上方的高度，他的公式（大约出现在公元 920 年）为：

$$s=\frac{h\sin(90°-\phi)}{\sin\phi}$$

等价于公式$s=h\cot\phi$。注意到公式中只用到了正弦函数，这是因为当时其他的三角函数还没有名称 [正是通过阿尔·巴塔尼的著作，印度人的半弦函数（也就是现在的正弦函数）才为欧洲人所知]。利用这个公式，他制作出了 1° ~90° 角的“投影表”，也就是余切函数表。

现在所用名称“tangent”（正切）直到 1583 年才在丹麦数学家芬克（1561—1646）的著作《圆的几何》（*Geometria Rotundi*）中首次出现。在此之前，大多数欧洲作者所用的词仍然来自投影的思想，比如“umbra recta”（垂直投影）表示竖直的日晷的水平投影，“umbra versa”（倒影）表示垂直于墙壁的日晷的竖直投影。单词“cotangens”在 1620 年被冈特首次使用。这两个函数的缩写有多种，其中有奥特雷德（1657）的 t 和 t co，以及沃利斯（1693）的 T 和 t。但是，第一个使用缩写并且能够保持一致性的是英国的数学家兼测量员诺伍德（1590—1665），他在 1631 年于伦敦出版的一本关于三角学的著作中写道："在这些例子中，s 表示正弦，t 表示正切，sc 表示正弦的相余（也就是余弦），tc 表示正切的相余，sec 表示正割。"我们注意到，即使在今天，也没有一致公认的符号来表示它们，不过在欧洲的文献中普遍用"tg"和"ctg"表示正切和余切。

单词"tangent"来源于拉丁文 tangere，意思是"接触"。它与正切函数的联系可能是由于下面的观察：在一个圆心为 O、半径为 r 的圆中（参见图 3–2），弦 AB 所对应的圆心角为 2α，OQ 平分该角。画一条平行于 AB，并且与圆相切于点 Q 的直线，延长 OA 和 OB 分别与 Q 点的切线相交于点 C 和 D。我们得到：

$$AB=2r\sin\alpha,\quad CD=2r\tan\alpha$$

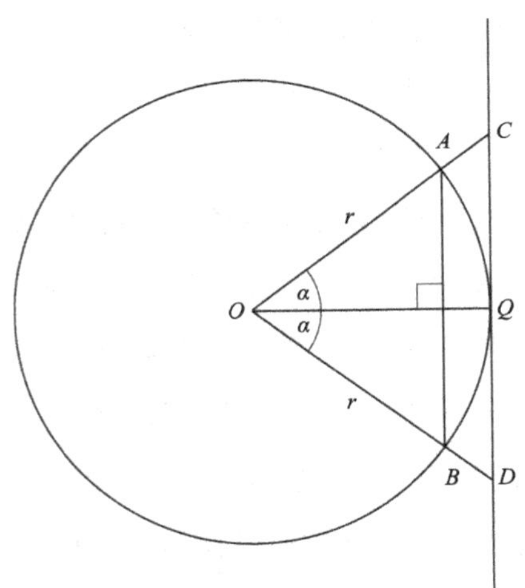

图 3–2　圆心为 O、半径为 r 的圆

从上式可以看出，正切函数与切线的联系就像正弦函数与弦的联系一样。事实上，这种构造方法就是现在在单位圆上定义这 6 个三角函数的基础。

通过把希腊和印度的优秀著作翻译为阿拉伯语，代数和三角学的知识逐渐在欧洲传播开来。在8世纪时，印度的计数法（也就是我们现在的十进制计数系统）通过花剌子模（约780—840）的著作被欧洲人所了解。他的名著为《代数学》（*ilm al-jabr wa'l muqabalah*），意为化简和消去的科学，"algebra"（代数）音译自原书名，他的名字al-khowarizmi也逐渐演化成今天的单词"algorithm"（算法）。对于偏好古罗马计数系统的欧洲大众，印度-阿拉伯计数方法并没有被马上接受。然而学者们看出了新系统的优点，并且狂热地推广新系统，而使用古老算盘的"珠算者"和使用纸和笔进行符号计算的"演算者"之间的争论也就成为中世纪欧洲常见的一种景象了。

十进制计数系统最终能在欧洲立足，主要是因为斐波那契在他的著作《算盘书》（*Liber Abaci*，1202）一书中阐述了印度-阿拉伯计数方法。波尔巴赫（1423—1461）在1460年左右用新系统计算了第一张三角函数表，他的学生马勒（1436—1476），也就是雷吉奥蒙塔努斯（因为他出生在Konigsberg，在德语中是"皇室之山"的意思），第一次写出了当时关于三角学最全面的专著。在他的著作《论三角形》（约1464）[6]中，从基本的几何概念到正弦函数定义的导出，他全面发展了这个课题。他接着展示了如何利用角的正弦或者其余角的正弦（也就是余弦）解任意三角形，无论是平面的还是球面的三角形。正弦定律在他的著作中是以叙述的形式出现的，三角形面积公式$A=(ab\sin\gamma)/2$也是以叙述的形式出现的。奇怪的是，正切函数并没有出现，这可能是因为当时工作的主要方向是以正弦函数占主导地位的球面三角学。

《论三角形》是当时关于三角学的最有影响力的著作，哥白尼对它进行了彻底的研究。然而，过了一个世纪，单词"trigonometry"（三角学）才出现在一本书的名字中。这个荣誉落在了皮蒂斯克斯（1561—1613）的身上，皮蒂斯克斯是一位德国教士，但他的主要兴趣是数学。他的书《三角学及三角形的性质》（*Trigonometriae sive de dimensione triangulorum libri quinque*）于1595年在法兰克福出版。这本书带领我们回到17世纪初，当时三角学开始有了分析性质，并且一直延续至今。

雷吉奥蒙塔努斯

三角学在16世纪之前主要是由天文学家研究，这并非巧合。把三角学建立成数学重要分支的阿里斯塔克斯和希巴尔卡斯都是天文学家，而《天文学大成》一书的作者托勒密也是天文学家。在中世纪，阿拉伯和印度的天文学家，特别是阿布－威法、阿尔·巴塔尼、阿耶波多以及乌鲁伯格（1391—1449），吸收了希腊数学的精华，并将其发扬光大，尤其是球面三角学。当把这些结合在一起传播到欧洲时，站在最前线的又是天文学家，这个人就是马勒（参见图3-3）。

图 3-3　马勒（也就是雷吉奥蒙塔努斯）的画像

1436年，马勒出生于分登，靠近下法兰柯尼亚的小镇柯尼斯堡（这并不是东普鲁士著名的哥尼斯堡——加里宁格勒）。他有多个不同的名字：吉曼努斯（因为他是德国人），法兰库斯，孔斯珀克（这个名字来自小镇柯尼斯堡的名字）。根据当时学者的习惯，他也取了一个拉丁文名字——雷吉欧·蒙特，这是德文单词“Konigsberg”（皇室之山）的意译，不久他就以雷吉奥蒙塔努斯为人所知了。然而，即使是这个名字也有几个版本：法国科学家伽桑狄（1592—1655）给他写了第一本传记，就称他为狄蒙特雷吉欧，听起来具有明显的法语发音[7]。

雷吉奥蒙塔努斯早年在家自学，12 岁时父母把他送到莱比锡接受正规教育，毕业后他去了维也纳，15 岁时获得了当地大学的学士学位。在维也纳，他遇到了数学家和天文学家波尔巴赫（1423—1461），并且成了好朋友。波尔巴赫在尼古拉斯（1401—1464）门下学习，但是他并不同意后者关于地球可能绕着太阳转的猜想。波尔巴赫是托勒密的崇拜者，并且计划在当时存在的《天文学大成》拉丁文版本的基础上，出版一部修订版本。此外，他还开始准备利用最近刚为人所接受的印度-阿拉伯计数系统制作一个新的、更准确的正弦函数表。年轻的雷吉奥蒙塔努斯很快就受到波尔巴赫的影响，他们也建立起亲如父子的关系。但是，不久后波尔巴赫突然去世了，还未满 38 岁。他的过早逝世使他的学生感到非常震惊，并留下了未完成的计划。

波尔巴赫在弥留之际，将完成《天文学大成》的翻译任务托付给了他年轻的学生。伽桑狄在雷吉奥蒙塔努斯的传记中写道：“对于这个像失去父亲一样的学生而言，这成了一件神圣的托付。[8]”雷吉奥蒙塔努斯全身心地投入到这项工作中，他努力学习希腊文，以便能够直接阅读托勒密的原著。在完成这项工作的过程中，他逐渐对古希腊和拉丁文献产生了兴趣，无论到哪里他都努力获取它们。其中一项意外的收获就是在 1464 年，他发现了数学家丢番图未完成的一份手稿。他还结交了许多学者，其中一位是克里特岛人特瑞毕宋（1396—1486），他是一位研究托勒密的专家，曾经把《天文学大成》和狄翁对此书的评论翻译成拉丁文。但是，他们的友谊后来破裂了，这是因为雷吉奥蒙塔努斯批评特瑞毕宋在解读狄翁的评论时犯了严重的错误，并称他是“最厚颜无耻、执迷不悟、胡言乱语的大嘴巴”[9]。据传，这些评论带来了可怕的后果。

雷吉奥蒙塔努斯遍访希腊和意大利，其中他去过帕多瓦、威尼斯和罗马。1464 年，正是在威尼斯，他完成了自己最著名的著作《论三角形》。除了上面这些事情外，他还是一个从业占星家，在占星和科学工作之间我们看不出有丝毫的冲突（两个世纪后，伟大的天文学家开普勒也做过同样的事情）。大约在 1467 年，他受匈牙利国王科维努斯的邀请担任在布达佩斯新建成的皇家图书馆的馆长。这是因为匈牙利国王刚刚从与土耳其的战争中胜利归来，并且作为战利品带回了大量的稀有书籍，他发现雷吉奥蒙塔努斯是管理这些宝藏的理想人选。雷吉奥蒙塔努斯到达后不久，国王就生病了，幕僚们都认为国王即将死去。然而，雷吉奥蒙塔努斯利用他的占星技巧"诊断"出国王的病只不过是最近一次日食造成的心脏衰弱。惊奇的是，国王的病后来痊愈了，雷吉奥蒙塔努斯因此得到许多赏赐。

雷吉奥蒙塔努斯在 1471 年回到家乡，并且定居在纽伦堡，离他出生的地方不远。纽伦堡具有悠久的学术传统和贸易历史，当时刚刚开了一家印刷厂，雷吉奥蒙塔努斯看到了印刷和传播科学著作的机会（就在几年前，古登堡发明了活字印刷机）。他成立了自己的印刷厂，准备大展宏图开始印刷科学著作，但是这些计划都因为他的早逝而搁浅了。他还建造了一个天文观测台，并且安装了当时纽伦堡有名的工匠制造的最精密的仪器，这些仪器包括浑天仪以及测量天体之间角距的仪器。

雷吉奥蒙塔努斯是第一个将数学和天文学书籍作为商业用途的出版商。1474 年，他出版了《星历书》（*Ephemerides*），其中包含从 1475—1506 年间太阳、月亮和行星每天的位置。这项工作给他带来了极大的荣誉，哥伦布在他第四次航行到新大陆时就带了一本《星历书》，并且利用它成功预测到 1504 年 2 月 29 日那天的月食。当地的土著有一段时间拒绝给哥伦布一行人提供食物和水，哥伦布就警告他们说上帝将惩罚他们，带走他们的月光。他的警告一开始受到嘲笑，但是当月食在指定的时间开始时，惊恐万分的土著们马上悔悟，并且服从于他。

1475 年，教皇西斯都四世传召雷吉奥蒙塔努斯到罗马，帮助修订已经与季节严重不协调的旧的儒略历。雷吉奥蒙塔努斯不情愿地停下手头的工作，来到了永恒之城。在那里，1476 年 7 月 6 日，他在 40 岁生日刚过去一个月后就突然去世了。关于他去世的原因人们并不知道，有人认为是瘟疫，又有人把原因归咎于刚经过的彗星。然而，也有一些流言说他是被特瑞毕宋的儿子毒死的，因为特瑞毕宋的儿子一直没有忘记雷吉奥蒙塔努斯对他父亲的尖锐批评[10]。当雷吉奥蒙塔努斯的死讯传到纽伦堡时，全城为之悲痛[11]。

雷吉奥蒙塔努斯最有影响力的著作是《论三角形》，该书共分 5 卷，形式仿照欧几里得的《几何原本》（参见图 3–4）。在这本书中，他把托勒密和其他印度和阿拉伯学者遗留下来的三角学知识系统地整理在一起。第一册从基本概念入手，比如量、比率、圆、弧、弦，等等。正弦函数是根据印度学者的定义进行介绍的：“当弧和它对应的弦被平分后，我们就称该半弦为半弧的正弦。”接下来是一系列公理，以及 56 个用来处理平面三角形几何解的定理。这本书的大部分资料都与几何学有关，而不是三角学，但是“定理 20”介绍了正弦函数在解直角三角形时的用法。

真正讨论三角学是从第二卷开始的，首先讨论的是正弦定理。和其他定理一样，这里用文字叙述，而不是用符号表达，但是表达的和今天任何一本教材一样清楚。紧接着，正弦定理就被用来解 *SAA* 和 *SSA* 这样的斜三角形。在这里，第一次出现了三角形的面积公式，该公式是用三角形的两边及其夹角表示的：“如果已知一个三角形的面积以及其两边的乘积，那么就可以得到底边的对角，或者与其相加成 180° 的角。[12]”用现代的符号表示就是：在 $A=(bc\sin\alpha)/2$ 中，如果已知 A 以及 bc 的乘积，那么就可以知道 α 或者（$180°-\alpha$）的值。奇怪的是，雷吉奥蒙塔努斯从未使用过正切函数，其实他应该从波尔巴赫在 1467 年的正切函数表以及阿拉伯人所用的投影计算中，十分熟悉它才对[13]。

DOCTISSIMI VIRI ET MATHE-
maticarum disciplinarum eximij professoris
IOANNIS DE RE-
GIO MONTE DE TRIANGVLIS OMNI-
MODIS LIBRI QVINQVE:
Quibus explicantur res necessariæ cognitu, uolentibus ad
scientiarum Astronomicarum perfectionem deueni-
re: quæ cum nusquã alibi hoc tempore expositæ
habeantur, frustra sine harum instructione
ad illam quisquam aspirarit.

Accesserunt huc in calce pleraq; D. Nicolai Cusani de Qua
dratura circuli, Deq; recti ac curui commensuratione:
itemq; Io. de monte Regio eadem de re ἐλεγκτι-
κά, hactenus à nemine publicata.

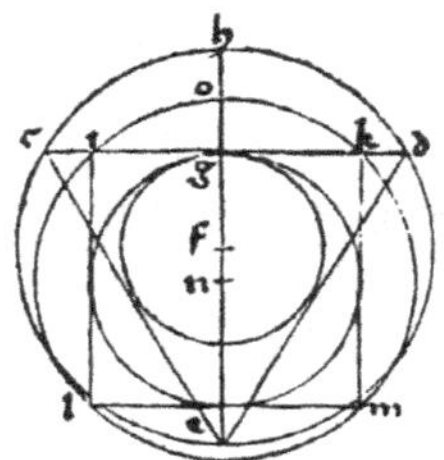

Omnia recens in lucem edita, fide & diligentia
singulari. Norimbergæ in ædibus Io. Petrei.
ANNO CHRISTI
M. D. XXXIII.

图 3-4 《论三角形》(1533) 一书的扉页

剩下的 3 卷书讨论的是球面几何学和三角学，二者都是研究天文学必备的工具。正如雷吉奥蒙塔努斯在他的引言中所述，《论三角形》一书的主要目的是用数学来导入天文学。用现代教材中的说法是，他告诫读者要仔细学习这本书，因为书中的内容是理解天空的必要先决条件：

> 如果你想研究那些复杂奇妙的事情，想知道星球的运动情况，那么就必须好好学习这些关于三角形的定理……因为没有人可以略过三角学而得到令人满意的关于星球的知识……初学者不应感到害怕和绝望……当一个定理在某处看似有问题时，都可以从数值例子中得到帮助。[14]

雷吉奥蒙塔努斯在 1464 年就完成了《论三角形》的写作，但是直到 1533 年这本书才出版发行，离他去世已经过去半个多世纪了。16 世纪上半世纪，经德国最著名的数理天文学家雷提卡斯（1514—1576）之手，哥白尼（1473—1543）得到了一本《论三角形》。雷提卡斯在 1539 年拜访了哥白尼，并且成为哥白尼的第一个门徒。尽管雷提卡斯比哥白尼年轻 41 岁，他们两个仍然一起研究，并且在数学问题上雷提卡斯经常指导哥白尼（正是由于雷提卡斯坚持不懈的推动，哥白尼最后才同意出版他伟大的著作《天体运行论》，书中详细阐述了他的日心宇宙体系）。雷提卡斯给了哥白尼一本《论三角形》刻本，哥白尼对它进行了详细的研究。这套刻本被保存了下来，页边空白处留有哥白尼大量的注释 [15]。其后，丹麦著名的天文观测家第谷（1546—1601）以此为基础，计算出了著名新星仙后座的位置，并且有幸在 1572 年亲眼观测到它的出现。因此，雷吉奥蒙塔努斯的著作奠定了天文学的数学基础，并且帮助天文学家勾画出我们对宇宙的新观点。

1471 年，雷吉奥蒙塔努斯在给爱尔福特大学的一名教授罗德的信中提出了下面的问题：“一根垂直悬挂的杆子，从地面上哪个点看上去它最长（也就是视角最大）？”这被宣称是自古以来数学史上第一个极值问题 [16]。

在图 3-5 中，杆子用线段 AB 表示。令 $OA=a$，$OB=b$，$OP=x$，其中 P

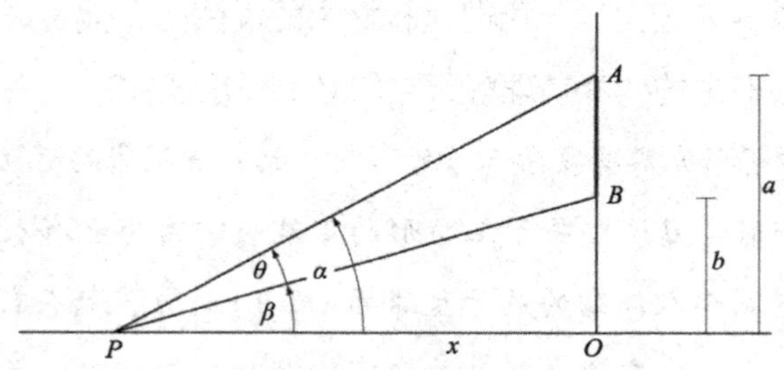

图 3-5　雷吉奥蒙塔努斯的极大值问题：x 为多少时，线段 AB 所对的角 θ 最大

是地面上使得角 $\theta = \angle BPA$ 最大的点。令 $\alpha=\angle OPA$，$\beta=\angle OPB$，则：

$$\begin{aligned}\cot\theta = \cot(\alpha-\beta) &= \frac{\cot\alpha\cot\beta+1}{\cot\beta-\cot\alpha} \\ &= \frac{(x/a)(x/b)+1}{x/b-x/a} \\ &= \frac{x}{a-b}+\frac{ab}{(a-b)x}\end{aligned}$$

我们现在可能倾向于对该表达式进行微分，然后求出使得 $\cot\theta$ 最小的 x 值（因为 $\cot\theta$ 在 $0° < \theta < 90°$ 上递减，所以当 θ 最大时，$\cot\theta$ 最小）。但是，雷吉奥蒙塔努斯生活在微积分发明前 200 年，因此我们只能使用初等方法。我们将使用代数中的一个定理：两个正数 u 和 v 的算术平均值不小于它们的几何平均值，当且仅当 u 和 v 相等时，这两个平均值才相等。用符号表示就是 $(u+v)/2 \geqslant \sqrt{uv}$，当且仅当 $u=v$ 时，等号成立[17]。令 $u=x/(a-b)$，$v=ab/[(a-b)x]$，则：

$$\begin{aligned}\cot\theta = u+v &\geqslant 2\sqrt{uv} \\ &= 2\sqrt{\frac{x}{a-b}\cdot\frac{ab}{(a-b)x}} = \frac{2\sqrt{ab}}{a-b}\end{aligned}$$

当且仅当 $x/(a-b) = ab/[(a-b)x]$，即 $x=\sqrt{ab}$ 时等号成立。因此，所求的点到杆子的水平距离，就等于杆子上下两端到地面垂直距离的几何平均值。

这个结果提供了一个有趣的几何诠释：用一把直尺和圆规画一个经过 A、B 两点的圆，并且与地面相切（参见图 3–6）。通过一个著名的定理，我们知道 $OA \cdot OB=(OP)^2$，也就是 $ab=x^2$，从而 $x=\sqrt{ab}$。反之，我们很容易证明经过 A、B 及极值点 P 三点的圆一定与地面相切。因为假设这个圆与地面相交于 R、S 两点（参见图 3–7），则在 R、S 两点中间任何一点 P 的张角都会大于在 R、S 两点的张角（P 点现在属于圆内部的点），而在 P 点的张角应该是最大的。因此，雷吉奥蒙塔努斯的问题可以通过简单的几何作图来解决[18]。

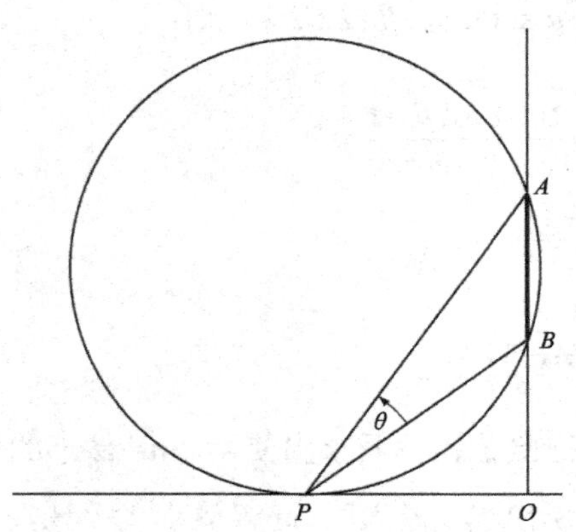

图 3-6　雷吉奥蒙塔努斯问题的几何解

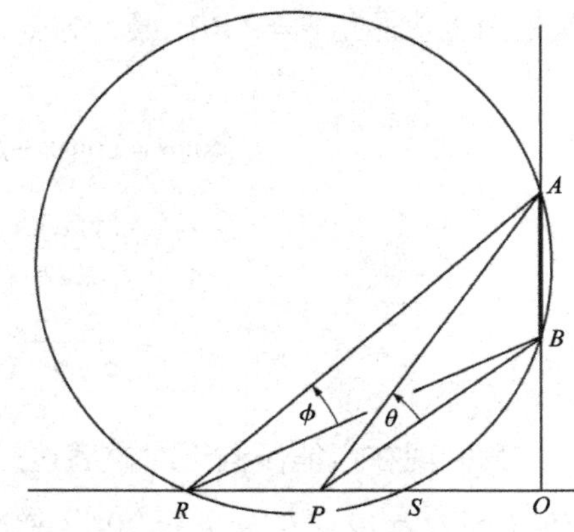

图 3-7　几何解的证明

我们现在只能猜测是什么原因让雷吉奥蒙塔努斯提出这个问题。它可能来源于建筑或透视问题：找出最好的一个位置去观察一幢高楼的一扇窗户。透视法，即根据物体在眼中的真实影像来绘图的技巧。它在当时还是一个新奇的课题，是由意大利文艺复兴时期的两位美术家布鲁内莱斯基（1377—1446）和阿尔伯蒂（1404—1472）提出来的。著名的美术家杜勒（1404—1472）写过许多关于透视法的著作，他出生在纽伦堡的那一年，雷吉奥蒙塔努斯开始定居于此。透视法的概念很快成为美术领域的中心学说，而美术与几何这两个看似不相关的学科并列在一起，也正符合文艺复兴时期的普遍主义理想。因此，雷吉奥蒙塔努斯之所以会提出这个问题，可能是为了回答某位美术家或者建筑师的问题吧。

第4章

解析三角学的出现

如此一来，对角的分析就涉及几何和算术的奥秘，迄今为止仍无人得以参透。

——韦达

通过法国数学家韦达（1540—1603）在数学领域的不懈努力，三角学开始呈现出其现代解析性质。这要归功于数学上的两项发展：一个是代数符号的兴起（韦达是其中一个重要贡献者），另一个是费马（1601—1665）和笛卡儿在17世纪前半叶所发明的解析几何。从此，中世纪烦琐的叙述式代数逐渐被简明、符号化的陈述所代替，这大大方便了数学文献的书写和阅读。更为重要的是，数学家也因而能够用代数方法去解决之前只能用纯粹的几何方法处理的问题。

由于韦达的出现，三角学经历了第二次重大的变化，即它允许无限过程的存在。1593年，韦达发现了著名的无限乘积：

$$\frac{2}{\pi}=\frac{\sqrt{2}}{2}\times\frac{\sqrt{2+\sqrt{2}}}{2}\times\frac{\sqrt{2+\sqrt{2+\sqrt{2}}}}{2}\times\cdots$$

（韦达用缩写 etc. 来代替省略号。）这是第一次将一个无限过程明确地表示成一个数学公式，同时也宣告了现代解析学的开始 [1]。（我们将在第 11 章证明这个韦达乘积。）

在 17 世纪前半叶，有 3 个英国人对三角学的发展做出了重大贡献。纳皮尔（1550—1617）在 1614 年发明的对数对数值计算有极大的帮助，特别是在三角学中的计算 [2]。奥特雷德（1574—1660）第一次尝试系统性地使用符号代表三角函数：在他的著作《三角学》（*Trigonometrie*）中，他分别用缩写 s、t、se、s co、t co 以及 se co 来表示正弦、正切、正割、余弦、余切和余割函数 [3]（与长长的标题相比，著作本身除了表格之外，只有 36 页的文字内容）。沃利斯（1616—1703）在无穷级数方面的工作直接启发了牛顿在同一领域的发现。沃利斯的成就超越了同时代的所有人，他认识到数学中的综合法应该让位给解析法，他第一次将圆锥曲线视为二次方程，而不是像希腊人那样看作几何实体。沃利斯也是第一位写数学史的重要数学家，另外他还引进了符号 ∞ 来表示“无穷”。他最著名的公式是下面的无穷乘积：

$$\frac{\pi}{2}=\frac{2}{1}\times\frac{2}{3}\times\frac{4}{3}\times\frac{4}{5}\times\frac{6}{5}\times\frac{6}{7}\times\cdots$$

和韦达乘积一样，这个公式称得上是数学中最漂亮的公式。沃利斯用了相当大胆的直觉和复杂的插值计算才得到这个结果，相关的证明过程可能会将现代读者的耐心耗尽 [4]。在第 12 章我们将用一种更简短、更明确的方法来导出这个乘积。

解析三角学能够在 17 世纪前半叶兴起还有另外一个原因，即数学对于描述我们周围物理世界的重要性日益增加。古典三角学的发明者们主要

对三角学在天空中的应用感兴趣（因此球面三角学的重要性大于平面三角学），而新时代则是立足于日常生活的力学世界。伽利略发现任何运动都可以分解为两个相互垂直且相互独立的运动分量，这个发现立刻使三角学成为研究运动不可或缺的工具。在不考虑空气阻力的情况下，这个距离由公式 $R=(v_0^2\sin 2\alpha)/g$ 给出，其中 v_0 是炮弹发射时的速度，α 是炮弹与地面之间的角度，g 表示重力加速度（近似标准值常取 9.81 m/s^2）。这个公式表明，如果给定发射速度，则炮弹的射程只依赖于 α：当 $\alpha=45°$ 时射程达到最远，比 45° 大或小时射程对称递减。当然，这些事实在实践中早就有依据了，但是其理论基础在伽利略时代是崭新的。

在 17~18 世纪，另一个被广泛研究的力学分支是振动。当时大型航海活动需要更加精确的航海技术，因而就需要更加精确的时钟，这促使科学家开始研究各种钟摆和弹簧的振动。在那个时代，许多著名的科学家都参与了这项研究，其中就有惠更斯（1629—1695）和胡克（1635—1703）。惠更斯发现了摆线型钟摆的振动周期与振幅无关，而胡克对于线圈弹簧的研究工作则奠定了现代弹簧钟表的基础。从另一个层面来看，乐器制造技巧的日益精巧、复杂化，不管是木管、铜管，还是键盘乐器和管风琴，都激励科学家去研究弦、薄膜、铃和风管这类发声体的振动现象。所有这些发展都强调了三角学在描述周期性现象中的重要性，这导致了三角学的研究重心从计算三角学（函数表的编纂）转移到三角函数之间的关系上来，也就是解析三角学的本质。

在 1722 年出版的《调和度量》（*Harmonia mensurarum*）一书中，英国数学家寇茨（1682—1716）给出了下面的公式（用现代符号表示）：

$$\phi \mathrm{i} = \ln(\cos\phi + \mathrm{i}\sin\phi)$$

其中 $\mathrm{i}=\sqrt{-1}$，ln 表示“自然对数”（以 e=2.718……为底的对数）。当然，这个公式等价于欧拉在 1748 年出版的著作《无限分析导论》（*Introductio in analysin infinitorum*）中提到的著名公式 $e^{i\phi}=\cos\phi+i\sin\phi$。同样地，棣莫弗（1667—1754）在1722年也推导出一个类似的公式：

$$(\cos\phi+i\sin\phi)^n=\cos n\phi+i\sin n\phi$$

这是找出一个数（实数或复数）n 次方根的基础。然而，复数完全融入三角学中依靠了欧拉的权威和他的《无限分析导论》一书，有了他，三角学才真正成为分析性的（我们将在第14章再来讨论复数在三角学中所扮演的角色）。

这些发展使得三角学逐渐远离了它早期与三角形的关系。第一位将三角函数定义为纯数字而非三角形三边之比的人是德国数学家卡斯特纳（1719—1800）。在1759年他写道："如果用 x 表示一个角（以度为单位），那么表达式 $\sin x$、$\cos x$、$\tan x$ 等就是每个角所对应的数值。"[5] 当然了，今天我们甚至可以更深一步，把自变量作为一个实数，而不是一个角。

几乎从一开始，微分和积分就被应用到很多力学问题中，先是离散力学（单个质点或质点系统的运动），接着是连续力学。在后者当中，最著名的要属18世纪后半叶的"弦振动问题"。从最开始，数学家就对这个问题很感兴趣，因为它与音乐密切相关。早在公元前6世纪，毕达哥拉斯就发现了控制弦振动的一些法则，这促使他依据数学原理构造出了一种音阶。然而，对这个问题的全面研究需要一种称为偏微分方程的方法（在偏微分方程中，未知函数和它的微分依赖于两个或更多个自变量），这种方法甚至连牛顿和莱布尼茨都尚未得知。对于弦振动问题，相关的方程是 $\partial^2 u/\partial x^2=(1/c^2)(\partial^2 u/\partial t^2)$，其中 $u=u(x, t)$ 表示时刻 t 时，与弦的一端距离为 x 的点相对于平衡点的位移，c 是一个常数，它依赖于弦的物理特性（张力和线性密度）。

当时，许多著名的数学家都尝试去解这个被称作"一维波动方程"的著名方程，其中包括伯努利家族、欧拉、达朗贝尔以及拉格朗日。欧拉和达朗贝尔求出的解是用任意函数表示两个波动，一个沿着弦向右运动，另一个向左运动，速度都是常数 c。另一方面，丹尼尔·伯努利找出一个包含三角函数的无穷级数解。由于这两种解看起来差别很大，因此问题就产生了：这两个解是否一致？如果不一致，哪一个更有普遍性呢？这个问题后来由法国大数学家傅里叶（1768—1830）解决了。傅里叶在他最重要的著作《热的解析理论》（*Theorie analytiqe de la chaleur*，1822）中，证明了几乎所有函数当在某一给定区间上被认为是周期函数时，都可以表示成三角函数的级数：

$$\begin{aligned} f(x) = a_0 + a_1 \cos x + a_2 \cos 2x + a_3 \cos 3x + \cdots \\ + b_1 \sin x + b_2 \sin 2x + b_3 \sin 3x + \cdots \end{aligned}$$

其中系数 a_i 和 b_i 可以通过对 $f(x)$ 进行一定的积分算出。就某些方面而言，傅里叶级数比函数的泰勒级数应用更广泛。举例来说，泰勒级数只能应用在那些连续并且具有连续导数的函数上，而傅里叶级数即使在函数 $f(x)$ 是离散的情况下也是存在的。我们将在第 15 章再来讨论这些级数。

傅里叶定理是 19 世纪分析学最伟大的成就之一。它指出了正弦函数和余弦函数对于研究所有周期函数都是必不可少的，不管该函数是简单的还是复杂的。事实上，正弦函数和余弦函数是所有周期现象的基石，就像素数是所有整数的基石一样。傅里叶定理后来被推广到非周期函数（这种情况下无穷级数变成了积分），以及非三角函数的级数。这些发展对科学的许多分支都至关重要，从光学、声学到信息理论和量子力学。

韦　达

令人遗憾的是，许多促成数学发展到今天这个面貌的数学家的名字已经从现今的教科书上消失了。这些数学家包括雷吉奥蒙塔努斯、纳皮尔、韦达等，他们都对代数和三角学的发展作出了巨大贡献。

1540 年，韦达出生于法国西部的一个小镇芳田康特。他起初从事律师职业，接着作为布列塔尼议会的成员开始从政。和当时的许多学者一样，他也把自己的名字拉丁化为 Franciscus Viete，但是和其他人（比如雷吉奥蒙塔努斯）不同的是，他的拉丁文名字并没有被普遍采用，因此我们在这里仍使用他的法文姓 Viète 称呼他。

韦达在他的一生中，只在业余时间研究数学，他把数学作为一种训练智力的消遣方式，而不是将其作为职业。持有这种态度的人并不只有他一个，费马、帕斯卡和笛卡儿都是利用业余时间对数学作出了巨大的贡献，他们的职业分别是政治家、外交家和军人。韦达的科学研究生涯开始于担任凯萨琳的家庭教师，他为这位重要军界人物的女儿写了几本教材。由于他的名声渐大，后来他奉召去参加亨利四世与西班牙的战争。韦达证明了自己是一个破译军事密码的专家，事情的经过如下：一封西班牙国王菲利普二世与他的联络官之间的密信被法国截获了，这封密信转到了韦达手上，韦达成功破解了该密信。西班牙人非常惊讶他们的密码被人破解了，指责法国人使用巫术，“违背了基督教的信仰”。[6]

韦达最重要的著作是《解析技巧导论》(*In artem analyticam isagoge*, 1591)，该书被认为是符号代数思想的最早著作。在这本著作中，他引进了一套和我们今天所用的符号非常接近的系统：他使用英文字母中的辅音字母表示已知数，元音字母表示未知数（目前使用 a, b, c 等表示常数，x, y, z 等表示未知数的习惯是笛卡儿在 1637 年提出的）。他把方程定义成“未知量和已知量之间的大小比较”，并且给出了解方程的基本法则。例如，把方程的一项从一边移到另一边，方程式两边同时除以相同的因子，等等。他称这种方法为“解析艺术”和新代数（对一般量的计算技巧），用以区别古老的“数值计算”。这种由叙述代数过渡到符号代数的转变，被认为是数学历史上最重要的发展之一。

韦达把他的代数法则应用到任何量上，不管是算术的还是几何的，因而结束了长久以来在纯数量和几何实体之间的区别。但是在其他方面，他则相当保守。比如，他总是坚持方程式的单位是一致的：他不用方程式 $mx=b$，而是用“已知量 M（用辅音表示）乘以未知数 A（用元音表示）等于已知数 B 的平方”。这表明他依然倾向于古希腊人的观点，就是把数之间的运算看成具有几何性质的运算。两个数的乘积可以表示以这两个数为边长的矩形的面积，所以一定等于以某数为边长的正方形的面积（当然了，今天我们已经把代数量看成无单位的纯数字了）。有趣的是，韦达使用了现代符号 + 和 − 分别表示加法和减法，但是对于“相等”他仍然使用语言描述——“aequatur”（拉丁文，相等的意思）。对于 A^2，他写作 A quadratus（平方）；对于 A^3，他写作 A cubus（立方）（后来他把这些缩写成 Aq 和 Ac）。很显然，韦达无法完全摆脱古老的叙述代数的束缚。他的著作反映了他所生活的时代，一个从旧世界过渡到新世界的时代。

我们特别感兴趣的是韦达对三角学的贡献。他在这个课题上最早的著作出版于 1571 年，标题是《三角形解法之数学准则》（*Canon mathematicus seu ad triangular cum appendicibus*）。这是西方世界第一次有人系统地处理平面和球面三角形的解法，而且 6 个三角函数都用到了。他发展出 3 个和差化积公式（例如 $\sin\alpha+\sin\beta=2\sin[(\alpha+\beta)/2]\cdot\cos[(\alpha-\beta)/2]$，以及 $\sin\alpha+\cos\beta$ 和 $\cos\alpha+\cos\beta$ 的类似公式），纳皮尔或许就是从这里得到对数的想法，因为它们（反过来使用时）都能够将两个数的乘积转化成另外两个数的和。韦达也是第一个用现代形式写出正切定律的人：$(a+b)/(a-b)=\tan[(\alpha+\beta)/2]/\tan[(\alpha-\beta)/2]$，其中 a 和 b 分别是三角形的两边，α 和 β 分别是其对角。

韦达是第一个将代数方法系统地应用到三角学中的数学家。举例来说，令 $x=2\cos\alpha$，$y_n=\cos(n\alpha)$，则可以得到下面的递推公式：

$$y_n = xy_{n-1} - y_{n-2}$$

当代入三角函数时，上式就变成：

$$\cos(n\alpha)=2\cos\alpha\cdot\cos(n-1)\alpha-\cos(n-2)\alpha$$

我们现在可以用 α 角更小倍数的余弦值来表示 $\cos(n-1)\alpha$ 和 $\cos(n-2)\alpha$，以此类推，最后就可以用 $\cos\alpha$ 和 $\sin\alpha$ 的表达式来表示 $\cos(n\alpha)$。韦达可以一直做到 $n=10$。韦达对他的成就深感骄傲，以至于他感叹说："如此一来，对角的分析就涉及几何和算术的奥秘，迄今为止仍无人得以参透。"[7] 为了称赞一下他的伟大成就，我们在此提及一下：将 $\cos(n\alpha)$ 和 $\sin(n\alpha)$ 表示成 $\cos\alpha$ 和 $\sin\alpha$ 一般表达式的方法在 1702 年才被伯努利找到，比韦达的工作整整晚了一百多年。[8]

韦达熟练地将代数运用到三角学的能力，使得他在亨利四世与荷兰驻法国大使的一次较劲中大出风头。罗梅（1561—1615）是比利时鲁汶大学的一名数学兼医学教授，在 1593 年出版了一本名叫《数学思潮》（*Ideae mathematicae*）的著作，书中回顾了当时杰出的数学家[9]。但是，没有一个法国数学家被提到，这促使荷兰大使评论法国科学成就时语气轻蔑。为了证明他自己的观点，荷兰大使从《数学思潮》中找出一个问题向亨利四世发起挑战，并且承诺给能够解出这个问题的人发放一笔奖金，他还自吹确信没有一个法国科学家可以想出一个解。这个问题是解一个 45 次方程：

$$x^{45}-45x^{43}+945x^{41}-12\ 300x^{39}+\cdots$$
$$+95\ 634x^{5}-3\ 795x^{3}+45x=c$$

其中 c 是常数。

亨利四世于是就召唤韦达，韦达马上就找出了一个解，并且在第二天他又找出 22 个解。事情的经过在卡约里的《数学历史》中是这样描述的：

> 韦达对类似的问题早已做过研究，所以马上就看出这个令人畏惧的问题只不过是将 $c=2\sin\phi$ 表示成 $x=2\sin(\phi/45)$ 的简单方程。因为 $45=3\times3\times5$，所以只需要把一个角 5 等分，再 3 等分，然后再 3 等分，这样就能够得到 3 次和 5 次的方程式了。[10]

为了理解韦达的思路，我们先来看一个简单一点的问题。假设我们要解这个方程：

$$x^3-3x+1=0$$

我们把它写成 $1=3x-x^3$，并用 $x=2y$ 代入，得到：

$$\frac{1}{2}=3y-4y^3$$

如果我们的眼光够犀利的话，可能看出上面的方程和下面这个等式之间的相似性：

$$\sin3\alpha=3\sin\alpha-4\sin^3\alpha$$

事实上，如果我们令 $1/2=\sin3\alpha$，$y=\sin\alpha$，则这两个方程完全一致。换言之，问题就变成找出 $\sin\alpha$，使得 $\sin3\alpha=1/2$。如果 $\sin3\alpha=1/2$，则 $3\alpha=30^\circ+360^\circ k$，

其中 $k=0,\pm 1,\pm 2,\cdots$，从而 $\alpha=10^\circ+120^\circ k$。因此 $y=\sin(10^\circ+120^\circ k)$，最后 $x=2y=2\sin(10^\circ+120^\circ k)$。因为正弦函数的周期是 360°，所以只需要考虑 $k=0,1,2$ 时的情况就足够了。因此，得到的 3 个解就是：

$$x_0=2\sin 10^\circ=0.347\cdots$$

$$x_1=2\sin 130^\circ=1.532\cdots$$

$$x_2=2\sin 250^\circ=-1.879\cdots$$

用计算器我们很容易就可以验证这 3 个数就是方程的解。至此，一个三角恒等式帮助我们解出了一个纯代数方程。

用三角学去解一个三次方程是一回事，但是解一个 45 次方程是另外一回事。韦达是如何找出它的解的呢？在一篇名为《回答》（*Responsum*，1595）的论文中，韦达列出了他的方法概要，我们在这里用现代符号概述如下，令

$$c=2\sin 45\theta,\ y=2\sin 15\theta,\ z=2\sin 5\theta,\ x=2\sin\theta$$

我们的任务是在给出 $c=2\sin 45\theta$ 的情况下找出 $x=2\sin\theta$。我们将分 3 个步骤来做这些。先将恒等式 $\sin 3\alpha=3\sin\alpha-4\sin^3\alpha$ 两边乘以 2，并且令 $\alpha=15\theta$，则得到：

$$c=3y-y^3 \tag{1}$$

下一步，我们用 $\alpha=5\theta$ 代入，得到：

$$y=3z-z^3 \tag{2}$$

我们现在将恒等式 $\sin^5\alpha=\frac{5}{8}\sin\alpha-\frac{5}{16}\sin 3\alpha+\frac{1}{16}\sin 5\alpha$[11] 两边乘以 32，并以 θ 代替 α，用 $x=2\sin\theta$ 代替 $2\sin 3\theta$，得到：

$$x^5=10x-5(3x-x^3)+z$$

化简之后就得到

$$z=5x-5x^3+x^5 \tag{3}$$

如果我们现在把式 (3) 代入到式 (2) 中，再把式 (2) 代入到式 (1) 中，那么就得到了罗梅的方程！

因此，韦达就把原问题分解成了 3 个相对简单的问题。虽然我们知道原方程一定有 45 个解（所有的解都是实数，这从原问题的几何意义——把任意一个角进行 45 等分可以看出），但是为什么韦达只找到 23 个解呢？原因是韦达时代的人仍习惯于把角所对应的弦长、而不是正弦函数值作为三角学的基本函数（参见第 2 章）。因为弦长不能是负的，所以韦达必须去掉没有意义的负值。这个问题完整的解集是：

$$x_k=2\sin[(\theta+360°k)/45],\quad k=0,1,2,\cdots,44$$

其中只有前 23 个解是正的（在此必须先假设$45\theta\leqslant 180°$，否则 $\sin 45\theta$ 本身就会是负的），对应的角都落在第一和第二象限。

在韦达众多其他的贡献中，值得一提的是他发现了二次方程 $ax^2+bx+c=0$ 的根与系数之间的关系（$x_1+x_2=-b/a$，$x_1x_2=c/a$），但是由于他不采用负根，因此无法将这一关系写成一般的形式。他还发展出一种求二次方程近似解的数值方法，以及发现了以他名字命名的关于 π 的著名无穷乘积。韦达的大部分著作最初只在朋友之间流传，后来经荷兰数学家斯霍滕（1615—1660）收集、编纂，并于 1646 年出版，这距他逝世已经有四十多年了 [12]。

韦达在世的最后几年里，由于 1582 年教皇格列高里十三世下令修改历法一事，他和德国数学家克拉维斯（1537—1612）陷入了激烈的争论。由于在这件事上克拉维斯是教皇的顾问，因此韦达对克拉维斯的尖刻攻击让他树立了许多敌人，并且导致他的对手们都摒弃他的新代数。另一件值得注意的事情是，韦达一直坚持反对哥白尼的日心说体系，而是尝试去修改托勒密的地心说体系。我们在这里看到了一个人的内在矛盾：他既是一流的创新者，也是一个深深扎根于过去的守旧者。1603 年 12 月 13 日，韦达在巴黎逝世，享年 63 岁。由于他的出现，代数和三角学才开始呈现出我们今天所看到的形式 [13]。

第5章

测量天空和地球

> 三角学这门科学，在某种意义下就像是望远镜的前身。它把遥远的物体拉近到可以测量的范围内，并且首次使得人类能够用一种定量的方式去了解遥不可及的太空。
>
> ——杰奇，《物理学的相关性》，1966

从一开始，人们就把几何学用在实际的度量问题上，比如测量金字塔的高度、田地的面积或者地球的大小。事实上，单词“geometry”（几何学）是从希腊语“geo”（地球）和“metron”（测量）衍生而来的。但是，早期希腊科学家的志向更为远大：他们想用简单的几何学，加上后来的三角学，来估计宇宙的大小。

萨摩斯岛的阿里斯塔克斯（约公元前310—前230）被认为是历史上第一位伟大的天文学家。虽然他的大多数前辈都是基于美学和神话来研究宇宙的，但是阿里斯塔克斯是完全基于他所能得到的观察数据来做出推测的。举个例子来说，他指出，如果我们假设太阳（而不是地球）是宇宙的中心，那么行星的运动将会得到更好的解释。这个想法比哥白尼提出的日心宇宙体系几乎早了2 000年[1]。阿里斯塔克斯的大部分著作都已经遗失了，只有一篇关于数学天文学的专著《太阳和月亮的大小和距离》（*On the Sizes and Distances of the Sun and Moon*）被保存了下来。在文章中，他提出一个几何方法，可以测定太阳到地球的距离与月球到地球的距离的比率。

他的方法被称为“月球二分法”，该方法基于这样一个事实：在月球的每个运转周期中，有两次机会月球的一半刚好被太阳光所照射，此时地球到月球的视线与月球到太阳的视线会形成一个直角（参见图5–1）。如果我们知道$\angle MES$，那么原则上就可以求出三角形EMS各边之间的比率，近而可以求出ES/EM。阿里斯塔克斯说$\angle MES$“比一个象限角要小一个象限角的三十分之一”，也就是$\angle MES=90°-3°=87°$。用现代的三角学知识来计算，可以得到$ES/EM=\sec 87°=19.1$。当然了，阿里斯塔克斯在处理这个问题时还没有三角函数表，因此他不得不依靠一个定理，用现代符号表示就是：如果α和β是两个锐角，并且$\alpha>\beta$，则$\sin\alpha/\sin\beta<\alpha/\beta<\tan\alpha/\tan\beta$[2]。根据这个定理，他得出$ES/EM$大于18 : 1，但是小于20 : 1。

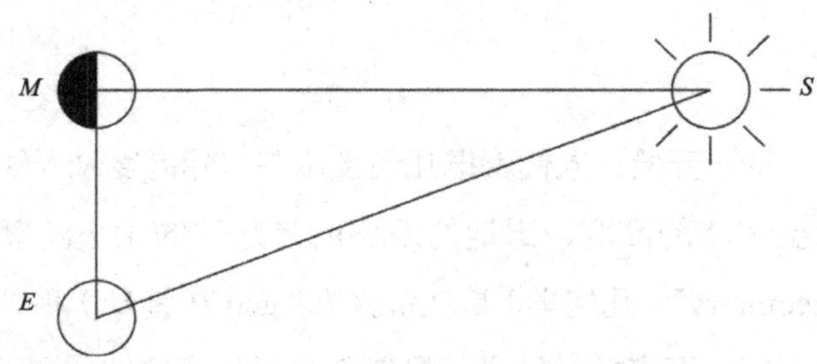

图5–1　阿里斯塔克斯的方法

现在来看，这个ES/EM的估计值与实际值相差大约390，原因在于阿里斯塔克斯的方法听起来很有道理，但是应用起来却不切实际。首先，测定月球二分的确切时刻是极其困难的，即使拥有高级望远镜。其次，测量角EMS也是困难的，因为你必须直接观测太阳，而在月球二分时太阳可能早已落山了。因为$\angle MES$非常接近于90°，所以一个较小的误差就会导致ES/EM出现很大的偏差。例如，如果测量∠*MES* 是 88°（假设实际为 87°），那么 *ES*/*EM* 将是 28.7；若∠*MES* 是 86°，则 *ES*/*EM* 就是 14.3。尽管这样，阿里斯塔克斯的方法标志着人类第一次尝试用实际观测到的数据去估计太阳系的大小。

阿里斯塔克斯还估计了太阳和月球的大小之比。在日全食的过程中，月球完全遮住了太阳，但是只是勉强遮住而已，这就是为什么日全食持续的时间非常短，不会超过 7 分钟，通常会更短[3]。这意味着从地球上看太阳和月球，两者的大小差不多相等（在天球上大概只差半个弧度）。所以两者的直径之比，差不多就是两者与地球的距离之比。因此，阿里斯塔克斯由此得到太阳的直径是月球直径的 18~19 倍，而实际的比率是 400。

估计两个遥远星体的距离之比是一回事，但是估计它们的实际距离和大小是另外一回事。在这里，视差现象扮演了至关重要的角色。我们都有这样的经历：在观察一个具有遥远背景的物体时，如果观测者改变观测位置，或者两个人在不同位置观测同一物体，那么该物体的位置看起来会有所不同。如果我们知道两个观测者之间的距离（底边长），那么通过测量观测体在不同位置时的角度差（视差角），就可以用简单的三角学知识计算出观测体的距离。视差法是进行地面测量的基础，但是应用到测量天体之间的距离时，它的精度就会受到限制：物体越远，它的视差角就越小，在估算距离时的不确定性就越大。

由于月球相对于太阳而言距离我们比较近，在地球上不同地点的两个观测者看到月球位置的移动，虽然相对于地面测量来说差距不大，但是相对于天文学尺度而言已经非常大了。此外，为了能够有实际的用处，两个观测者必须相距尽可能远，理想的位置是分别在地球上两个相对的点。然而，在稀有的日全食发生的过程中，观测者位置的微小改变就可能会造成日全食和日偏食的差别。这在 1925 年 1 月 24 日的日食中戏剧性地得到了体现，那次日食正好经过纽约，成千上万的人在晴朗的天空中观测到它。为了测定月球影子的准确边缘位置，观测者被安排在曼哈顿 72 街 ~135 街之间的每一个路口，并且要报告他们是否看到日冕（只有在日全食、太阳被月球完全遮住时才可以看到），或者只是看到新月形的太阳（表明是日偏食）。“结果很明确：本影的边缘（月亮的影子）通过95街~97街，32万千米的距离所造成的月球影子的误差不过几十米[4]。”

第一个用视差来估计月球与地球距离的人是希巴尔卡斯，我们在第2章中已经介绍到他。希巴尔卡斯仔细研究了古巴比伦人从公元前8世纪以来的日食记录，从这些记录中，他对太阳和月球的运动有了相当透彻的理解。十分巧合的是，就在希巴尔卡斯出生的前几年，离他出生地不远的地方发生了一次日食。这次日食最近已被确认发生在公元前189年3月14日，在现在土耳其的达达尼尔海峡附近可以看到日全食，而在亚历山大却只有4/5的太阳被月球遮住。因为在天球上，太阳与月球所张出的弧长为0.5度，月球的位移则为该值的1/5，大约6弧分。这些信息，再加上两个观测点的经纬度，以及日食时太阳和月亮的高度，希巴尔卡斯计算出了月球与地球的最短距离和最长距离分别是71个和83个地球半径。此估计值比现代所知的数值56和64要大一些，但是数量级是正确的，在那个时代这已经是相当惊人的成就了[5]。

希巴尔卡斯用地球半径为单位，已经估计出地球到月球的距离了，但是要将该距离表示成一般的长度单位，还需要知道地球的大小。“地球是圆的”这个观念要归功于毕达哥拉斯，至于他是从观测的证据（比如，月偏食时地球投射在月球上的影子总是圆的这个事实）还是从美学和哲学原理（球形是所有形状中最完美的）得出这个结论的，我们无从而知。一旦地球是圆的这个观念被接受，人们就会尝试去确定它的大小。完成这件工作的功绩应该归于埃拉托色尼（约公元前275—前194），他是公元前2世纪杰出的数学家和地理学家。

埃拉托色尼是阿基米德的朋友，阿基米德是古代最伟大的科学家，曾与埃拉托色尼通信讨论自己的著作。和许多早期的学者一样，埃拉托色尼在多个学科都有建树。他制作了一个标示有 675 颗恒星的天体图，并且得出地球赤道面与黄道面（地球绕太阳公转的轨道平面）的夹角约为 23.5°。他还建议，为了保持与季节的同步，每隔 4 年在日历中增加一天，这也是后来儒略历的基础。在数学方面，他想出了著名的“过滤法”来寻找素数，还对加倍问题（找出一个立方体的边长，使其体积等于给定立方体体积的两倍）给出了一个自动解。埃拉托色尼也写些诗歌和文学评论，并且率先开始编纂自特洛伊战争以来重要历史事件的编年史。他的朋友都戏称他为“Beta”，可能是因为他们认为他的地位仅次于阿基米德吧。尽管如此，埃及的统治者托勒密三世仍然传召他去主持亚历山大图书馆（古代世界最大的学术著作储藏处）的工作。晚年时他失明了，并且深感自己成果丰硕的年代已经过去，最后选择绝食，“如哲学家般地死去”。

公元前 240 年，埃拉托色尼完成了他一生中最重要的成就：计算出地球的大小。当时人们知道，在夏至（一年中最长的一天）那天正午，阳光会直射到上埃及西恩城（现在的阿斯旺）的一口深井的底部。也就是说，那天中午太阳正好会在井的正上方。但是，在西恩北方的亚历山大，此刻竖直杆子的投影与太阳光线之间的夹角是圆心角的 1/50（也就是 7.2°）（参见图 5-2）。埃拉托色尼假设太阳距离地球非常远以至于它的光线到达地球时是平行的，因此在地球上两个不同地方所观测到太阳的高度不一样，一定是因为地球是圆的。因为亚历山大和西恩的距离是 5 000 stadia（古希腊度量单位，依据国王的信使在两个城市间往返所花费的时间而测得），所以地球的周长一定是这个距离的 50 倍，也就是 250 000 stadia。

遗憾的是，我们并不知道古希腊的地理距离单位 stadium 的确切长度，估计在 0.185~0.225 千米（0.185 千米是罗马时代所使用的 stadium 的长度）。因此，埃拉托色尼所算出的地球周长即为 46 250~56 250 千米，而正确的数值是通过两极的周长为 39 941 千米，通过赤道的周长为 40 076 千米[6]。埃拉托色尼的结果已经相当接近真实值，在获得这个结果的同时，他也实现了“geometry”（几何学）的字面意思：度量地球。

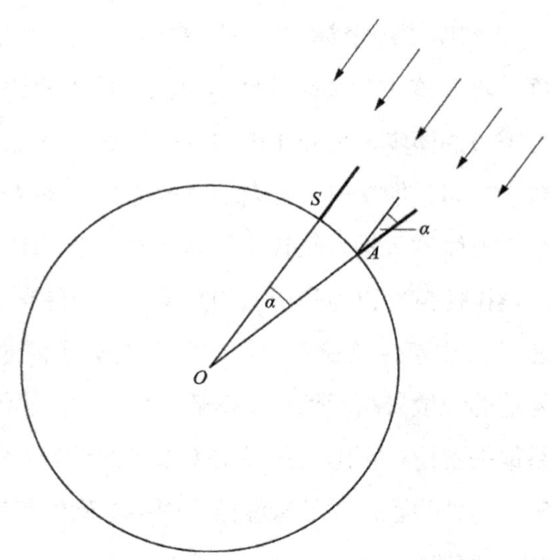

图 5-2　埃拉托色尼对地球周长的测量

麦哲伦在 1519~1522 年的环球航行直接证明了地球是球形的。但是在那之后不久，科学家就开始怀疑地球实际上可能是扁平的，问题是它是在两极扁平（扁球形）还是在赤道扁平（长球形）？这不仅是个学术问题，因为在那个大探险时代，对航海者来说能够确定他们在大海中的位置是至关重要的，不仅要知道经度和纬度，数据还要相当精确。这需要依次找出每一纬度在子午线上的长度。假如地球是一个完美的球形，那么不管纬度是多少，每一纬度都对应相同的长度。但是如果地球是扁球形的，那么越靠近极点，每一纬度对应的长度就越大；相反，如果地球是长球形的，那么越靠近极点，每一纬度对应的长度就越小。如何确定地球的确切形状，或者更一般地说是任何曲面的形状，就逐渐演变为测地学。18 世纪和 19 世纪不少伟大的数学家，诸如牛顿、欧拉、高斯等人都研究过这个问题。

使用测地学测量的第一步是选择一条已知长度的基础线，然后测量该线与基础线端点到一固定目标连线的夹角。对于相对较小的区域，比如一个小镇或者乡村，我们可以忽略地球表面的曲率，把该区域当作平面，接着就可以利用正弦定律（ASA的情形）计算基础线任意一端到目标物的距离。这些距离可以作为新的基础线，然后重复这个过程，直到整个区域都被这样的三角形网络覆盖为止。这个过程被称为“三角测量”，它提供了整块区域的架构，如果再添加上山川、河流、湖泊、城镇和公路，就构成了一幅完整的地图[7]。

早在1533年，荷兰数学家弗里希斯（1508—1555）就提出了三角测量方法[8]。第一个大规模应用该方法的人是另一个荷兰人——思奈尔（1581—1626）[9]，他在1615年测量了荷兰一处长128.7千米的区域，用了33个三角形。但是，第一次全面的、由政府支持的三角测量，则是法国在1668年由巴黎天文台创始人之一的皮卡德（1620—1682）指导进行的。他选择的基础线是从巴黎到枫丹白露的一段11.3千米长的公路，整个测量工程从这条基础线开始，最终覆盖整个法国。为了提高测量的精度，皮卡德使用了一种新型的象限仪（一种用来测量直角的仪器），这种仪器用带有两条相交细线的望远镜代替了原来用以观测的两个小孔。他把能够决定基础线端点纬度的天文测量与地面测量相结合，计算出1纬度在巴黎对应的长度是110.5千米。之后，他把测量范围推广到法国海岸线，却意外发现法国的西海岸线必须相对通过巴黎的本初子午线东移1.5°，这使得国王路易十四不禁大呼：“你害我损失了大片领土。”[10]

1682年皮卡德去世后，测量工作又持续了一个世纪，由一个四代都是杰出天文学家的卡西尼家族完成。乔瓦尼·卡西尼（1625—1712）出生于意大利，并且任教于波隆纳大学。1668年，在皮卡德的力邀下，他离开原来的岗位，掌管新落成的巴黎天文台，于是他就把名字改成琼·多米尼克。卡西尼对天文学做出了重大贡献：推测出火星及木星的旋转周期，第一个研究了黄道光（日出前出现在东方天空、日落后出现在西方天空的弱光），发现了土星的4颗卫星及土星环上的一条黑色缺口（现在称为卡西尼裂缝）。他还在1672年测量了火星的视差，进而借助开普勒的行星运动定律，计算出地球与太阳的距离是 14 000 万千米（这是第一个接近实际数值 14 960 万千米的数）。令人吃惊的是，他是最后一批反对哥白尼日心说体系的专业天文学家之一，并且他仍然坚信地球是长球形的球体，尽管相反的证据与日俱增[11]。

晚年，卡西尼致力于测地学和制图学，充分发挥了他在天文学方面的特长。1679 年，他想出了一种新的世界地图——“地球全图”，采用现今所谓的“等距方位投影”方法（参见第 10 章），使所有由北极起始的方向和距离都能正确地显示在地图上。卡西尼的巨幅地图直径长达 7.32 米，是在巴黎天文台的第三层绘制完成的。它成为日后制图者学习的模板，并且在 1696 年重新制作并出版发行。

但是，卡西尼并未因他的这些成就而心满意足。70 岁时，他仍以充沛的精力，在其儿子雅克（1677—1756）的帮助下，开始了重新测量法国国土面积的任务。他们的目标是把测量工作向南推进到比利牛斯山脉，最终覆盖整个欧洲大陆。此外，他们也顺便想找出地球究竟是长球形还是扁球形。

老卡西尼于 1712 年逝世，享年 87 岁。他的儿子认识到，关于地球形状的问题，只有通过比较相距很远的纬度之间每一纬度所跨的距离，才能得以解决。于是，他提议派遣探险队远赴赤道和北极，以彻底解决这个问题。这不仅是在理论上对地球的形状感兴趣，更关系到法国的声望。当时牛顿已经预测到地球的两极较扁，依据是地球自身的重力场和自转时所受离心力的相互作用。但是在法国，牛顿关于重力的理论特别是超距作用并不被人们所接受，人们普遍支持笛卡儿的漩涡理论。漩涡理论认为，引力的产生是由于巨大的漩涡在某种充斥所有空间的流体中旋转所造成的。由于关系到法国和英国的国家尊严，地球的形状成了当时最受争议的科学议题。[12]

虽然所有的证据都不是直接证据，但是都倾向于支持牛顿的看法。举个例子，即使我们通过一个很小的望远镜也可以看到木星的两极相当扁平；在地球上进行重力加速度的测量（比如测定钟摆的周期），结果在赤道上比两极小，这表明赤道距离地心比两极远。

1734 年，根据雅克·卡西尼的提议和新国王路易十五的准许，法兰西科学院（相当于英国的皇家学会）派出两支探险队，一支前往瑞典和芬兰的交界地拉布兰，另一支前往赤道附近的秘鲁。他们的任务是完成所去区域的全部三角测量，并且得出所在地区 1 纬度对应的长度。

第一支探险队由莫佩图斯（1698—1759）带领。他从法国军队开始他的职业生涯，随后成为一名数学家和物理学家，他还是精确阐述最小作用原理的第一人。在欧洲大陆上，作为牛顿孤寂的支持者和崇拜者，他非常迫切地希望自己能够跟牛顿并肩作战，希望证明他心中的大师是正确的。与之同行的还有另一位法国数学家克莱洛（1713—1765），他是一位数学神童，10 岁就开始研究微积分，18 岁时出版了他的第一本书（微分方程 $xy-y=f(y)$ 就是以他的名字命名的，其中 f 是关于导数 y 的已知函数）。前往秘鲁的探险队由一位地理学家拉孔达明（1701—1774）带领，其中也有一位数学家布格（1698—1758）。如此多一流的数学家参与到去偏僻地方进行探险考察活动的现象并不奇怪。实际上，这是法国的传统，目的在于培养知名的科学家，他们会成为国家军事和公共服务方面的优秀人才。在第 15 章，我们将再次领略更多优秀人才的风采。

两支探险队都遭遇了很多艰难的事情。前往拉布兰的队伍遇上了大暴雪，让人无法睁开眼睛，不得不强行通过结冰的沼泽。这些沼泽在春天会变得泥泞不堪，到了夏天又会蚊虫满天。而前往秘鲁的队伍遭遇的情况则更糟糕，他们不仅要与安第斯山脉的高海拔所带来的高原反应做斗争，而且还因疾病和一连串的意外事故牺牲了几位成员。更不幸的是，由于探险队领导者之间的意见不合，几个人返回了自己的国家。然而不管怎么说，这两支探险队都完成了任务。他们发现 1 纬度在拉布兰长 111.11 千米，而在秘鲁长 109.95 千米（参见图 5-3）。再加上皮卡德在巴黎得到的 110.48 千米，这些结果无可置疑地证明了地球是扁球形的。这一次，牛顿又成功了。

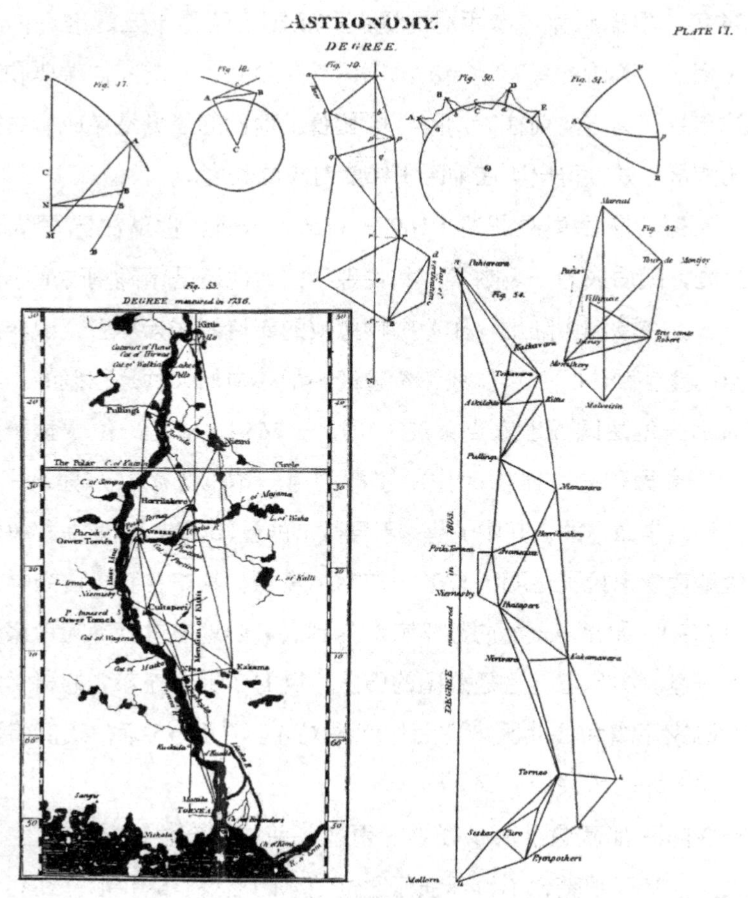

图 5-3 测量 1 纬度对应的长度。此图为莫佩图斯远征队对拉布兰地区三角形化网格的一部分。选自 1798 年的刻版（作者的收藏）

现在，我们将焦点再次转向卡西尼家族。在两支探险队在国外紧锣密鼓地进行他们的探险工作时，雅克和他的儿子弗朗索瓦（1714—1784）完成了对法国全境的三角划分，共用了 18 条基础线和 400 个三角形。图 5-4 展示了 19 世纪常用的测量工具。接下来，就是要把这些网格转化成一张实际的地图，这个工作最终由卡西尼四世（1748—1845）完成，他是卡西尼王朝创建者的曾孙。这张巨大的地图不仅标出了地形特点，而且还标出了古堡、风车、葡萄园，甚至是断头台（时值法国大革命时期）的位置。卡西尼四世因他的伟大成就受到了世人的称颂，然而他随即被逮捕并由革命特别法庭审理，几乎只是到了保命的程度。他的声誉直到拿破仑时代才得以恢复，后于 1845 年去世，享年 97 岁。

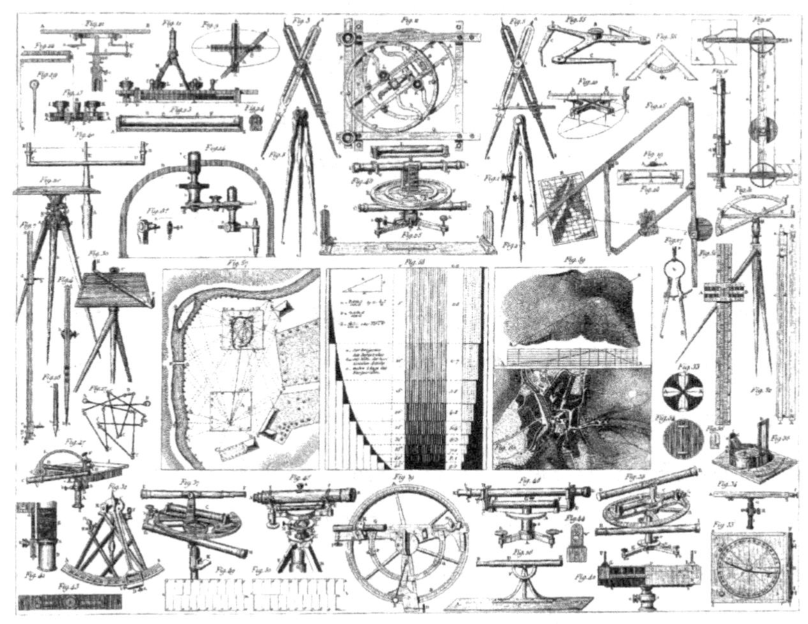

图 5-4　19 世纪常用的测量工具

欧洲其他各国纷纷效仿法国的测地工作，到 19 世纪中叶，欧洲大陆的大部分地区都完成了三角形测量及制图的工作。这项工作接着转移到了印度，这是一项庞大的三角测量工程，被称作“大三角测量”。从 1800 年开始，一直到 1913 年才完成。这项由东印度公司（当时最大的商业集团，本部设在伦敦，是印度实际的统治者）赞助的测量工作，南起孟加拉湾西南海岸的马德拉斯一带，北至遥远的喜马拉雅山。

莱姆顿（1753—1823）上尉从 1802 年开始，到其过世为止，一直主掌着整个测量工作，他决心做到前所未有的精度。他那巨大的经纬仪重达半吨，是根据他的要求在伦敦特制的，在用船运往印度的途中还曾遭到法国军舰的拦截。有一次，这个大得古怪的仪器需要被提升到坦焦尔大庙的屋顶上，以便测量人员能够看清楚整片区域。在吊升的过程中，一根绳索断裂，仪器摔坏了。但是莱姆顿毫不泄气，独自一人在帐篷里花了 6 个星期把它修复了。

1806 年，莱姆顿开始着手准备完成一个比测量印度更大的目标：确定世界地图。为了达到这个目标，他沿着 78° 经线，从南亚次大陆最南端的科摩林角到北边的克什米尔画了一条线，长约 2 896.82 千米。他的工作人员遇到了许多危险：印度中部的酷热，有老虎出没的茂密的森林，到处存在着疟疾的威胁，等等。

莱姆顿去世后，测量工作移交给了他的助手埃弗雷斯（1790—1866）。埃弗雷斯对高标准的要求甚至超过了他的前任。为了弥补印度中部广袤平原上缺乏的地标，他修建了许多在远处可见的高塔，许多至今仍然保留着。为了避开印度内陆的热浪及迷雾，他命令测量人员在晚上工作，依靠他在塔顶上的篝火作标记。在白天，他使用日光发射仪（一种特别设计的镜子），其反射的阳光在 80 千米外依然清晰可见。埃弗雷斯非常重视细节，最终得到了回报：当测量到喜马拉雅山山脚时，他实际的位置和由三角测量得出的位置相差不过 0.18 米，这可是经过了超过 800 千米的距离啊！

在测量的过程中，埃弗雷斯发现了一件至今仍存在争议的事情：他发现喜马拉雅山脉的巨大质量会影响铅垂线的方向。这种重力怪异现象现在被称作“重力聚集”（这个名字开始是用于月球的），这种现象的准确性质和分布现在可以由卫星绘制出来。

1843 年埃弗雷斯退休之后，测量工作在他的助手沃夫上尉的指导下继续进行。至此，用三角学来测量远处目标的威力达到了顶峰。1852 年的一天，测量工作的主要计算者希克达（他自己也是一名数学家）突然闯进沃夫的办公室大叫道：“先生，我发现了世界上最高的山峰。”但是，官方的声明一直推迟到 1856 年（期间经过了一再确认）才正式对外公布：这座世界第一高峰就是埃弗雷斯山峰，当时被暂时命名为“十五号峰”（珠穆朗玛峰，意思是“大地之母”）。他们采用了几个在 100 英里（160.93 千米）外测得的数据，经过平均计算得到的高度是 29 000 英尺（8 839.2 米），但是害怕外界质疑，因为这个数字看起来像是编造的，所以测量员就任意增加了 2 英尺（0.61 米）。直到 1954 年，世界最高峰的官方高度仍然是海拔 29 002 英尺（8 839.81 米）。现在的正式记录是 29 035 英尺（8 849.87 米）[13]。

就在法国人忙于用三角测量欧洲、英国人忙于测量他们的大英帝国时，德国的贝塞尔（1784—1864）则开始用三角测量天空。贝塞尔开始是一名会计师，他自学数学和天文学，20 岁时重新计算了哈雷彗星的轨道，在计算时把木星及土星引力造成的重力摄动全部考虑了进去。他的成就引起了当时德国知名天文学家奥伯斯的注意，并安排他在利林塔尔天文台任职。作为一个熟练的观测天文学家和一流的理论工作者，他在 1809 年成为柯尼斯堡（现在俄罗斯的加里宁格勒）普鲁士皇家天文台的主持者，直到去世[14]。

到 1800 年，人们已经相当确定当时所认知的太阳系的大小了（尽管海王星和冥王星当时还没有被发现），但是对于太阳系以外的宇宙则另当别论，所有人对其他恒星的距离一点概念也没有。视差法虽然在测定太阳系内星球的距离时十分成功，但应用到其他恒星时不管用。即使用地球绕太阳运动轨道的直径当作基础线（这可能是我们能用的最长的基础线了），也没有任何恒星展现出可测量的位置移动。事实上，正因为对远方恒星察觉不到任何视差，希腊人才以此作为证据，认为宇宙的中心就是不动的地球。哥白尼对此却有不同的解释：对他而言，觉察不到视差的存在表明这些恒星离我们很遥远，以至于视差小到我们无法用肉眼识别。

1609 年发明望远镜后，理论上我们可以观测到一些较近恒星的视差，但是这样的尝试最终都失败了。其中一个原因在于，天文学家一直只观测天空中最亮的星星，因为他们认为亮度越高，星星离我们就越近。如果所有恒星的固有亮度（发射的光的亮度）是一样的，就像大街上的一排路灯一样，那么这个假定就是成立的。但是在 1800 年，天文学家们就知道恒星的固有亮度有着巨大的差异，因此它们看起来的亮度并不能作为衡量它们相对距离远近的标准。那么工作就变成了寻找具有较大自行运动（恒星相对于天空的实际运动）的恒星，这与由于观测者自己的移动所造成的可见位移是不一样的。正确的假设是：具有较大自行运动的恒星，其距离会相对比较近。

一个候选目标很快就被找到了：天鹅座 61 星。这颗五等星用肉眼几乎看不到，但是它具有相当大的自行运动：每年 5.2 角秒，也就是每 350 年大约移动一个月球的直径。贝塞尔把他全部的精力都投入到这颗恒星的测量中，经过 18 个月的紧密观测后，他于 1838 年宣布天鹅座 61 星的视差是 0.314 角秒（为方便比较，我要在此说明，月球看起来的直径大概是半个弧度，也就是 1 800 角秒）。这个极小的数字已经足够让贝塞尔用最简单的三角学计算求出这颗恒星的距离了。因为这件事情是天文学发展史上的一个里程碑，所以我们在此详细说明一下。

在图 5-5 中，我们用 S 表示太阳，E_1 和 E_2 分别表示地球绕日运行轨道上的两个顶点，T 表示要研究的恒星。根据天文学的惯例，年视差是指恒星由于地球绕日运动所产生角度差的一半，也就是直角三角形 E_1ST 中的 $\angle\alpha=\angle E_1TS$。令 d 表示地球到恒星的距离，r 表示地球绕日轨道的半径，我们可以得到 $\sin\alpha=r/d$，也就是：

$$d=\frac{r}{\sin\alpha}$$

代入实际数值 r=150 000 000 千米=1.5×10^8 千米，α=0.314 角秒=(0.314/3 600)度，我们可以得到 $d=9.85\times10^{13}$ 千米。现在恒星的距离通常用光年表示，因此我们必须除以光速 3×10^5 千米 / 秒，再乘以一年的秒数 3 600 × 24 × 365，得到：

$$d=10.1\text{ 光年}$$

由此，我们就可得知太阳系以外宇宙的大小。天鹅座 61 星的视差随后修正为 0.294 角秒，其距离也改为 11.1 光年。不久，其他一些恒星的视差也成功测量出来了，其中包括半人马座 α 星，距离地球 4.3 光年，是除了太阳外距离我们最近的恒星邻居了[15]。同样的方法也可以用在 100 光年外的恒星上，但是由于距离太遥远，准确度很快就没有了。幸运的是，在建立可靠的星球距离度量的努力过程中，根据恒星物理特性的测量方法陆续发展出来了。

1844 年，贝塞尔有了第二个划时代的发现：当他把望远镜指向天狼星（天空中最亮的星）时，发现天狼星的自行运动大约出现了一分钟的波动，他认为造成这种现象的原因是一颗看不见的恒星绕着天狼星旋转产生了重力场。这颗名为天狼星 B 的伴星，于 1862 年被美国望远镜的制造者克拉克（1832—1897）所发现。

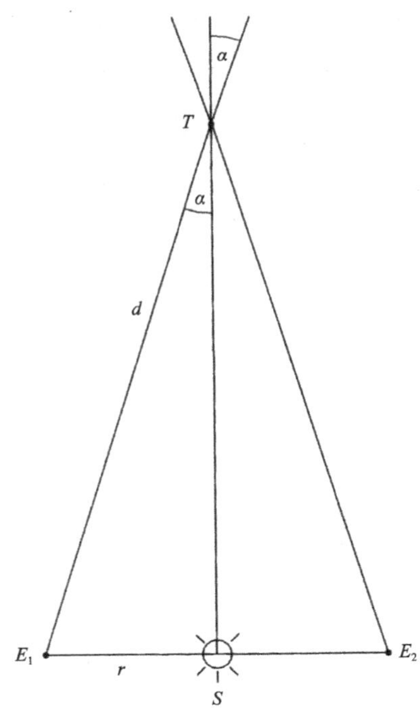

图 5-5　恒星视差

贝塞尔一生中的大部分时间都在思考重力摄动问题，这是天体力学上最困难的课题之一。为了处理这个问题，贝塞尔引进了某一类函数，现在称之为“贝塞尔函数”。这些函数是微分方程 $x^2y''+xy'+(x^2-n^2)y=0$ 的解，其中 $n \geqslant 0$ 是一个常数（不一定是整数）。解的性质与 n 的值有很大关系：如果 $n=1/2, 3/2, 5/2, \cdots$，则解可以用 x、$\sin x$ 及 $\cos x$ 来表示，而对其他的 n 值，只能用无穷级数表示，因此这些解被认为是“非初等”或“高等”函数。贝塞尔方程的应用十分广泛，举例来说，圆形薄膜（例如鼓膜）的振动就遵循 $n=0$ 时的贝塞尔方程[16]。

贝塞尔晚年时仍专注于重力摄动问题。当时著名的天文学迷题之一就是天王星的异常运行：所有试图以已知行星（特别是木星和土星）的重力影响来解释这些异常现象的努力，最后都失败了。贝塞尔正确地把这种异常现象归结于另一颗未知星球，但是他在发现这颗行星（海王星）前数月就去世了。

贝塞尔可以说是最后几位既精通理论，又擅于实验（指观测技巧）的伟大科学家之一。后世数学家会因为贝塞尔函数而记得他，而他最耀眼的成就则是给了我们第一个具体的证据，告诉我们星球间的空间有多大。由于他，天文学家开始将注意力从太阳系转向更遥远的宇宙。

棣莫弗

1667 年 5 月 26 日，棣莫弗出生于法国香槟省维特里的一个新教徒家庭。他很早就展现出对数学的兴趣，并且偷偷地在他所能就读的各个教会学校里研读。1685 年，路易十四废除了南特赦令（1598 年为保障法国新教徒的宗教信仰自由而颁布的一部法令），于是压迫随之而来。由于一项指控，棣莫弗被拘禁两年，然后他去了伦敦，并在那里度过了余生。他独自研究数学，并且对数学非常精通。有一天，棣莫弗到德文郡（英格兰西南部的一个州）的一个伯爵家里做家庭教师，非常幸运的是，牛顿正好带着一本他关于重力理论的伟大著作《自然哲学的数学原理》（*Philosophiae naturalis Principia mathematica*）走出来。棣莫弗拿起那本书独自研读，他发现读懂这本书比他想象的要困难得多（即使对于一个现代的读者，这也是非常困难的）。经过他的潜心钻研（他经常把书页撕下来，以便于他在授课之余还能够研究），他不但掌握了书中的内容，并且成了专家，甚至牛顿在晚年时还会对向他请教的人说："去问棣莫弗先生吧，他对这些东西知道得比我还多。"

1692 年，棣莫弗遇到了哈雷（哈雷彗星就是以他的名字命名的），他的数学能力给哈雷留下了深刻的印象，于是哈雷向英国皇家学会推荐了棣莫弗的第一篇文章，内容是关于牛顿的“流数法”（即微积分）。经过哈雷的介绍，棣莫弗进入了牛顿的朋友圈，其中包括沃利斯和寇茨。1697 年，棣莫弗当选英国皇家学会会员，并于 1712 年加入皇家学会特设的委员会，协助处理有关牛顿和莱布尼茨谁先发明微积分的争议。此外，他还入选巴黎和柏林的研究院。

尽管拥有这么多的成就，棣莫弗始终无法在大学里谋到一份职位（原因之一在于他出生于法国），就连莱布尼茨出面为他力争，也不能如愿以偿。他只能靠担任家庭教师来勉强维持生计，并且不得不浪费大量时间奔走于学生的家庭之间。他的业余时间都花在了伦敦圣马丁街的咖啡馆和酒馆中，在那里他回答有钱人提出的各种各样的数学问题，尤其是他们在赌博中赢钱的概率问题。

棣莫弗老年时变得非常嗜睡，需要很长时间的睡眠。据传，某天他宣布说从那一天开始，他每天都要比前一天多睡 20 分钟。到了第 73 天，也就是 1754 年 11 月 27 日，他的睡眠时间累积到 24 小时的那天，他去世了。官方记录的原因是“嗜睡症”。他享年 87 岁，成为众多活过 80 岁的英国杰出数学家之一，这些人包括：奥特雷德（1660 年去世，享年 86 岁）、沃利斯（1703 年去世，享年 87 岁）、牛顿（1727 年去世，享年 85 岁）、哈雷（1742 年去世，享年 86 岁），以及当代的怀海德（1947 年去世，享年 86 岁）和罗素（1970 年去世，享年 98 岁）等。英国诗人波普在他的诗歌《人的礼赞》（*An Essay on Man*）中这样称颂棣莫弗：

> 是谁让蜘蛛如棣莫弗那般精确，
> 不靠量尺和准绳就设计出图样？

棣莫弗的数学成就主要涉及两大领域：概率论以及代数和三角学（两者被视为同一领域）。在概率论方面，他扩大了前人的成果，特别是惠更斯和

伯努利家族的工作。例如，现在所谓的“棣莫弗问题”就是由惠更斯首先提出、后被棣莫弗一般化的问题：有 n 个骰子，每个有 f 个面，求掷出任一点数的概率[17]。他在这方面的许多研究成果都出现在他的著作《机会论：游戏中的概率计算方法》（*The Doctrine of Chances: or, a Method of Calculating the Probability of Events in Play*, 1718，并分别在 1738 年和 1756 年出版增订版）中，其中包括非常多的掷骰子、从袋子中取有颜色的球，以及与年金有关的问题。此外，书中也叙述了符合事件中概率的计算法则（尽管他不是第一个发现此法则的人）。他的第二本著作《生命年金专题》（*A Treatise of Annuities upon Lives*，1725 和 1743）讨论的是死亡率统计分析（哈雷在几年前就开始研究这个问题）、年金继承分配，以及金融机构和保险公司感兴趣的其他问题。

在概率论中，我们经常遇到表达式 $n!$（读作 n 的阶乘），其定义是 $1\cdot 2\cdot 3\cdot \cdots \cdot n$。随着 n 的增加，$n!$ 的值增加的速度非常快，比如 $10!=3\ 628\ 800$，而 $20!=2\ 432\ 902\ 008\ 176\ 640\ 000$。要想计算 $n!$，就必须先计算 $(n-1)!$，从而就要计算 $(n-2)!$，以此类推。因此，当 n 非常大的时候，要直接算 $n!$ 是一件极耗费时间的事情，最好能有一个公式，帮助我们在 n 很大时，可以用简单的计算找出 $n!$ 的近似值。1733 年，棣莫弗在与朋友私下交流的一篇文章中，提出了下面的公式：

$$n!\approx cn^{n+1/2}\mathrm{e}^{-n}$$

其中 c 是一个常数，e 是自然对数的底[18]。然而棣莫弗求不出这个常数的值，这个任务由苏格兰人史特林（1682—1770）完成了，他求出 $c=\sqrt{2\pi}$。现在所称的史特林公式，其实大部分要归功于棣莫弗，它一般写成下面的形式：

$$n!\approx\sqrt{2\pi n}n^n\mathrm{e}^{-n}$$

以 $n=20$ 为例，该公式得出的值是 $2.422\ 786\ 847\times 10^{18}$，而 20! 正确的值在四舍五入后为 $2.432\ 902\ 008\times 10^{18}$。

棣莫弗的第三本主要著作是《杂谈分析》(*Miscellanea Analytical*, 1730)，在这本书中除了概率外，还涉及代数和解析三角学。当时的一个主要问题是，如何将 $x^{2n}+px^n+1$ 这样的多项式分解成二次式的乘积。这个问题来自于寇茨对于把有理式分解成部分分式（当时称为“循环级数”）所做的研究，棣莫弗完成了寇茨由于早逝而未完成的工作。在棣莫弗得出的众多结果中，我们找到了下面的公式，有时称为“圆的寇茨性质”：

$$x^{2n}+1=[x^2-2x\cos(\pi/2n)+1][x^2-2x\cos(3\pi/2n)+1]$$
$$\cdots\{x^2-2x\cos[(2n-1)\pi/2n]+1\}$$

为了得到这个分解式，我们只须找出方程 $x^{2n}+1=0$ 的 $2n$ 个不同根（用棣莫弗定理即可），也就是 $\sqrt[2n]{-1}$ 的 $2n$ 个复数值，然后把共轭的线性因子相乘即可。任何一个学生，第一次遇到在纯代数式（如 $x^{2n}+1$）的因式分解中竟然出现三角表达式都会大吃一惊。在棣莫弗那个时代，甚至连专业的数学家也会大感诧异。

棣莫弗在1722年提出了他的著名定理：

$$(\cos\phi+\mathrm{i}\sin\phi)^n=\cos n\phi+\mathrm{i}\sin n\phi,$$

但是他从来没有在他的著作中明确提到过这个公式。然而，他很清晰地知道上式可以从下式得到：

$$\cos\phi=\frac{1}{2}(\cos n\phi+\mathrm{i}\sin n\phi)^{1/n}+\frac{1}{2}(\cos n\phi-\mathrm{i}\sin n\phi)^{1/n}$$

他早在1707年就已经发现了这个公式（棣莫弗得到的是 n 为正整数时的情况，欧拉在1749年证明了上式对任意实数 n 都成立）[19]。他在《杂谈分析》一书以及许多他发表在英国皇家学会官方杂志《哲学学报》上的文章中都频繁地引用了该公式。例如，在1739年发表的一篇论文中，他给出了如何求形如$a+\sqrt{b}$和$a+\sqrt{-b}$的任意二项式的根（他称后者为“不可能的二项式”）。作为一个具体的例子，他给出了如何求出$81+\sqrt{-2\ 700}$（用现代的符号表示就是$81+30\sqrt{3}\mathrm{i}$）的三次立方根。他的说明是叙述式而不是符号式的，但是所用的方法和我们今天在任何一本三角学教科书中所看到的一样：把$81+30\sqrt{3}\mathrm{i}$写成极坐标的形式$r(\cos\theta+\mathrm{i}\sin\theta)$，其中$r=\sqrt{81^2+(30\sqrt{3})^2}=21\sqrt{21}=\sqrt{9\ 261}$，$\theta=\tan^{-1}(30\sqrt{3}/81)=\tan^{-1}(10\sqrt{3}/27)=32.68°$。接着计算 k=0,1,2 时的表达式$\sqrt[3]{r}[\cos(\theta+360°k)/3+\mathrm{i}\sin(\theta+360°k)/3]$的值。我们知道$\theta/3=10.89°$，$\sqrt[3]{21\sqrt{21}}=(21^{3/2})^{1/3}=21^{1/2}=\sqrt{21}$，所以根就是$\sqrt{21}\mathrm{cis}(10.89°+120°k)$，其中 cis 表示cos+i sin。查表或者用计算器找出正弦及余弦值，就得到需要的 3 个根：$(9+\sqrt{3}\mathrm{i})/2$，$-3+(2\sqrt{3})\mathrm{i}$，$[-3-(5\sqrt{3})\mathrm{i}]/2$。棣莫弗补充说：

> 有一些学者，包括著名的沃利斯，认为这类圆上的三次方程可以由找出一个虚量及$81+\sqrt{-2\ 700}$的三次方根来求解，而不需用到正弦函数表。但这仅仅是一个想象，是在回避这个问题。因为只要稍微一试，就知道结果还是会出现和原来一样的问题。在没有正弦函数表的帮助下，尤其是在根是无理数的情况下，问题根本不能够直接解决。其他许多人也看到了这一点[20]。

棣莫弗也一定会自问：“为什么 3 个根都是那么‘漂亮’的无理数？”毕竟角 θ 不是像 15°、30° 和 45° 这样的特殊角。他认为，在不依靠正弦函数表的情况下找到复数的三次方根简直是一种“想象”（不可能的事情）。为了避免误解，他在末尾重复说：“在没有正弦函数表的帮助下，尤其是在根是无理数的情况下，问题根本不能够直接解决。”在一般情况下，他当然是对的。要找出一个复数 $z=x+\mathrm{i}y$ 的三次方根，我们必须把它表示成极坐标的形式 $z=r\ \mathrm{cis}\theta$，其中$r=\sqrt{x^2+y^2}$，$\theta=\tan^{-1}(y/x)$。接下来计算$\sqrt[3]{r}$和 $\theta/3$，然后利用正弦函数表找出 $\cos(\theta/3)$ 和 $\sin(\theta/3)$，最后当 k=0,1,2 时$\sqrt[3]{r}\mathrm{cis}(\theta/3+120°k)$的值就是所求的 3 个根。令人啼笑皆非的是，棣莫弗用来说明整个求解过程的例子是不需要查表就可以解出来的！下面我们来看如何求解。

我们的目标是找出$z=x+\mathrm{i}y=81+30\sqrt{3}\mathrm{i}=r\mathrm{cis}\theta$的 3 个三次方根，其中

$r=21\sqrt{21}$，$\tan\theta=(10\sqrt{3})/27$。由最后那个等式（或者直接计算 x/r），我们得到$\cos\theta=81/(21\sqrt{21})=(9\sqrt{21})/49$。再利用$\cos 3\theta=4\cos^3(\theta/3)-3\cos(\theta/3)$，我们可以求出 $\cos(\theta/3)$。令 $x=\cos(\theta/3)$，则：

$$(9\sqrt{21})/49=4x^3-3x \tag{1}$$

或者写成：

$$196x^3-147x-9\sqrt{21}=0 \tag{2}$$

用$y=x/(9\sqrt{21})$代入，式子就可以化简为：

$$333\ 396y^3-147y-1=0 \tag{3}$$

这个方程没有根号，但是它的第一个系数大得可怕。然而，巧合的是，147 能够被 21 整除，而 333 396 能够被 21^3 整除。令 $z=21y$，则方程变为：

$$36z^3-7z-1=0 \tag{4}$$

这是一个漂亮且简单的方程，其 3 个根分别是 1/2、−1/3 和 −1/6，并且都是有理数。往回代入，我们得到 $y=z/21=1/42$、$-1/63$ 和 $-1/126$，最后 $x=\cos(\theta/3)=(9\sqrt{21})y=(3\sqrt{21})/14$、$-\sqrt{21}/7$及$-\sqrt{21}/14$。对于每一个 x 值，我们可以通过恒等式$\sin(\theta/3)=\pm\sqrt{1-\cos^2(\theta/3)}$得出 $\sin(\theta/3)$ 的值。我们得到$\sin(\theta/3)=\sqrt{7}/14$、$2\sqrt{7}/7$和$-5\sqrt{7}/14$（最后一个值是负的，因为对应的角落在复平面的第三象限）。我们还得到$\sqrt[3]{r}=(21\sqrt{21})^{1/3}=\sqrt{21}$。因此 3 个根分别是：

$$\sqrt{21}[3\sqrt{21}/14+(\sqrt{7}/14)\mathrm{i}]=\frac{1}{2}(9+\sqrt{3}\mathrm{i})$$
$$\sqrt{21}[-\sqrt{21}/7+(2\sqrt{7}/7)\mathrm{i}]=-3+\sqrt{3}\mathrm{i}$$
$$\sqrt{21}[-\sqrt{21}/14-(5\sqrt{7}/14)\mathrm{i}]=\frac{1}{2}(-3-5\sqrt{3}\mathrm{i})$$

如图 5-6 所示。

当然，处理这个问题最“自然”的方式，就是用一个以意大利人卡尔丹（1501—1576）命名的公式直接去解方程（1）。这个卡尔丹公式虽然以卡尔丹命名，但是实际上是由另外两个意大利人费罗（约 1465—1526）和塔尔塔利亚（约 1506—1557）发展出来的[21]。卡尔丹公式类似于二次方程的求解公式，但是要复杂得多。它的根据是，任何标准形式的三次方程 $y^3+ay^2+by+c=0$（首项系数为 1），都能够用 $y=x-a/3$ 代入化简为 $x^3+px+q=0$（没有二次项，其中 $p=b-a^2/3$，$q=2a^3/27-ab/3+c$）。因为式 (1) 中已经没有二次项，所以只需除以首项系数就可以得到形如 $x^3+px+q=0$ 的式子，其中 $p=-4/3$，$q=-9\sqrt{21}/196$。若想用卡尔丹公式就需要我们计算 $P=\sqrt[3]{-q/2+\sqrt{q^2/4+p^3/27}}$ 和 $Q=\sqrt[3]{-q/2-\sqrt{q^2/4+p^3/27}}$。把 p 和 q 的值代入到这两个表达式中，经过化简，我们得到 $P,Q=\frac{1}{14}\sqrt[3]{-63\sqrt{21}\pm(70\sqrt{7})\mathrm{i}}$。现在我们必须求出复数 $-63\sqrt{21}\pm(70\sqrt{7})\mathrm{i}$ 的三次方根，而为了做到这些，我们就必须将它们表示成极坐标的形式 $R\ \mathrm{cis}\phi$。我们得到 $R=\sqrt{(-63\sqrt{21})^2+(70\sqrt{7})^2}=343$，$\phi=\pm\tan^{-1}[(70\sqrt{7})/(63\sqrt{21})]=\pm\tan^{-1}[(10\sqrt{3})/27]$（正好是我们刚开始就计算出来的角）。这正是棣莫弗那句难以理解的话的意思："因为只要稍微一试，就知道结果还是会出现和原来一样的问题。"

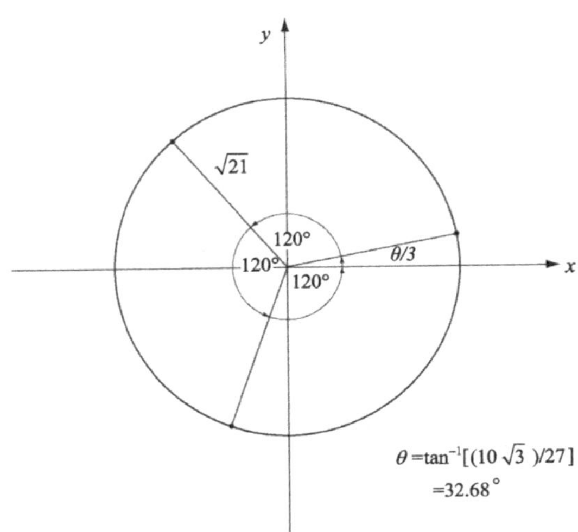

图 5-6　$81+\sqrt{-2\,700}$ 的 3 个立方根

像棣莫弗这样水准的数学家，难道就没有看出他所举的例子不用正弦函数表就可以解出来吗？显然没有。就连爱因斯坦也有一次没有注意到他的一个方程中的分母可能为零。那是在 1917 年，他把广义相对论应用到宇宙时发生的情况。一位年轻的俄罗斯天文学家弗里德曼（1888—1925）注意到了这个看似无害的疏忽，并且得出结论：由这个被爱因斯坦忽略的特殊情形，可以推导出宇宙可能仍在扩张[22]。

第6章

几何中的两个定理

能够从寥寥几个无中生有的公理推导出那么多的结果，实在是几何学的荣耀。

——牛顿，《自然哲学的数学原理》前言

欧几里得《几何原本》第三册，定理20：

在一个圆中，同一个弧所对应的圆心角是圆周角的两倍[1]。

用更通俗一点的语言，这个定理是说：一个内接于一圆的角（即角的顶点落在圆周上），等于同一条弦所对的圆心角的一半（参见图6–1）。从此定理中我们可以马上得到两个推论：（1）在同一个圆中，同一条弦所对的所有圆周角都相等（这是欧几里得《几何原本》的定理21，参见图6–2）；（2）直径所对的圆周角都是直角（参见图6–3）。第二个推论据说是希腊数学家泰勒斯证明出来的（尽管巴比伦人比他早知道一千多年），而且有可能是有史以来最早被证明的定理之一。

这个定理以及它的两个推论是三角形知识的宝库，我们将在本书中的许多地方用到这些推论。在这里，我们首先利用它来证明正弦定理。在图 6–4 中，我们看到三角形 ABC 内接于圆心为 O，半径为 r 的圆。我们有 $\angle AOB=2\angle ACB=2\gamma$，从 O 作 AB 的垂直平分线，则 $\sin\gamma=(c/2)/r$，因此 $c/\sin\gamma=2r=$ 常数。因为 $c/\sin\gamma$ 是常数（也就是不随 c 和 γ 的变化而变化），所以得到：

$$\frac{a}{\sin\alpha}=\frac{b}{\sin\beta}=\frac{c}{\sin\gamma}=2r \tag{1}$$

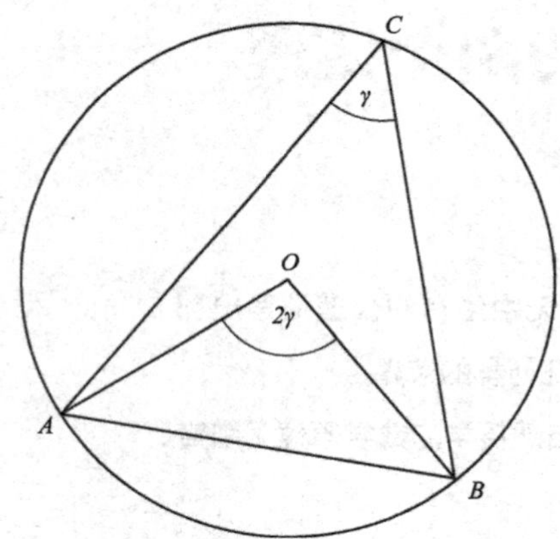

图 6–1　欧几里得《几何原本》第三册，定理 20

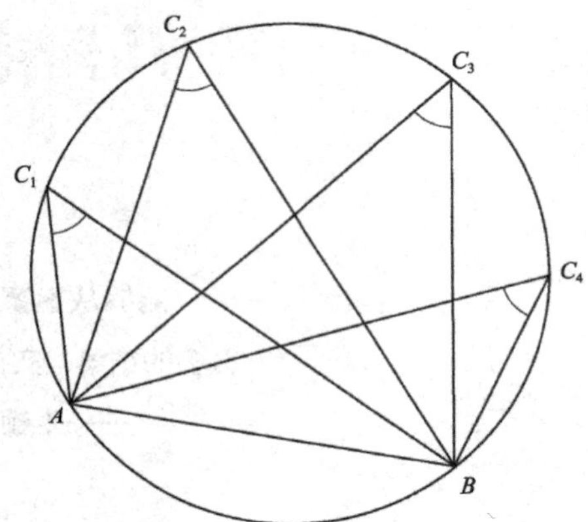

图 6–2　欧几里得《几何原本》第三册，定理 21

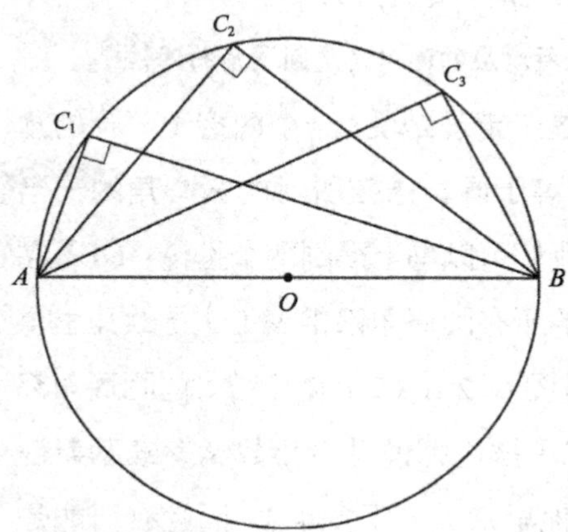

图 6–3　直径所对的圆周角都是直角

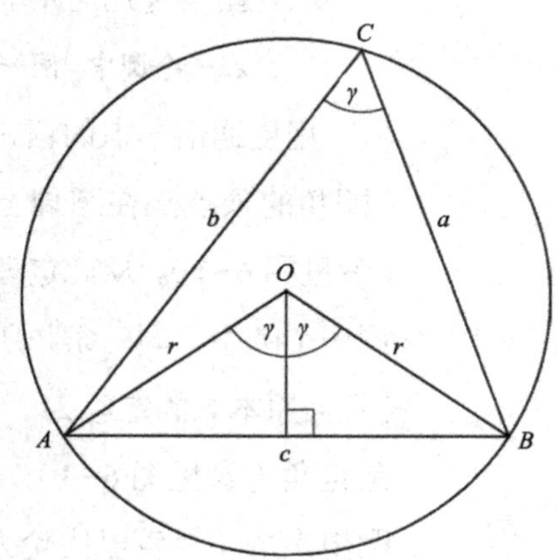

图 6–4　正弦定理（锐角的情形）

这个证明不仅是简洁证明的典范，而且也给出了正弦定理的完整形式。更常见的证明是将三角形分成两个直角三角形，完全忽略了有关 $2r$ 的陈述。

在图 6-4 中，角 γ 是锐角，这意味着圆心落在三角形内部。如果角 γ 是钝角（参见图 6-5），则圆心落在三角形外部，而弧 AB 要大于圆周长的一半。因此，三角形 AOB 在点 O 的内角为 $\gamma'=360°-2\gamma$。再次从点 O 作 AB 的垂直平分线，则有 $\sin\gamma'=(c/2)/r$。因为 $\sin\gamma'=\sin(180°-\gamma)=\sin\gamma$，所以我们还是可以得到 $c/\sin\gamma=2r$。

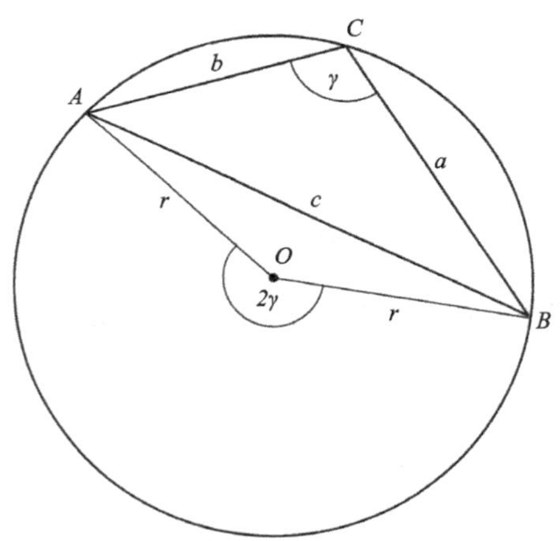

图 6-5　正弦定理（钝角的情形）

此外，我们还能够从这个定理中得到更多的信息。图 6-6 是一个单位圆，点 P 是圆上一点。令 OP 和 x 轴正半轴之间的夹角为 2θ，则 $\angle ORP=\theta$，其中 R 的坐标是（-1，0）。对三角形 ORP 应用正弦定理，有 $RP/\sin(180°-2\theta)=OP/\sin\theta$。但是 $\sin(180°-2\theta)=\sin2\theta$，并且 $OP=1$，所以 $RP/\sin2\theta=1/\sin\theta$，从中可以得到：

$$\sin2\theta=RP\sin\theta \tag{2}$$

现在从点 O 作 RP 的垂直平分线 OS。在直角三角形 ORS 中，我们有 $\cos\theta=RS/RO=(RP/2)/RO=RP/2$，因此 $RP=2\cos\theta$。把这个结果带回到式 (2) 中，得到：

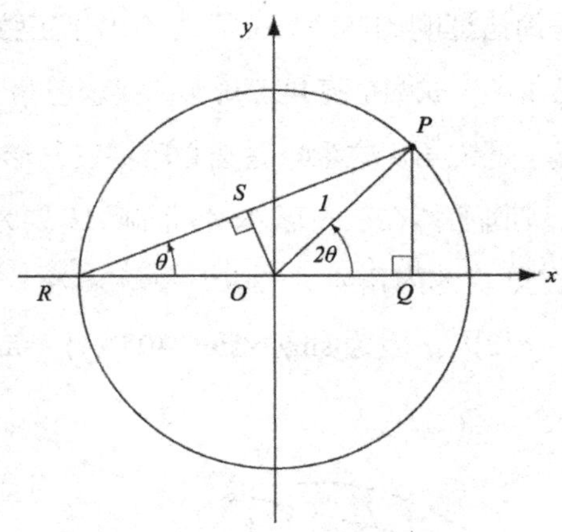

图 6-6　倍角公式的几何证明

$$\sin 2\theta = 2\sin\theta\cos\theta \tag{3}$$

这就是正弦函数的倍角公式。现在，从点 P 作 x 轴的垂线 PQ，则得到：

$$\begin{aligned}\cos 2\theta &= OQ = RQ - RO = RP\cos\theta - 1 \\ &= (2\cos\theta)\cdot\cos\theta - 1 = 2\cos^2\theta - 1\end{aligned} \tag{4}$$

这是余弦函数的倍角公式。有了倍角公式之后，我们只需把 2θ 替换成 ϕ，就可以得到相应的半角公式。

现在，我们再回到正弦定理的证明中去。由于任意 3 个不共线的点可以确定唯一圆，因此每一个三角形都恰好内接于一个圆。事实上，我们可以把三角形的角看作圆周角，把三角形的边看作同一圆内的弦。因此，正弦定理其实也是关于圆的一个定理。如果我们假设三角形外接圆的直径长为 1，并且称此圆为“单位圆”，则正弦定理就可以简单地表示成：

$$a = \sin\alpha,\ b = \sin\beta,\ c = \sin\gamma$$

也就是说，内接于单位圆的三角形的每条边的边长，等于其对角的正弦值（参见图 6-7）。事实上，我们可以定义一个角的正弦值为该角在单位圆上所对的弦长，这个定义可能会和在传统上把正弦值定义为直角三角形两边的比一样好用（事实上，这个定义还有个好处，就是角的大小可以是 0° ~180°，这个范围是直角三角形中角范围的两倍）。正如我们在第 2 章中所看到的，在托勒密的弦长表中，对正弦函数的解释就是这样来的。

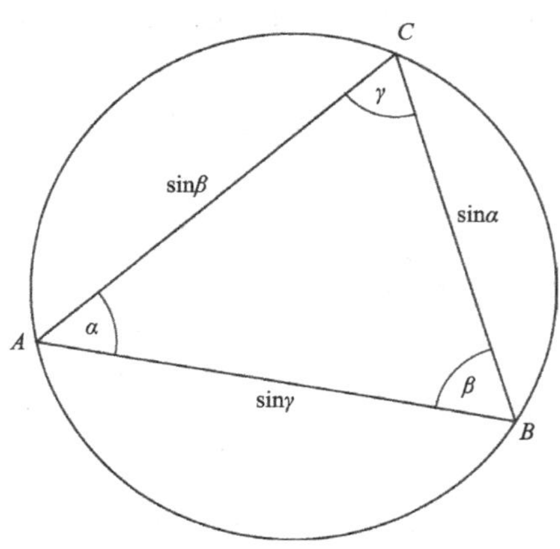

图 6–7　“单位圆”上的正弦定理

在托勒密的《天文学大成》中，我们看到下面这个被称为“托勒密定理”的命题：[2]

> **任何圆内接四边形的对角线所形成的长方形，等于两对边所形成的长方形的和。**[3]

这个隐秘的陈述究竟是什么意思呢？在此必须先说明一下，希腊人把数字看作线段的长度，两个数字的乘积则看作两个数字所代表的线段所形成的长方形的面积。因此“对角线所形成的长方形”是指由圆内接四边形的两条对角线所形成的长方形的面积，而“两对边所形成的长方形”也有类似的意思。简单地说，“所形成的长方形”的意思就是“乘积”。因此，托勒密定理可以这样叙述：**在圆内接四边形中，两对角线的乘积等于两对边的乘积之和。**参见图 6–8，也就是：

$$AC \cdot BD = AB \cdot CD + BC \cdot DA \qquad (5)$$

由于这个定理在初等几何中不如其他定理那样被广泛知道，因此我们在此给出托勒密的证明：以 AB 为初始边，作 $\angle ABE=\angle DBC$。由于 $\angle CAB$ 和 $\angle CDB$ 有共同的弦 BC，所以这两个角也相等。因此，三角形 ABE 和三角形 DBC 相似（有两对角相等）。故 $AE/AB=DC/DB$，由此可得：

$$AE\cdot DB=AB\cdot DC \tag{6}$$

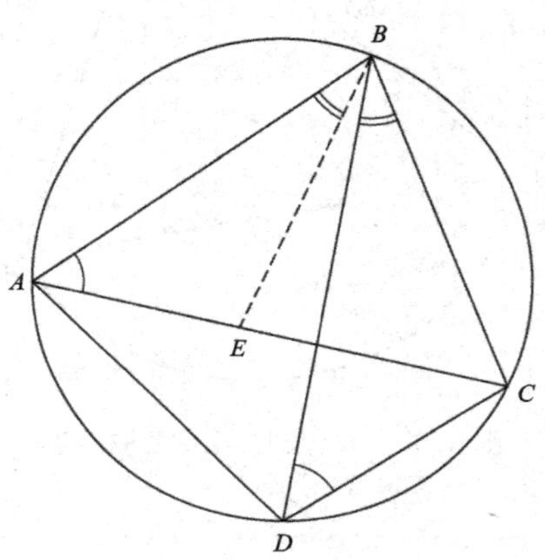

图 6–8　托勒密定理

如果我们在等式 $\angle ABE=\angle DBC$ 的两边同时加上 $\angle EBD$，则有 $\angle ABD=\angle EBC$。又 $\angle BDA$ 和 $\angle BCE$ 对应相同的弦 AB，因此 $\angle BDA=\angle BCE$。所以三角形 ABD 和 EBC 相似，故 $AD/DB=EC/CB$，从而有：

$$EC\cdot DB=AD\cdot CB \tag{7}$$

最后将式 (6) 和式 (7) 相加，得到 $(AE+EC)\cdot DB=AB\cdot DC+AD\cdot CB$。再把 $AE+EC$ 用 AC 替换，就可以得到我们想要的结果了（要注意边是没有方向的线段，所以 $BD=DB$，以此类推）。

如果四边形 $ABCD$ 恰好是一个矩形（参见图 6–9），那么 4 个顶角都是直角，并且 $AB=CD$，$BC=DA$，$AC=BD$，所以式 (5) 就变成：

$$(AC)^2=(AB)^2+(BC)^2 \tag{8}$$

这就是毕氏定理！这个用来证明最著名的数学定理的方法，是罗密士的经典之作《毕达哥拉斯定理》（*The Pythagorean Propositin*）中 256 个证明里的第 66 个[4]。

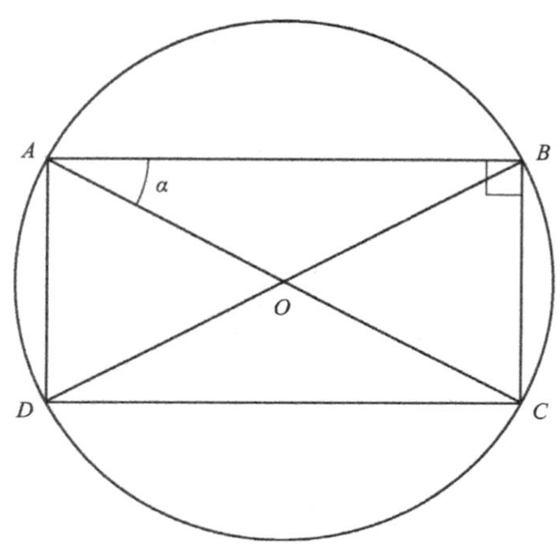

图 6–9　毕达哥拉斯定理

托勒密定理在三角学上有何重要性呢？我们可以看下面这个特例：当四边形 $ABCD$ 为矩形时，AC 是“单位圆”的直径，因此 $AC=1$。现在我们用 α 表示 $\angle BAC$，则 $AB=\cos\alpha$，$BC=\sin\alpha$。式 (8) 就变为：

$$1=\cos^2\alpha+\sin^2\alpha$$

这是毕氏定理在三角学中的等价形式，但是更重要的还在下面。如果 $ABCD$ 是任意四边形，其中一条对角线 AC 恰好为直径（参见图 6–10），则 $\angle ABC$ 和 $\angle ADC$ 是直角。令 $\angle BAC=\alpha$，$\angle CAD=\beta$，则可得 $BC=\sin\alpha$，$AB=\cos\alpha$，$CD=\sin\beta$，$AD=\cos\beta$，$BD=\sin(\alpha+\beta)$，由托勒密定理可得：

$$1\cdot\sin(\alpha+\beta)=\sin\alpha\cdot\cos\beta+\cos\alpha\cdot\sin\beta$$

这正是正弦函数的和角公式！［差角公式 $\sin(\alpha-\beta)=\sin\alpha\cdot\cos\beta-\cos\alpha\cdot\sin\beta$ 也可以用类似的方法得到。考虑四边形 $ABCD$，其中 AD 为直径，参见图 6–11。］

由此可见，这个定理可能是三角学中最重要的公式，在托勒密时代已经知道，并且在托勒密计算他的弦长表时发挥了巨大作用。而且很有可能在两个半世纪前，希巴尔卡斯就已经知道了。古老的谚语仍然是正确的："日光之下无新事。"

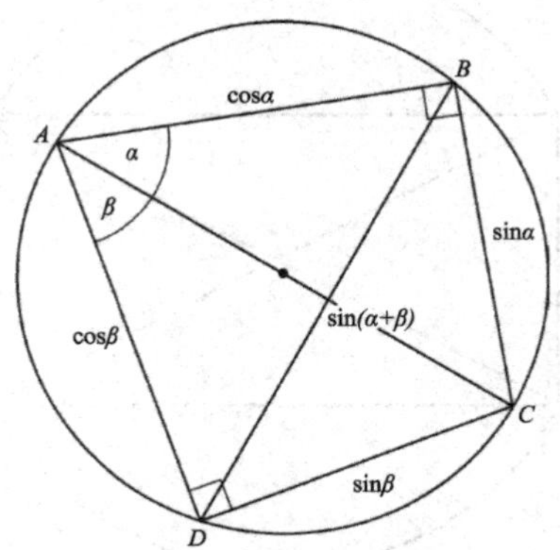

图 6-10　$\sin(\alpha+\beta)=\sin\alpha\cdot\cos\beta+\cos\alpha\cdot\sin\beta$ 的几何证明

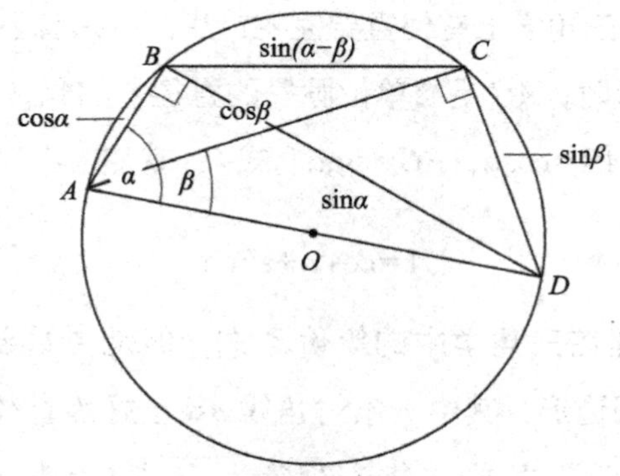

图 6-11　$\sin(\alpha-\beta)=\sin\alpha\cdot\cos\beta-\cos\alpha\cdot\sin\beta$ 的几何证明

第7章

外摆线与内摆线

托勒密明确提出的“行星运动”周转圆理论，是古代天文学最成熟的杰出成果。

——潘涅库克，《天文学历史》

在19世纪70年代，市场上出现了一种引人入胜又具有教育意义的玩具，并且很快成为风靡一时的事物，那就是描图器。它包含一组不同尺寸、边缘有锯齿的小塑料圆轮，以及两个在内边缘和外边缘都有锯齿的大圆环（参见图7-1），在每个小圆轮上离中心不同距离的地方都穿有小孔。首先，把一个圆环放在纸上，再放上一个圆轮，使两者的锯齿吻合，然后在一个小孔中插入一支笔。当你沿着圆环移动轮子时，在纸上就会出现一条曲线。如果圆轮沿着圆环的内边缘移动，则称该曲线为“内摆线”；反之，如果圆轮沿着圆环的外边缘移动，则称该曲线为“外摆线”（这两个英文名称是从希腊前缀而来的，**hypo** 的意思是“在……之下”，epi 则是“在……之上”)。曲线的实际形状取决于圆环和圆轮的半径（用边缘的锯齿数表示），更准确地说是二者的半径比。

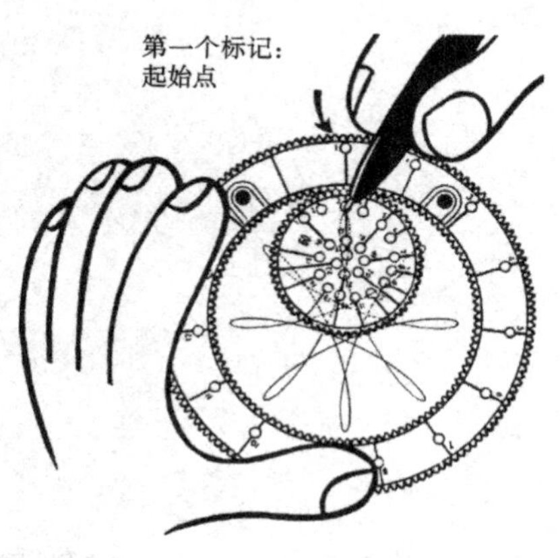

图 7-1　描图器

我们先来找出内摆线的参数方程，也就是当半径为 r 的圆沿着半径为 R 的固定圆的内边缘转动时，其上一定点的运动轨迹（参见图 7-2）。设点 O 和点 C 分别是固定圆和转动圆的圆心，点 P 为转动圆上一点。当转动圆顺时针转动了 ϕ 角度时，点 C 则相对于点 O 逆时针转了 θ 角度。假设刚开始时点 P 与固定圆相交于点 Q，并且以此为转动的起点，然后选定坐标原点在点 O，x 轴正方向指向 Q，则点 P 相对于点 C 的坐标是（$r\cos\phi$，$-r\sin\phi$）（y 坐标中的负号是因为 ϕ 是顺时针度量的），而点 C 相对于点 O 的坐标是 $[(R-r)\cos\theta,(R-r)\sin\theta]$。所以点 P 相对于点 O 的坐标是：

$$x=(R-r)\cos\theta+r\cos\phi,\ y=(R-r)\sin\theta-r\sin\phi \qquad (1)$$

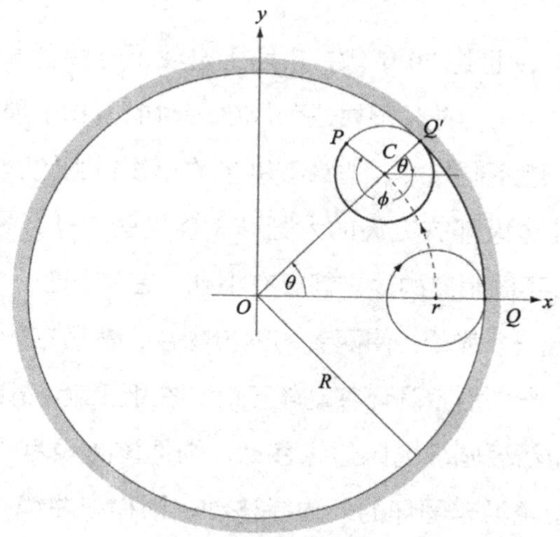

图 7-2　内摆线作图

但是角 θ 和角 ϕ 并不是独立的，在运动时，固定圆和转动圆相切的弧（即图 7–2 中弧 QQ' 和弧 $Q'P$）必须相等。这两段弧的长度分别是 $R\theta$ 和 $r(\theta+\phi)$，所以我们有 $R\theta=r(\theta+\phi)$。将 ϕ 用 θ 表示，即 $\phi=[(R-r)/r]\theta$，因此式 (1) 就变成：

$$\begin{aligned} x&=(R-r)\cos\theta+r\cos[(R-r)/r]\theta \\ y&=(R-r)\sin\theta-r\sin[(R-r)/r]\theta \end{aligned} \tag{2}$$

式 (2) 就是内摆线的参数方程，θ 为参数（如果转动圆以等角速度移动，则 θ 与运动的时间成正比）。内摆线的形状依赖于 R/r 的值。如果该值是一个分数 m/n（最简分数），则曲线会有 m 个尖点（边角），当圆轮沿着内边缘转 n 圈后曲线将完全闭合。如果 R/r 是一个无理数，则曲线将永远不会闭合，只会无限接近闭合。

某些 R/r 所对应的曲线令人称奇。例如，当 $R/r=2$ 时，则式 (2) 变为：

$$x=r\cos\theta+r\cos\theta=2r\cos\theta,\ y=r\sin\theta-r\sin\theta=0 \tag{3}$$

$y=0$ 意味着点 P 只沿着 x 轴移动，即沿着环的内圈直径来回移动。因此，我们可以用两个半径比为 2 : 1 的圆画线段。在 19 世纪，把圆周运动转化成直线运动及其反运动对蒸汽引擎的设计（将活塞的来回运动转化成轮子的转动）相当关键。2 : 1 的内摆线正是解决这个问题的众多方法之一。

更有趣的是 $R/r=4$ 时的情形，此时式 (2) 变为：

$$x=3r\cos\theta+r\cos3\theta,\ y=3r\sin\theta-r\sin3\theta \tag{4}$$

为了得到这条曲线的直角坐标方程（即点 P 关于 x 和 y 坐标的方程），我们必须消去两个式子中的参数 θ。一般来说，这可能需要非常烦琐的代数运算，最后的方程式（如果能够求出来）也会很复杂。但是在这个例子中，两个三角恒等式给了我们帮助，即 $\cos^3\theta=(3\cos\theta+\cos3\theta)/4$ 和 $\sin^3\theta=(3\sin\theta-\sin3\theta)/4$[1]。于是式 (4) 就变为：

$$x=4r\cos^3\theta,\ y=4r\sin^3\theta$$

把上面两个式子先开三次方，然后再平方，求和，就得到：

$$x^{2/3}+y^{2/3}=(4r)^{2/3}=R^{2/3} \tag{5}$$

式 (5) 所表示的内摆线称为星形线，其形状如星星（因此得名），有 4 个尖角，分别位于 θ=0°、90°、180° 和 270°。星形线具有一些显著的性质：比如，它的所有点处的切线在两坐标轴之间的长度都是 R；反之，长度为 R 且端点在 x 轴和 y 轴上的线段则可以在任何位置，所有这些线段的包络（相切于其中的任一条线段）就是一个星形线（参见图 7−3）。因此，对于一个靠墙的梯子，如果考虑所有可能的靠墙位置的话，那么所画的区域就是一个星形线。令人惊讶的是，星形线也是椭圆族 $x^2/a^2+y^2/(R-a)^2=1$ 的包络，此椭圆族的长半轴和短半轴的和正好是 R（参见图 7−4）[2]。

非常碰巧的是，星形线的直角坐标方程 [式 (5)] 使得计算该曲线的各种度量性质特别容易。比如，利用微积分中求弧长的公式，我们可以求出星形线的周长是 $6R$（令人惊奇的是，由圆生成的星形线，其周长却与常数 π 无关）；星形线围起来的区域的面积是 $3\pi R^2/8$，也就是固定圆的面积的 3/8[3]。

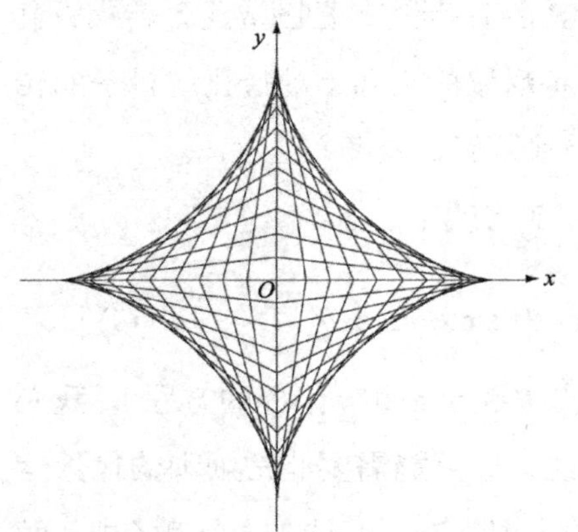

图 7−3　由切线形成的星形线

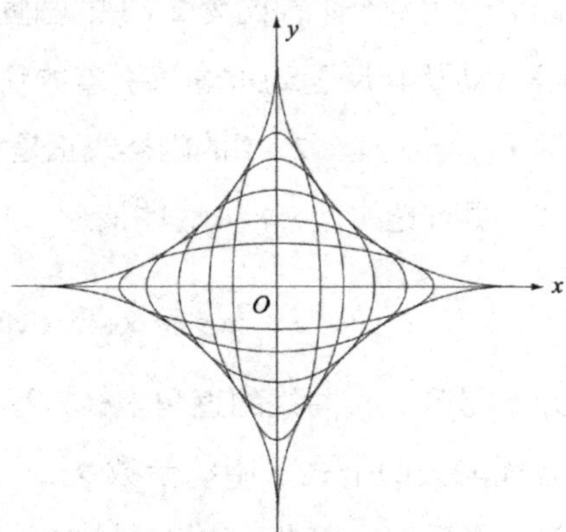

图 7−4　由椭圆切线形成的星形线

1725 年，丹尼尔·伯努利（1700—1782，他是受人尊敬的伯努利家族中的一员）发现了内摆线的一个漂亮性质，称之为双生成定理：半径为 r 的圆，在一半径为 R 的固定圆内沿着内边缘转动所生成的内摆线，与半径为（$R-r$）的圆在同一圆内转动所生成的内摆线相同。如果我们用 $[R, r]$ 表示前一内摆线，$[R, R-r]$ 表示后者，则 $[R, r]=[R, R-r]$。请注意，两个转动圆相对于固定圆是互补的，它们的直径之和等于固定圆的直径（参见图 7–5）。

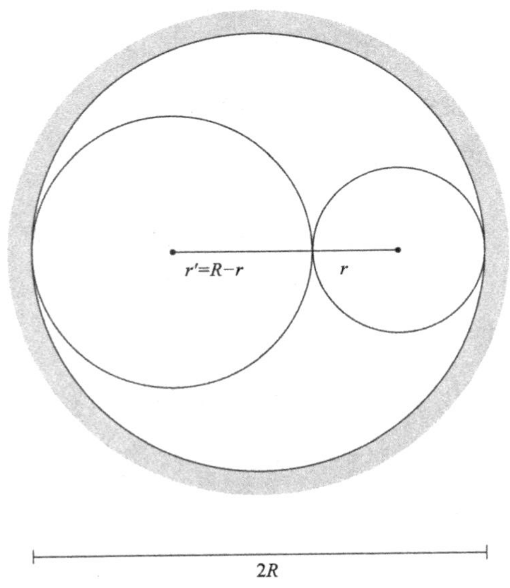

图 7–5　伯努利的双生成定理

为了证明这个定理，我们要利用式 (1) 的反对称性。把 $r'=R-r$ 代入式 (1)，可得：

$$x=r'\cos\theta+(R-r')\cos\phi,\ y=r'\sin\theta-(R-r')\sin\phi$$

参数 θ 和 ϕ 通过式子 $(R-r)\theta=r\phi$ 相互关联。用 ϕ 来表示 θ，则有 $\theta=r\phi/(R-r)=[(R-r')/r']\ \phi$，因此式 (1) 就变为：

$$x = r'\cos[(R-r')/r']\phi + (R-r')\cos\phi$$
$$y = r'\sin[(R-r')/r']\phi - (R-r')\sin\phi \tag{6}$$

除了将 r 换成 r'，式 (6) 和式 (2) 非常相似。事实上，如果我们交换一下各项的顺序，就可以和式 (2) 完全一样了：

$$x = (R-r')\cos\phi + r'\cos[(R-r')/r']\phi$$
$$y = -(R-r')\sin\phi + r'\sin[(R-r')/r']\phi$$

第一个式子和式 (2) 中的第一个式子完全相同，只是 r' 代替了 r，θ 和 ϕ 互换而已 [4]。第二个式子仍然有一个麻烦的负号。我们希望第一项是正的，第二项是负的。这里再一次用三角恒等式 $\cos(-\phi)=\cos\phi$ 和 $\sin(-\phi)=-\sin\phi$ 来解决。我们把参数再变换一次，把 ϕ 替换成 $\psi=-\phi$；这时第一个式子不变，但是第二个式子各项的符号都发生改变：

$$x = (R-r')\cos\psi + r'\cos[(R-r')/r']\psi$$
$$y = (R-r')\sin\psi - r'\sin[(R-r')/r']\psi \tag{7}$$

这和式 (2) 完全相同，证明完毕 [5]。

从这个定理我们可以得到 $[4r, r]=[4r, 3r]$ 或者 $[R, R/4]=[R, 3R/4]$，这表明由式 (5) 所生成的星形线也可以由一个半径为 $3R/4$ 的圆，沿着半径为 R 的固定圆的内边缘转动生成。

外摆线的参数方程（也就是半径为 r 的圆沿着半径为 R 的圆的外边缘转动时，其上一点的运动轨迹）和内摆线的类似 [式 (2)]：

$$x = (R+r)\cos\theta - r\cos[(R+r)/r]\theta$$
$$y = (R+r)\sin\theta - r\sin[(R+r)/r]\theta \tag{8}$$

上式中出现（$R+r$）而不是（$R-r$），这是不言而喻的，但是请注意第一个方程中第二项的负号，这是因为转动圆旋转方向和其圆心的运动方向是相同的。

和内摆线一样，外摆线的形状也依赖于 R/r 的值。当 $R/r=1$ 时，式 (8)

就变为 $x=r(2\cos\theta-\cos 2\theta)$ 和 $y=r(2\sin\theta-\sin 2\theta)$，得到的曲线是心脏形状的心脏线（参见图 7–6）。它只有一个尖角，刚好在点 P 与固定圆的接触点。它的周长是 $16R$，面积是 $6\pi R^2$[6]。

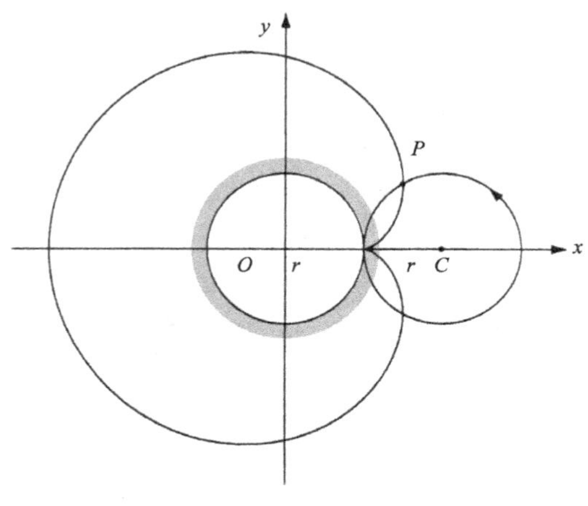

图 7–6　心脏线

还有一种情形必须要考虑：半径为 r 的圆沿着半径为 R 的固定圆的外边缘转动，但是二者相切于转动圆的内边缘（参见图 7–7）[7]。这种情况与内摆线类似，只不过转动圆和固定圆的角色相反。这种情况下的参数方程为：

$$x=r\cos\phi-(r-R)\cos\theta,\ y=r\sin\phi-(r-R)\sin\theta$$

其中 θ 和 ϕ 满足 $(r-R)\theta=r\phi$（注意，现在是 $r>R$）。用 ϕ 表示 θ，并且把 $r'=r-R$ 代入，可得：

$$\begin{aligned} x&=(R+r')\cos\phi-r'\cos[(R+r')/r']\phi \\ y&=(R+r')\sin\phi-r'\sin[(R+r')/r']\phi \end{aligned} \tag{9}$$

式 (9) 和表示外摆线的式 (8) 除了用 r' 代替 r，ϕ 代替 θ 外，其他完全一样。因此所产生的曲线，与由半径 $r'=r-R$ 的圆沿着半径为 R 的固定圆的外边缘转动所生成的外摆线是一样的。反之，后一曲线与由半径为 $r=R+r'$ 的转动圆沿着半径为 R 的固定圆的外边缘转动（相切于转动圆的内边缘）所生成的曲线相同。这就是外摆线的双生成定理。如果我们分别用

{ } 和 ( ) 表示“外切”外摆线和“内切”外摆线，则这个定理就是说 $\{R, r\}=(R, R+r)$，因此对心脏线而言，$\{R,R\}=(R,2R)$。

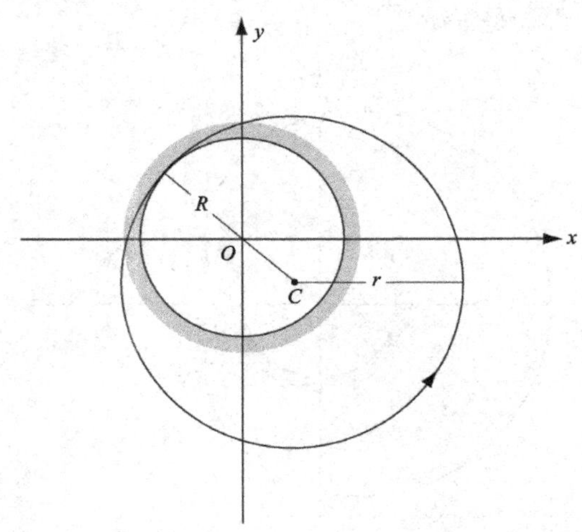

图 7-7　大圆沿着小圆的外边缘转动，但相切于大圆的内边缘

外摆线的研究可以追溯到古希腊人，他们用外摆线来解释令人感到困惑的天文现象——在地球上观测到有些行星偶尔会出现逆行运动。在行星沿着黄道运行时，它们是自西向东运动的，但是它们偶尔看起来好像停滞不前，然后变成自东向西运动，再停下来，接着又恢复正常运行。对于唯美主义的希腊人来说，天体绕着地球转动唯一可能的轨迹就是圆，因为圆是完美的象征。但是轨迹为圆的运动不会有逆行，于是希腊人就假定行星实际上是沿着一个小圆（即周转圆）运动，小圆的圆心则沿着主轨道的圆（即均轮）移动（参见图 7-8）。当这个模型也无法阐释所看到的行星运动时，他们就增加了更多的周转圆，直到整个系统都塞满周转圆为止。无论如何，这个系统至少大概描述了观测到的现象，而且也是第一次尝试用数学来说明天体运动。

当哥白尼在 1543 年发表了日心说理论后，人们才抛弃了周转圆理论。由于地球绕太阳运动，因此行星的逆行运动可以解释为这是在运动着的地球上看到的相对运动的结果。所以，当丹麦天文学家罗默（1644—1710，因第一个测定光速而出名）于 1674 年开始研究摆线时，摆线就与天体无关了，而是与一个更平凡的问题即机械齿轮的工作有关。

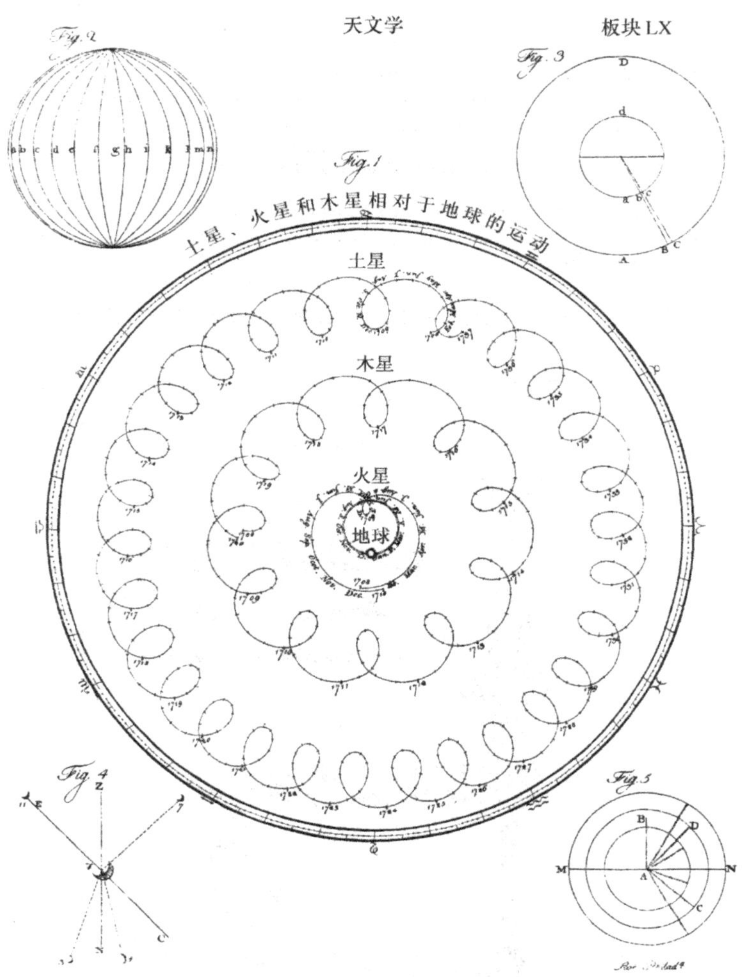

图 7–8　行星的周转图，选自 1798 年的刻版（作者的收藏）

利用今天的电脑和制图仪器，我们可以在几秒内做出极其复杂的曲线。但是仅仅在一代人或两代人之前，这样的工作完全依赖于机械装置。事实上，为了绘制出特定的曲线，人们发明了许多巧妙的工具（参见图 7–9 和图 7–10）[8]。

No. 1181.

1179. Ellipsograph, brass, nickelplated, fine quality, 6 in. bar, with pen and pencil point (in one piece). In case, . . . each $

This instrument draws ellipses of any shape, from 4 inches to 11 inches major axis, with great accuracy. Its construction is shown by the illustration. The pen-pencil point can be taken off and stored compactly in the case.

1181. Ellipsograph, like No. 1179, but with 9 in. bar. In case, . . each $

This instrument draws ellipses of any shape, from 6 inches to 18 inches major axis, with great accuracy.

图 7–9　椭圆规，选自 1928 年 Keuffel & Esser 公司的目录

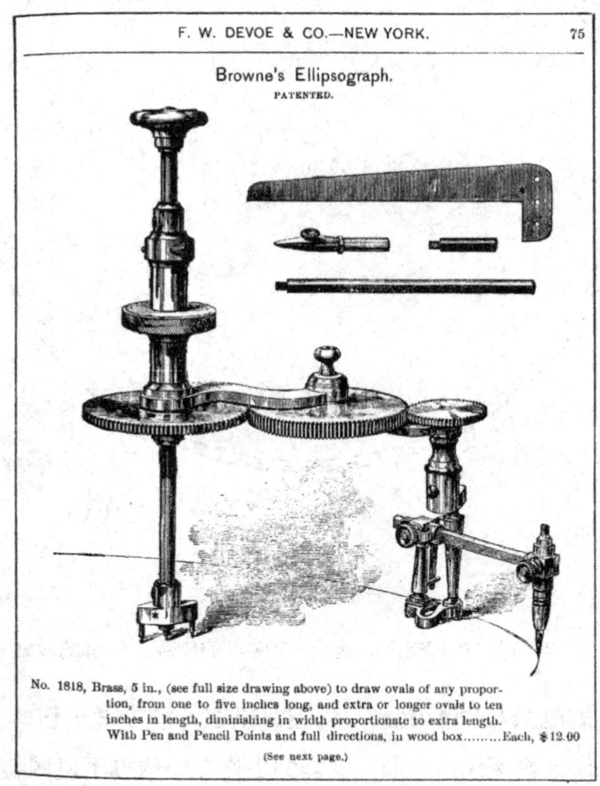

F. W. DEVOE & CO.—NEW YORK. 75

Browne's Ellipsograph.

PATENTED.

No. 1818, Brass, 5 in., (see full size drawing above) to draw ovals of any proportion, from one to five inches long, and extra or longer ovals to ten inches in length, diminishing in width proportionate to extra length. With Pen and Pencil Points and full directions, in wood box.........Each, $12.00

(See next page.)

图 7–10　椭圆规，选自 F. W. Devoe 公司的测量机数学工具目录

通常这些工具有相当复杂的结构，但是真正看着机器工作，齿轮缓慢转动，绘制出想要的曲线，你也会十分兴奋。随着机械世界让位给电子时代，效率提高了，却失去了亲近的感觉[9]。

玛利亚·阿涅西和她的“女巫”

即使在今天，在美国的数学家中女性也只占了总数的 1/10[10]。在世界范围内，比例就更低了。在过去由于存在社会偏见，女人几乎不可能从事科学研究，直到 21 世纪，女性数学家的总数仍然屈指可数。但是，在她们中马上可以想到 3 个名字：俄国的桑雅·卡巴列夫斯基（1850—1891）、出生在德国但是移民到美国的埃米·诺特（1882—1935）以及意大利的玛利亚·阿涅西[11]。

玛利亚·阿涅西，1718 年出生于意大利的米兰，她一生中的大部分时光都在此度过[12]。她的父亲皮艾特罗是波隆纳大学的一个数学教授，鼓励她进行科学研究。为了使阿涅西受到进一步的教育，她父亲在家里举办了一个“文化沙龙”，宾客来自全欧洲，其中包括各个领域的学者。在这些宾客面前，小阿涅西向他们提出各种各样的论点，然后和他们进行辩论，展现出了超群的智力才华，。这些论点涉及逻辑学、哲学、力学、化学、植物学、动物学及矿物学。在中间休息的时候，她的妹妹玛利亚·德瑞莎会用音乐娱乐客人。这幅情景让人想起莫扎特的父亲，他在萨尔茨堡有钱人家的沙龙里炫耀莫扎特的音乐天分，而莫扎特的姐姐娜奈尔则在旁边作陪衬。

阿涅西对语言也很有天分，她在 5 岁时就会说流利的法语，9 岁时写了一篇很长的鼓励女性接受高等教育的文章，并且翻译成了拉丁文。不久，她又掌握了希腊文、德文、西班牙文和希伯来文，并且能够用宾客的母语为自己的论文辩护。后来，她从这些论文中选出 190 篇，把它们编成一本书——《哲学命题》(*Proportiones philosophicae*，1738)。令人遗憾的是，这本书中并没有包含她的数学思想。

阿涅西 14 岁时就能够解出解析几何和物理学中的难题。17 岁时，她提出了对法国数学家洛必达（1661—1704）的著作《圆锥截面的分析理论》(*Traite analytique des sections coniques*)的重要评论。遗憾的是，这些评论没有出版。大概当时她已经受够了当众展露才华，于是退出社交生活，全身心地投入到数学研究中。接下来，她花费了 10 年时间来撰写她的主要著作《意大利青年学生使用的分析方法》(*Instituzioni analytiche ad uso della gioventu italiana*，下面简称《分析方法》)。这本书于 1748 年出版，共分两大卷，第一卷处理代数，第二卷处理分析（即无穷过程）。她的目标是将当时所知道的这些课题全部收集整理出来（要知道，在 18 世纪中叶微积分仍然处于发展阶段，新的步骤和定理在不断地添加到既有的内容中）。阿涅西使用意大利文来写这本书，而不是当时学术界惯用的拉丁文，目的就是让尽可能多的意大利年轻人阅读到这本书。

《分析方法》这本书立刻使阿涅西备受瞩目，而且被翻译成多种语言。剑桥大学的卢卡斯数学教授柯尔森（殁于 1760 年）将该书翻译成了英文。柯尔森于 1736 年出版了第一本关于牛顿《流数方法及无穷级数》(*Method of Fluxions and Infinite Series*，也就是牛顿的微积分）的全部讲解，他在翻译《分析方法》这本书时年纪已经很大了，但是为了使英国的年轻人能和意大利年轻人一样受益于这本书，他特别学习了意大利文。他的译本于 1801 年在伦敦出版。

为了表彰阿涅西的成就，罗马教皇本尼迪克特十四世于 1750 年委任她为波隆纳大学的数学教授，但是实际上她从未在那里教过书，只是把这个职位视作一种荣誉。自从她的父亲在 1752 年去世之后，阿涅西就逐渐退出了科学研究活动，并把余生献给了宗教和社会活动。此外，她还抚养了自己父亲在 3 次婚姻中所生的 21 个小孩，并教育他们，同时她也帮助教区里的穷人。1799 年，她在米兰去世，享年 81 岁。

讽刺的是，阿涅西的名字能够被人们记住的主要原因在于，她曾经研究过一条曲线（但她并不是研究此曲线的第一人），即阿涅西的女巫（箕舌线）。考虑一个半径为 a 的圆，其圆心坐标为 $(0, a)$（参见图 7–11）。现有一条通过点 $(0, 0)$ 的直线交圆于点 A，并且交直线 $y=2a$ 于点 B。通过点 A 作一条水平线，通过点 B 作一条垂直线，设其相交于点 P，则箕舌线就是当直线 OA 任意变动时，点 P 所产生的运动轨迹。

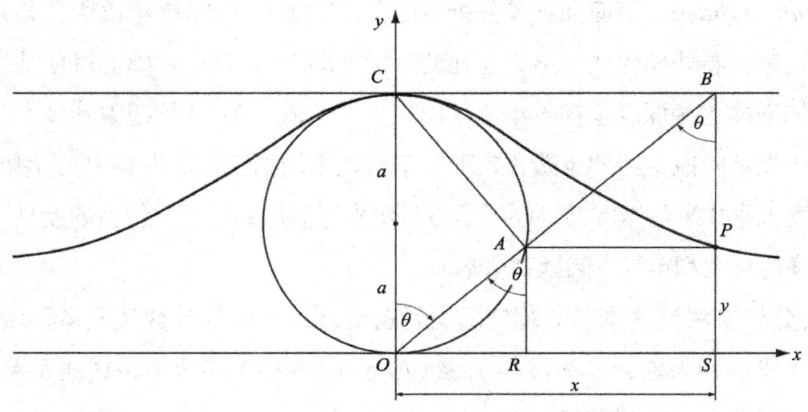

图 7–11　阿涅西的女巫

用 OA 与 y 轴的夹角 θ 来表示箕舌线的方程是最容易的。设点 P 的坐标为 (x, y)，从图 7–11 我们可以看到 $\angle OAC=90°$，OC 是圆的直径，所以在直角三角形 OAC 中有 $OA=OC\ \cos\theta=2a\ \cos\theta$。令 R 和 S 分别是点 A 和点 B 到 x 轴的垂线的垂足，则在直角三角形 OBS 中，$OS=x=BS\ \tan\theta=2a\ \tan\theta$，而在直角三角形 OAR 中，$AR=y=OA\cos\theta=2a\cos^2\theta$。因此箕舌线的参数方程为：

$$x = 2a\tan\theta, y = 2a\cos^2\theta \tag{10}$$

为了找出箕舌线的直角坐标方程，我们必须把式 (10) 中的 θ 消去。利用恒等式 $1+\tan^2\theta = 1/\cos^2\theta$，并且以 x 表示 y，则得到：

$$y = \frac{8a^3}{x^2+4a^2} \tag{11}$$

从式 (11) 可以得到几个结论。首先，当 $x \to \pm\infty$ 时，$y \to 0$，这表明 x 轴是箕舌线的水平渐近线。其次，利用微积分，我们可求出箕舌线与其水平渐近线之间区域的面积是 $4\pi a^2$，是其生成圆面积的 4 倍 [13]。我们也可以从式 (11) 或者式 (10) 找出箕舌线的两个拐点（曲线改变其凹度的点），它们分别是 $\theta = \pm\pi/6$。计算过程有些冗长，但是很直接，在此我们就省略了 [14]。

前面已经提到过，“女巫”的研究并不是始于阿涅西。早在 17 世纪，费马（1601—1665）就已经知道此曲线，其后比萨大学的教授格兰迪（1672—1742）给它起名为“versiera”（由拉丁文 vertere 变化而来，意思是转动）。然而碰巧的是，有一个发音类似的意大利词 avversiera，意思是“女魔鬼”或“魔鬼的妻子”。根据斯特鲁伊克的说法：“英国的一个才子有一次把它翻译成了‘女巫’，于是这个可笑的双关语就一直受大家钟爱，并保留在大多数的英文教科书中。” [15] 因此，格兰迪的 versiera 就成了“阿涅西的女巫”。为什么这条很少被应用的曲线有这么多数学家感兴趣呢？这仍是个谜 [16]。或许是因为它奇特的名字，又或许是由于阿涅西本人吧！

第 8 章

高斯的启示

有一个天文学问题（法国国家科学院在 1735 年提出的），几个知名的数学家需要花费数月时间去求解……而伟大的高斯只需要一小时就解出来了。

——卡约里，引自莫理斯的

《论数学及数学家》，第 155 页

关于德国大数学家高斯（1777—1855），这里有一个小故事：当他还是一个小学生时，老师让他求出从 1 加到 100 的值，他几乎马上就给出了正确答案 5 050。高斯向一脸惊讶的老师解释道：“把这些数字写两遍，一遍从 1 到 100，另一遍从 100 到 1，然后上下对应相加，每一对的和都是 101。因为这里有 100 对数字，所以有 $100\times101=10\ 100$，又因为这是所求结果的两倍，故正确答案只是这个数值的一半，即 5 050。”

就像许多关于著名人物的故事一样，这件事可能发生过，也可能没有发生过。不管如何，重要的是我们能从中得到启示：寻找特征很重要。这个例子的特征就是，这些数字是楼梯式的，即一端所增加的等于另一端所减少的：

$$\begin{array}{r} S=1+\quad 2\quad+\quad 3\quad+\cdots+n \\ S=n+(n-1)+(n-2)+\cdots+1 \\ \hline 2S=(n+1)+(n+1)+(n+1)+\cdots+(n+1)=n(n+1) \end{array}$$

n 项

$$S=n(n+1)/2 \tag{1}$$

一天，我在翻阅一本关于数列与级数的小册子时想起了关于高斯的这个故事，也看到了下面这个公式[1]：

$$\sin\alpha+\sin 2\alpha+\sin 3\alpha+\cdots+\sin n\alpha=\frac{\sin(n\alpha/2)\cdot\sin[(n+1)\alpha/2]}{\sin(\alpha/2)} \tag{2}$$

刚开始时，关于如何证明这个公式我没有任何头绪，于是我就开始寻找特征。式 (1) 和式 (2) 在形式上很相似，这引起了我的注意。事实上，式 (1) 的两边同时乘以 α 可得 $S\alpha=n(n+1)\alpha/2$，也就是：

$$\alpha+2\alpha+3\alpha+\cdots+n\alpha=n(n+1)\alpha/2$$

上式两边再乘以“sin”，就好像把 sin 看成一个代数量：

$$\sin(\alpha+2\alpha+3\alpha+\cdots+n\alpha)=\sin[n(n+1)\alpha/2]$$

如果左边去掉括号，右边在分子和分母上各乘以一个 sin（挤在 n 和 $n+1$ 之间）和 $\frac{\alpha}{2}$，这样就得到式 (2) 了！

当然了，我犯了所有可以想象到的数学“罪行”（英文单词 sin 的一个意思是罪恶、过错），但是确实得到了正确的公式。那么我们能用类似于高斯证明式 (1) 的方法来证明式 (2) 吗？

令

$$S=\sin\alpha+\sin 2\alpha+\cdots+\sin(n-1)\alpha+\sin n\alpha$$
$$S=\sin n\alpha+\sin(n-1)\alpha+\cdots+\sin 2\alpha+\sin\alpha$$

把上下各项对应相加，并利用和化积公式 $\sin\alpha+\sin\beta=2\sin[(\alpha+\beta)/2]\cdot\cos[(\alpha-\beta)/2]$ 可以得到：

$$\begin{aligned}2S=2\{&\sin[(1+n)\alpha/2]\cdot\cos[(1-n)\alpha/2]+\sin[(1+n)\alpha/2]\cdot\\&\cos[(3-n)\alpha/2]+\cdots+\sin[(n+1)\alpha/2]\cdot\\&\cos[(n-3)\alpha/2]+\sin[(n+1)\alpha/2]\cdot\cos[(n-1)\alpha/2]\}\\=2\sin&[(n+1)\alpha/2]\cdot\{\cos[(1-n)\alpha/2]+\cos[(3-n)\alpha/2]+\cdots+\\&\cos[(n-3)\alpha/2]+\cos[(n-1)\alpha/2]\}\end{aligned}$$

为了除去 cos 项中让人讨厌的 1/2,3/2,…，我们在等式两边都乘以 $\sin(\alpha/2)$，然后利用积化和公式 $\sin\alpha\cdot\sin\beta=(1/2)[\sin(\alpha-\beta)+\sin(\alpha+\beta)]$，可得：

$$\begin{aligned}2S\sin(\alpha/2)=\sin[(n+1)\alpha/2]\cdot&\\\{&\sin(n\alpha/2)+\sin[(1-n/2)\alpha]+\sin[(-1+n/2)\alpha]+\\&\sin[(2-n/2)\alpha]+\cdots+\sin[(2-n/2)\alpha]+\\&\sin[(-1+n/2)\alpha]+\sin[(1-n/2)\alpha]+\\&\sin(n\alpha/2)\}\end{aligned}$$

又 $\sin[(-1+n/2)\alpha]=-\sin[(1-n/2)\alpha]$，其余各项以此类推。因此，中括号内的各项除了第一项和最后一项外都消去了，故得到：

$$2S\sin(\alpha/2)=2\sin[(n+1)\alpha/2]\cdot\sin(n\alpha/2)$$

即

$$S=\frac{\sin[(n+1)\alpha/2]\cdot\sin(n\alpha/2)}{\sin(\alpha/2)}$$

这就是我们要证明的公式。

关于余弦函数的类似公式，也可以用相似的方法证明 [2]：

$$\cos\alpha+\cos2\alpha+\cdots+\cos n\alpha=\frac{\cos[(n+1)\alpha/2]\cdot\sin(n\alpha/2)}{\sin(\alpha/2)}\tag{3}$$

如果我们用式 (2) 除以式 (3)，那么就可得下面这个漂亮的公式：

$$\tan[(n+1)\alpha/2]=\frac{\sin\alpha+\sin2\alpha+\cdots+\sin n\alpha}{\cos\alpha+\cos2\alpha+\cdots+\cos n\alpha}\tag{4}$$

不过事情到此并未结束。根据每一个三角学公式都起源于几何学的思想，我们现在转向图 8-1。从原点开始（为了方便起见，我们以点 P_0 表示原点）画一条线段 P_0P_1，长度为 1，并且与 x 轴正半轴的夹角为 α。在点 P_1 作另一个长度为 1 的线段 P_1P_2，并且使其与第一条线段的夹角为 α，因此它与 x 轴正半轴的夹角就是 2α。以此类推做 n 次，就得到点 P_n，其坐标用 X 和 Y 表示。显然 X 是这 n 个线段水平投影的和，Y 是其垂直投影的和，也就是：

$$
\begin{aligned}
X &= \cos\alpha + \cos 2\alpha + \cdots + \cos n\alpha \\
Y &= \sin\alpha + \sin 2\alpha + \cdots + \sin n\alpha
\end{aligned}
\tag{5}
$$

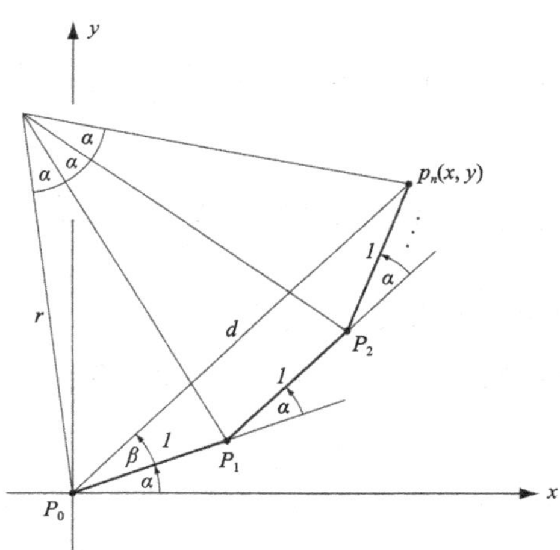

图 8-1　S=sinα+sin 2α+⋯+sin nα 的几何作图

现在这些点 P_i 落在内接于一圆（圆心为 O，半径为 r）的正多边形上。每一线段 $P_{i-1}P_i$ 在点 O 的张角为 α，因此线段 P_0P_n 在点 O 的张角为 $n\alpha$。但是，此线段也是从 P_0 到 P_n 的对角线，其长度用 d 表示，在等腰三角形 P_0OP_n 中，可得：

$$d=2r\sin(n\alpha/2)$$

而在等腰三角形 P_0OP_1 中：

$$1=2r\sin(\alpha/2)$$

在这两个式子中消去 r，得：

$$d=\frac{\sin(n\alpha/2)}{\sin(\alpha/2)}$$

为了找出线段 P_0P_n 的水平投影和垂直投影，我们需要找出它与 x 轴之间的夹角。设 $\angle P_1P_0P_n=\beta$，则这个夹角就是 $\alpha+\beta$。现在角 β 就是弦 P_1P_n 所对应的圆周角，因此角 β 等于弦 P_1P_n 所对圆心角的一半，即 $(n-1)\alpha/2$。因此 $\alpha+\beta=\alpha+(n-1)\alpha/2=(n+1)\alpha/2$，所以：

$$X=d\cos[(n+1)\alpha/2]=\frac{\cos[(n+1)\alpha/2]\cdot\sin(n\alpha/2)}{\sin(\alpha/2)}$$

和 (6)

$$Y=d\sin[(n+1)\alpha/2]=\frac{\sin[(n+1)\alpha/2]\cdot\sin(n\alpha/2)}{\sin(\alpha/2)}$$

如果把式 (5) 中的 X 和 Y 代入式 (6)，就可以得到式 (2) 和式 (3) 了。

如果把每一个线段 $P_{i-1}P_i$ 看作从 P_{i-1} 到 P_i 的向量，则 P_0P_n 就是这些向量的和。因此，式 (2) 和式 (3) 就表示：单个线段（水平或垂直）的投影和等于其向量和（水平或垂直）的投影。这说明了投影是一个线性运算，满足分配律 $p(u+v)=p(u)+p(v)$，其中 $p()$ 表示“某事物的投影”，u 和 v 表示任意两个向量。投影和所有线性运算一样，作用如同普通的乘法运算。

我们可以用高斯的求和方法，来证明其他的三角求和公式。这里是一些例子：

$$\sin\alpha+\sin3\alpha+\sin5\alpha+\cdots+\sin[(2n-1)\alpha]=\frac{\sin^2(n\alpha)}{\sin\alpha}\qquad(7)$$

$$\cos\alpha+\cos3\alpha+\cos5\alpha+\cdots+\cos[(2n-1)\alpha]=\frac{\sin(2n\alpha)}{2\sin\alpha}\qquad(8)$$

$$\sin(\pi/n)+\sin(2\pi/n)+\cdots+\sin(n\pi/n)=\cot[\pi/(2n)]\qquad(9)$$

$$\cos(\pi / n) + \cos(2\pi / n) + \cdots + \cos(n\pi / n) = -1 \tag{10}$$

$$\cos[\pi / (2n+1)] + \cos[3\pi / (2n+1)] + \cdots + \cos[(2n-1)\pi / (2n+1)] = \frac{1}{2} \tag{11}$$

最后两个分别是式 (3) 和式 (8) 的特例，两式的结果与 n 无关。

匈牙利数学家费杰（1880—1959）对三角求和做过研究，这与他研究傅里叶级数的求和有关。关于傅里叶级数，我们将在第 15 章再做讨论。

第 9 章

芝诺的遗憾

一、二、三……无限。

——伽莫夫所著一本书的书名

空间可以被无限地分割吗？或者存在一种最小的空间单位，一种不能被分割的数学原子吗？运动是连续的吗？或者只是一连串的快照，就像古老影片中的每一格被时间冻结了呢？针对这样的问题，古希腊的哲学家们早已进行过激烈的辩论，并且至今仍然争论不休。

公元前 5 世纪的希腊哲学家芝诺把这些问题总结为 4 个悖论（他称之为“arguments”），目的在于说明“连续”这个概念所蕴含的基本争议。这些悖论中有一个称为“二分”的悖论，芝诺想用此来证明跑到终点是不可能的：如果一个人要从点 A 跑到点 B，他必须先跑完 A 到 B 距离的一半，然后再跑完剩下距离的一半，以此类推（参见图 9-1）。由于这个过程包含无限个步骤，所以芝诺就辩称这个跑步者永远也无法到达他的目的地[1]。

用现代语言很容易构造芝诺悖论。令 A 到 B 的距离是 1，跑步者先跑完距离的一半，然后是剩下距离的一半，以此类推，跑步者所跑的距离就是下式给出的这个和：

$$1/2+1/4+1/8+1/16+\cdots$$

这个和是一个公比为 1/2 的等比数列的和。当增加的项越多时，和就越大，也越接近 1，但是绝不会达到 1，更不可能超过 1。但是，我们可以简单地增加更多的项，使得这个和与 1 要多靠近就有多靠近。用现代术语来说就是，当项数无限增加时，级数和的极限为 1，即跑的距离正好是 1。由于跑步者跑完部分路程所需的时间也是同样的数列（假设跑步者保持一个恒定的速度），因此他跑完全程的时间也是有限的。这就解决了这个“悖论”。

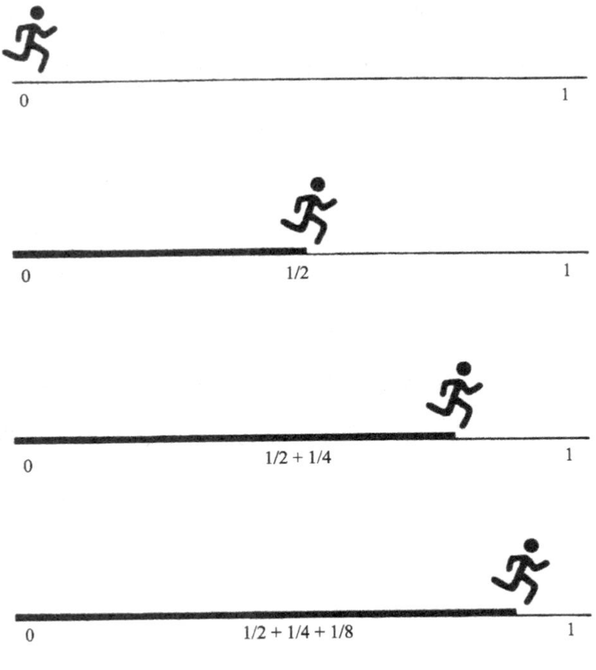

图 9-1　跑步者的悖论

可是，希腊人并不赞同这个推理，他们不能接受这个在现今看来非常明显的事实，即无限个数字的和是一个有限的数值。把尽可能多的项加起来，以达到他们所求的精度，这个过程对他们而言没有任何困难，但是把这个过程扩展到无限的想法使他们陷入极度的苦恼之中。他们甚至得了“无限恐惧症”。由于无法处理无限，因此希腊人的数学系统中禁止出现无限。尽管希腊人对于极限有很强的直觉把握（这一点可以从阿基米德求抛物线系的面积看出），但是他们一想到无限就退缩了[2]。结果，芝诺悖论就成为数代学者恼怒和尴尬的来源。由于无法圆满地解决这个悖论，他们深受挫折，于是转而求助于哲学，甚至是形而上学的推理，因而整件事就更加混淆不清了[3]。

几乎在所有的数学分支中，等比数列（有限或无限）都发挥着作用。我们第一次遇到的等比数列是算术中的循环小数，其实就是经过伪装的无限等比数列。举例来说，循环小数 0.121 2⋯ 就是无穷级数 $12/100+12/100^2+12/100^3+\cdots$ 的缩写。等比数列是许多金融计算的核心，因为以固定利率投资的资金会随时间呈等比增长。在微积分中，当介绍幂级数时，最简单的幂级数就是 $1+x+x^2+x^3+\cdots$，它常用来检验其他级数是否收敛。阿基米德（约公元前 287—前 212）很聪明地用一个等比数列去求抛物线下的面积（这是最初几个能求出的曲线面积之一）[4]。还有现代盛行的分形，那些错综复杂自我复制的曲线到处蜿蜒曲折，只不过是自我相似原则的应用，而等比数列就是其中最简单的一种情形（参见图 9-2）。荷兰艺术家埃歇尔（1898—1972）在他的几幅作品中运用了等比数列，迷惑了整整一代科学家。我们在这里给出其中一幅，作品名是《越来越小》（*Smaller and Smaller*）（参见图 9-3）。

数学系的学生常常有个误解（畅销书中的错误说法对此更是火上浇油），

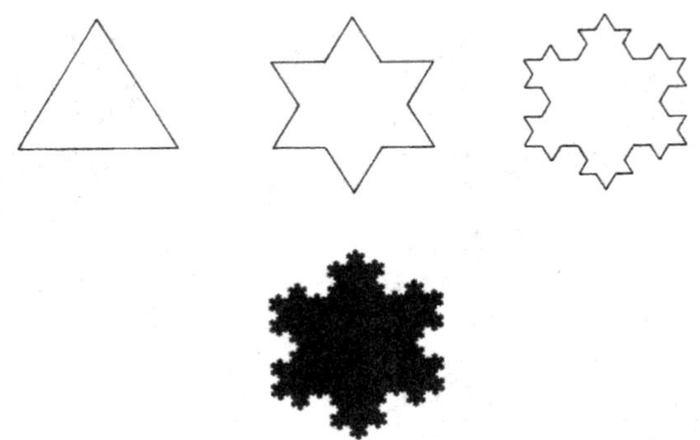

图 9-2　雪花曲线的作图：从一个等边三角形开始，将每一边三等分，在每边中间的 1/3 处作一个小等边三角形，然后去除中间的 1/3，就得到一个如“大卫之星”的图。重复这个过程就可以得到一个具有 48 个边的图形。继续这样的过程，我们就得到一系列图形，在极限情形下近似一个波状的图形，称为“雪花曲线”［也称为柯赫曲线，因为它的发现者是瑞典数学家柯赫（1870—1924）］。这些曲线的周长和面积成等比数列，公比分别为 4/3 和 4/9。因为这两个比率分别大于 1 和小于 1，所以周长趋向无穷大，而面积趋近于原三角形面积的 8/5。雪花曲线是已知的第一条“病态曲线”，它处处不光滑，因此也处处不可微分。今天这类经自我复制而得的曲线被称为“分形”

认为欧几里得的《几何原本》只涉及几何。的确，几何占了大部分内容，但是它也包含其他相当广泛的题材，比如算术、数论及级数理论。第 8 卷的全部及第 9 卷的一部分谈及的都是“连续比例”，也就是构成等比数列的数（自从毕达哥拉斯发现音阶对应于弦长的比例，这就成了希腊人喜爱的课题）。第 9 卷的定理 35 以文字形式叙述了等比数列的求和方法：

如果我们有无穷多个数构成连续比例，从第二个（数）及最后一个（数）中减去第一个数，则第二个数的超出部分与第一个数之比，等于最后一个数的超出部分与前面所有数的比。

用现代语言来叙述就是：如果等比数列为 $a, ar, ar^2, \cdots, ar^n$，而“前面所有的数”的和为 S，则 $(ar-a):a=(ar^n-a):S$。交叉相乘之后再化简，就可以得到我们熟悉的等比数列前 n 项和的公式：

$$S=\frac{a(r^n-1)}{r-1} \quad (1)$$ [5]

图 9-3　埃歇尔的《越来越小》，1956

欧几里得利用这个结果证明了（第9卷的定理36）自然数的一个很漂亮的性质：如果 $1+2+2^2+\cdots+2^{n-1}$ 为素数，则这个素数与 2^{n-1} 的乘积是一个“完全数”。如果一个正整数 N 等于除了本身外其他所有因数的和，则 N 是一个完全数。最小的两个完全数是 $6=1+2+3$ 和 $28=1+2+4+7+14$。因为 $1+2+2^2+\cdots+2^{n-1}=2^n-1$，所以这个定理相当于是：如果 2^n-1 是素数，则 $2^{n-1}\cdot(2^n-1)$ 是完全数。6 是完全数，因为 $6=2\cdot3=2^{2-1}\cdot(2^2-1)$；28 是完全数，因为 $28=4\cdot7=2^{3-1}\cdot(2^3-1)$。接下来的两个完全数是 $496=16\cdot31=2^{5-1}\cdot(2^5-1)$ 和 $8\,128=64\cdot127=2^{7-1}\cdot(2^7-1)$。这 4 个数是希腊人仅知的完全数[6]。

希腊人知道的就这么多了。他们充分利用式 (1) 来发展几何学和数论，使 n 可以任意大，但他们始终未能迈出关键的一步——真正让 n 超越所有的边界，即让 n 趋向于无限。如果他们没有把自己限制在自我设定的禁忌内，那么就有可能提前 2000 年发现微积分了[7]。

今天，我们已经建立了稳固的极限概念，对于下面的这个证明不会有任何疑虑：如果 r 的绝对值小于 1（$-1<r<1$），则当 $n\to\infty$ 时，式 (1) 中的 r^n 趋向于 0，所以和的极限是 $S=-a/(r-1)$，也就是：

$$S=\frac{a}{1-r} \tag{2}$$

这正是我们熟悉的无穷等比数列的求和公式 [8]。因此，芝诺悖论中的级数和 $1/2+1/4+1/8+1/16+\cdots=(1/2)/(1-1/2)=1$，循环小数 0.1 212…＝12/100+12/10000+… ＝(12/100)/(1−1/100)＝12/99＝4/33。事实上，我们可以用式 (2) 去证明任何一个循环小数都等于某个分数，也就是说，循环小数是有理数。

现在轮到三角学了。我们将证明：任何一个无穷等比数列都可以只用直尺和圆规以几何方式构造出来，并且根据图形进行求和 [9]。我们的起始点是：当且仅当 $-1<r<1$ 时，一个公比为 r 的无穷等比数列收敛。−1~1 的任意一个实数，都恰好对应于 0° 和 180° 之间某个角的余弦值。比如，0.5 是 60° 的余弦值，−0.707（更准确一点是$-\sqrt{2}/2$）是 135° 的余弦值（请注意，对于正弦函数并不是这样，30° 和 150° 对应的正弦值都是 0.5，在 0° ~180° 并不存在一个角其正弦值是 −0.707）。因此，我们就令 $r=\cos\alpha$ 或者 $\alpha=\cos^{-1}r$，把 α 看成已知的角。

在 x 轴上，令原点为 P_0，点 $x=1$ 为 P_1（参见图 9−4）。从点 P_1 作一射线，其与 x 轴正半轴的夹角为 α，在该射线上截取线段 P_1Q_1 使其长度为 1(单位长)。从点 Q_1 作 x 轴的垂线，垂足为 P_2，我们有 $P_1P_2=1\cdot\cos\alpha=\cos\alpha$，因此 $P_0P_2=1+\cos\alpha$。现在重复这个过程，从点 P_2 作一射线，使其与 x 轴正半轴的夹角为 α，并在该射线上截取线段 P_2Q_2，使其长度等于 P_1P_2（可以用圆规以 P_2 为圆心、P_1P_2 为半径作图）。从点 Q_2 作 x 轴的垂线，垂足为 P_3，我们有 $P_2P_3=\cos\alpha\cdot\cos\alpha$，因此 $P_0P_3=1+\cos\alpha+\cos^2\alpha$，以此类推，乍看之下我们好像要做无穷多次。但是，我们证明前两步就足以决定整个数列的和了。

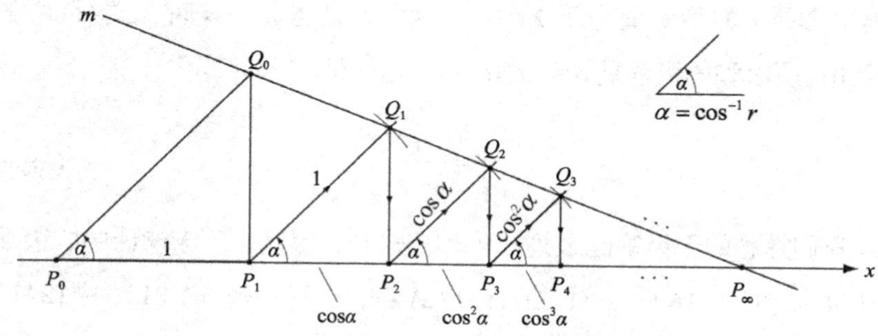

图 9-4　级数 $S=1+\cos\alpha+\cos^2\alpha+\cdots$的几何作图

首先，直角三角形 $P_1Q_1P_2$, $P_2Q_2P_3$, ……都有一个角为 α，所以它们相似，因此点 Q_1, Q_2, Q_3……必须在同一条直线 m 上，我们要证明直线 m 与 x 轴的交点就是数列的和 S，这一点就用 P_∞ 表示。为了证明这点，我们注意到线段 $P_1Q_1=1$, $P_2Q_2=\cos\alpha$, $P_3Q_3=\cos^2\alpha$……构成了一个公比为 $\cos\alpha$ 的等比数列（与原数列相同）。如果再往回取一项，可得 $P_0Q_0=1/\cos\alpha=\sec\alpha$。现在，斜三角形 $P_0Q_0P_\infty$，$P_1Q_1P_\infty$，……都为相似三角形，取前两个三角形，我们有 $P_0P_\infty/P_0P_1=P_1P_\infty/P_1Q_1$，也就是：

$$\frac{S}{\sec\alpha}=\frac{S-1}{1}$$

把 $1/\sec\alpha$ 换成 $\cos\alpha$，可得 $S=1/(1-\cos\alpha)=1/(1-r)$，这就证明了线段 P_0Q_1 是整个数列的和。我们在这里重复一次：只需要作出点 Q_1 和 Q_2 就足够了，这两个点决定了直线 m，而 m 与 x 轴的交点则决定了点 P_∞。

这样的作图不仅提供了等比数列的几何解释，它也使我们看到公比 r 变化时的情形。图 9-5 及图 9-6 分别给出了 $\alpha=60°$ 和 $45°$ 时的图，也就是 $r=1/2$ 和$\sqrt{2}/2$时的情况，对应的和分别是 $1/(1-1/2)=2$ 和 $1/(1-\sqrt{2}/2)=2+\sqrt{2}\approx3.414$。当 r 改变时，α 会随之改变，但是点 P_0 和 P_1 保持不变，其他各点则沿线移动。当 $\alpha=90°$，也就是 $r=0$ 时，点 Q_1 正好在点 P_1 的正上方，所以从点 Q_1 作 x 轴的垂线，垂足正好为 P_1。此时级数不会增长，级数和

$S=P_0P_1=1$。当 α 从 90° 递减到 0° 时，直线 m 的倾斜度越来越小，同时点 P_2, P_3,……向右移动，P_∞ 也向右移动，级数和就逐渐变大。当 $\alpha \to 0°$ 时，直线 m 近似水平，其与 x 轴的交点也趋向无穷远，此时级数发散。

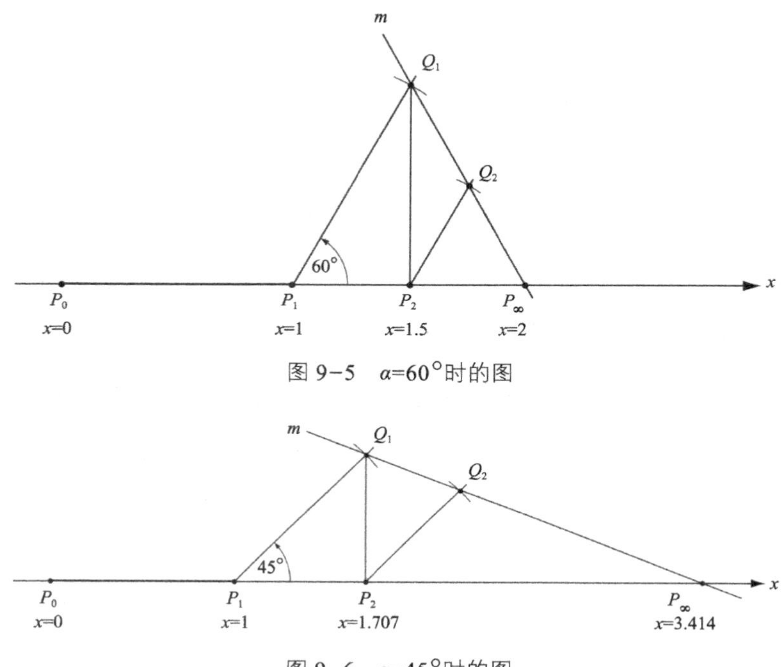

图 9-5　α=60°时的图

图 9-6　α=45°时的图

如果公比 r 是负数，则 α 就在 90°~180°。仍然从点 P_1（参见图 9-7）开始，我们作一条与 x 轴的正半轴夹角为 α（此时为钝角）的射线，在射线上截取线段 P_1Q_1，使 $P_1Q_1=1$。从点 Q_1 作 x 轴的垂线，垂足为点 P_2（请注意，点 P_2 在点 P_1 的左侧），我们有 $P_1P_2=\cos\alpha$（一个负数），因此 $P_0P_2=1+\cos\alpha$。再从点 P_2 作一条与 x 轴的正半轴夹角为 α 的射线，要注意此时线段 P_1P_2 指向左边，所以这条射线指向下方。在这条射线上我们截取线段 P_2Q_2，使其长度等于 P_1P_2。从点 Q_2 作 x 轴的垂线，垂足为点 P_3（注意，P_3 在点 P_2 的右侧），则我们有 $P_2P_3=\cos^2\alpha$（一个正数），因此 $P_0P_3=1+\cos\alpha+\cos^2\alpha$。以此类推，我们会得到越来越小的直角三角形，每个直角三角形都包含在前两步所作出的直角三角形中。所有这些三角形都是相似三角形。

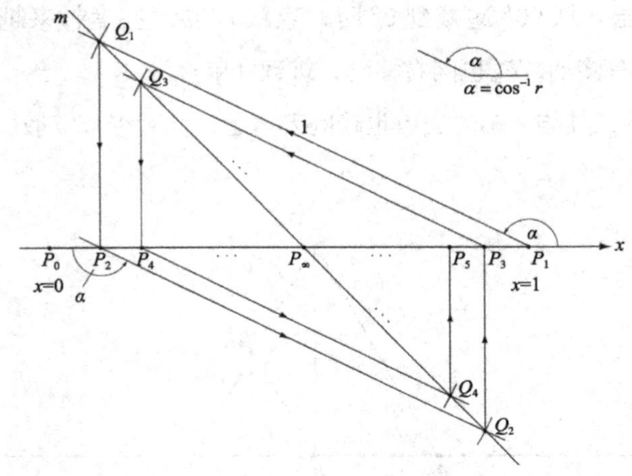

图 9-7　当 α 是钝角时的情形

和前面一样，我们知道点 $Q_1, Q_2,\cdots\cdots$在同一直线 m 上，并且直线 m 与 x 轴的交点就决定了整个级数的和。这个点我们用 P_∞ 表示，它会落在点 P_{2n} 的右边，点 P_{2n+1} 的左边。级数会随着我们所加的是奇数项还是偶数项而从上下两边逐渐趋近于极限。图 9-8 和图 9-9 分别给出了 $\alpha=120°$ 和 $150°$（也就是 $r=-1/2$ 和 $-\sqrt{3}/2$）时的情形，级数分别收敛于 $1/(1+1/2) = 2/3 \approx 0.666$ 和 $1/(1+\sqrt{3}/2) \approx 0.536$。

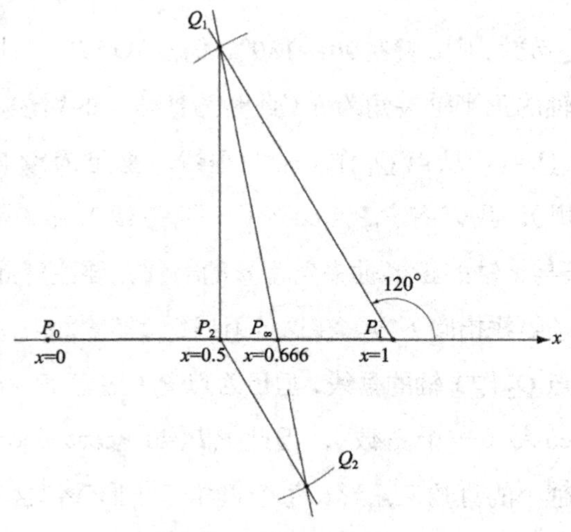

图 9-8　α=120°时的图

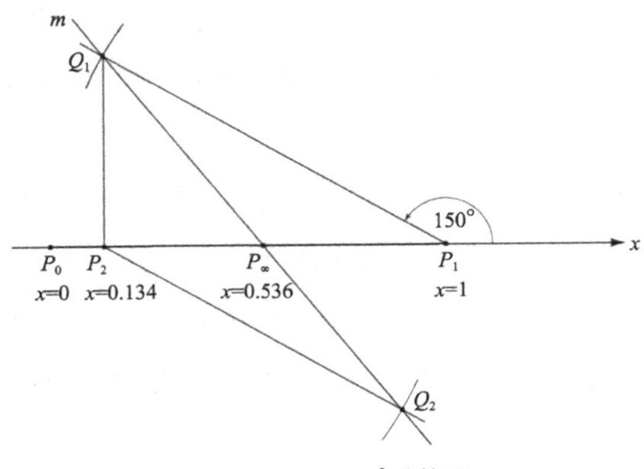

图 9–9 α=150°时的图

现在让我们再一次变动角 α，这一次是从 90° 递增到 180°。直线 m 的倾斜度变得越来越小，不过这次斜率是负的。同时，点 P_{2n} 会向点 P_0 的左侧移动，而点 P_{2n+1} 会向点 P_1 的右侧移动。当 $\alpha \to 180°$（$r \to -1$）时，点 Q_{2n+1} 会聚集在点 P_0 上方，点 Q_{2n} 会聚集在点 P_1 下方，所以直线 m 相对于线段 P_0P_1 差不多处于对称的位置，而且与 P_0P_1 的交点正好在点 x=1/2 的右边。事实上，这正是 $S=1/(1-r)$ 在 $r \to -1$ 时的极限值。但是同时，点 P_{2n} 会集中在点 P_0（即点 x=0）附近，而点 P_{2n+1} 会集中在点 P_1（即点 x=1）附近，这表明级数趋向于在 0 和 1 之间摆动。

当 α=180°（即 r=−1）时，情况立刻发生变化，所有的点 Q_{2n+1} 与点 P_0 重合（点 P_{2n} 也一样），所有的点 Q_{2n} 与点 P_1 重合。直线 m 与 x 轴重合，自然与其相交于无穷多个点，因而也无法决定点 P_∞。乍一看，这个情形很矛盾，因为当 α=180°时，级数为 1−1+1−1+⋯，它的部分的和在 0 和 1 两个值之间跳动。但是事实并非如此！这个级数其实可以取任意值，这仅仅表明这个级数不收敛，它的和没有任何意义 [10]。

级数 1−1+1−1+⋯看似怪诞的表现，在 18 世纪初引发了许多辩论。莱布尼茨（1646—1716，与牛顿共同发明了微积分）辩称，因为这个级数的和可能为 0 或 1，两者发生的概率相同，所以它的“真实”值应该是 0 和 1 的平均值，即 1/2，这刚好和 $S=1/(1-r)$ 在 r=−1 时的值相吻合。这么随意的推论，在今天看来可能难以置信，但是在莱布尼茨那个时代，收敛和极限的概念还未被理解，无穷级数也只是被看作一种纯粹的可以操作的方式，就好像它们只是一般有限和的扩展。

当莱布尼茨探索这个级数时，本质上是哲学家的他一定想到了比他早两千多年的芝诺。假如芝诺当时就知道我们现在的构造，或许他会比较容易接受“无穷多个数的和可能为有限值”的这个事实，其影响也将十分深远。假如希腊人不将“无限”排除在他们的世界之外，数学的发展过程可能就截然不同了。

第10章

$(\sin x)/x$

我称我们的世界为“平面之国”，并不是因为我们要如此称呼，而是为了让你们这些有幸生活在这个空间里的快乐读者明白它的本质。

——艾勃特，《二维国》，1884

学习了微积分的学生在证明$\lim_{x\to 0}(\sin x)/x=1$时就遇到过函数$(\sin x)/x$，这个极限结果可以用来证明微分公式$(\sin x)'=\cos x$和$(\cos x)'=-\sin x$。然而，一旦这些式子得到证明之后，这个函数很快就被遗忘了，而且也很少再碰到它。这实在是挺可惜的，因为这个看似简单的函数不仅有一些很好的性质，而且还有许多实际应用。

首先，我们注意到函数$(\sin x)/x$在除了$x=0$之外都有意义，并且当x以弧度表示时，随着x越来越小，$(\sin x)/x$就越趋近于1。这提供了一个简单的“可去奇点”的例子，我们可以把$(\sin 0)/0$定义为1，而在这个定义下，可以确保该函数在$x=0$处连续。

我们用 $f(x)$ 来表示这个函数，并代入不同的 x 值来作图，结果如图10−1所示。这幅图有两个特征，使得它和 $g(x)=\sin x$ 有所不同。第一个特征是它对于 y 轴对称，也就是对所有的 x 都有 $f(-x)=f(x)$（用代数语言来说即 $f(x)$ 是一个偶函数，之所以叫这个名字，是因为具有此性质的最简单的函数是 $y=x^n$，其中 n 是偶数）。与此相反，函数 $g(x)=\sin x$ 对所有的 x，都有 $g(-x)=-g(x)$（具有这样性质的函数称为奇函数，例如 $y=x^n$，其中 n 是奇数）。为了证明 $f(x)=(\sin x)/x$ 是偶函数，我们只需证明 $f(-x)=[\sin(-x)]/(-x)=(-\sin x)/(-x)=(\sin x)/x=f(x)$。

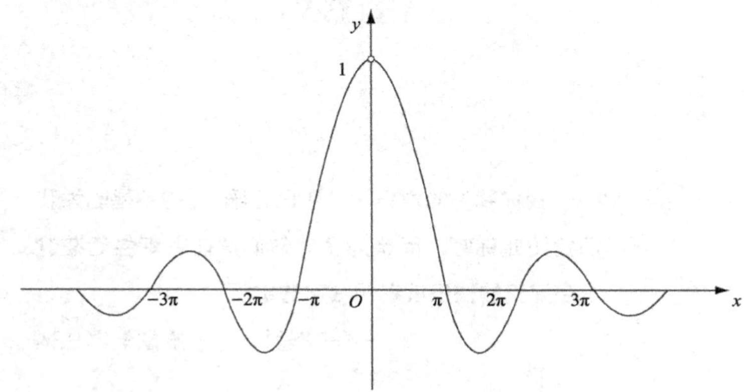

图10−1　函数 $(\sin x)/x$ 的图形

第二个特征是 $\sin x$ 的图形只在 −1~1 摆动（也就是正弦函数的振幅为1），而与此不同的是，$(\sin x)/x$ 的图形是阻尼振动，它的振幅随着 $|x|$ 的增加而减小。事实上，我们可以把 $f(x)$ 想象成一个正弦函数被挤压在包络 $y=\pm 1/x$ 之间。现在，我们想找出 $f(x)$ 的极值所在的点，即 $f(x)$ 取得最大值或最小值的点。这里有个意外在等着我们。我们知道，函数 $g(x)=\sin x$ 的极值点都出现在 $\pi/2$ 的奇数倍处，也就是 $x=(2n+1)\pi/2$ 处。我们可能会猜想 $f(x)=(\sin x)/x$ 的极值点也是这样，然而事实并非如此。为了找出极值点，用极限的除法法则对 $f(x)$ 进行微分，然后令微分等于0：

$$f'(x)=\frac{x\cos x-\sin x}{x^2}=0 \tag{1}$$

如果比值为 0，那么它的分子一定为 0，所以有 $x\cos x-\sin x=0$，从中可以得到：

$$\tan x=x \tag{2}$$

遗憾的是，式 (2) 并不能够像二次方程那样通过一个公式进行求解。它是一个“超越方程”，其解即为 $y=x$ 与 $y=\tan x$ 的交点（参见图 10-2）。我们看到这些点有无穷多个，这里用 x_n 表示这些点的横坐标。当 x_n 的绝对值增加时，这些点迅速趋近于 $\tan x$ 的渐近线，即 $(2n+1)\pi/2$。当然，这些点都是 $\sin x$ 的极值点。其实这应该在意料之中，因为当 $|x|$ 增加时，$1/|x|$ 递减的速率也在递减，所以它对 $\sin x$ 变动的影响也在逐渐消失。表 10-1 列出了最初几个 x_n 值。

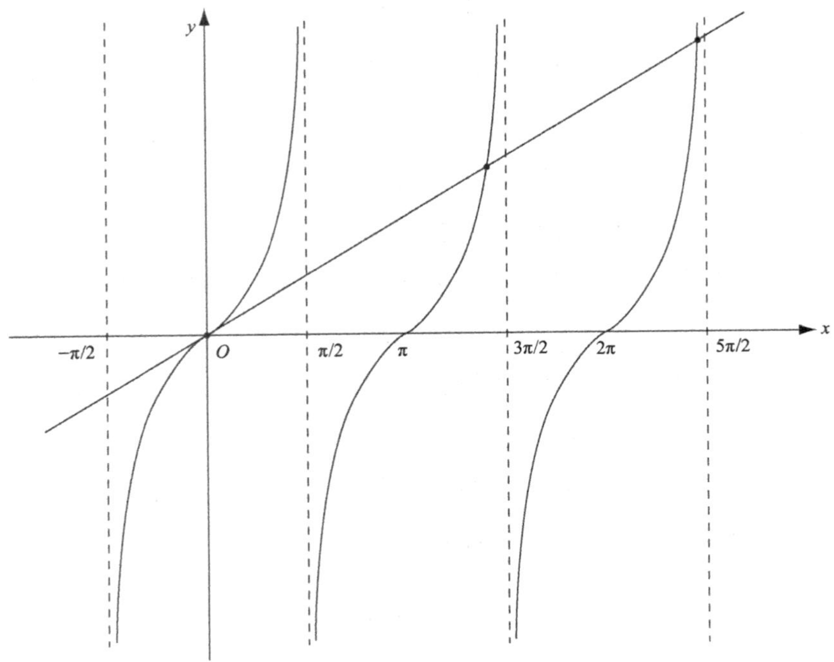

图 10-2　$\tan x=x$ 的根

表 10-1

n	x_n	$f(x_n)$
0	0.00	1.000
1	4.49=2.86π/2	−0.217
2	7.73=4.92π/2	0.128
3	10.90=6.94π/2	−0.091
4	14.07=8.96π/2	0.071

函数 $(\sin x)/x$ 极值点的怪异性质与另一种阻尼振动 $e^{-x}\sin x$ 形成了强烈对比。这个函数的极值点相对于 $\sin x$ 的极值点向左移动了 π/4 的距离，读者很容易自行验证。

探讨完函数 $f(x)$ 的图形后，下一个感兴趣的问题就是求出图形的面积，比如从 x=0 到另外一点 x 的图形的面积。这个面积由下面的定积分给出：

$$\int_0^x \frac{\sin t}{t}\mathrm{d}t$$

其中我们用 t 表示积分变量，以便于和积分的上限 x 区分开来。为了求出这个积分的值，我们先求不定积分或者 $(\sin x)/x$ 的反导函数。但糟糕的是，这么做很可能是徒劳。这是微积分中的一个奇怪现象，许多看起来很简单的函数，它们的反导函数却无法用初等函数（指多项式或多项式的比、指数函数、三角函数以及它们的反函数）或者初等函数的有限组合来表示。$(\cos x)/x$ 就属于这一类函数，其他的如 $(\cos x)/x$, e^x/x, e^{x^2} 等也属于此类函数。当然了，这并不意味着这些函数的反导函数不存在，只是表明这些函数的反导函数不能够用初等函数的闭形式表示而已。事实上，如果把上面的积分看作积分上限 x 的函数，那么在这里就定义了一个全新的、“更高等”的函数，这个函数被称为正弦积分，用 Si(x) 表示：

$$\mathrm{Si}(x)=\int_0^x \frac{\sin t}{t}\mathrm{d}t$$

尽管我们不能用初等函数表示 Si(x)，但是仍然能够计算出它的值，做出它的图形（参见图 10−3）。这是通过下面的过程完成的：把正弦函数写成一个幂级数，即 $\sin x = x - x^3/3! + x^5/5! - \cdots$，然后把每一项都除以 x，再进行逐项积分。结果是：

$$\mathrm{Si}(x) = x - x^3/3 \cdot 3! + x^5/5 \cdot 5! - \cdots$$

这是一个对任意 x 都收敛的级数。

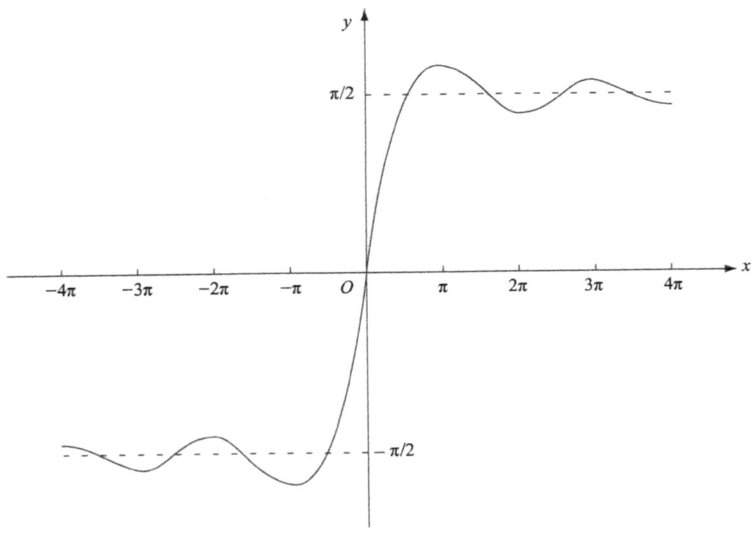

图 10−3　$\mathrm{Si}(x)=\int_0^x \frac{\sin t}{t}\mathrm{d}t$ 的图形

当 x 无限增加时，$(\sin x)/x$ 图形下的面积会趋于一个极限吗？答案是肯定的，并且可以证明这个极限是 $\pi/2$[1]，也就是说：

$$\mathrm{Si}(\infty) = \int_0^\infty \frac{\sin x}{x}\mathrm{d}x = \pi/2 \tag{3}$$

这个重要的积分称为“狄利克雷积分”，是以德国数学家狄利克雷（1805—1859）的名字命名的。如果用 $\sin kx$ 代替 $\sin x$，其中 k 是一个常数，并做 $u=kx$ 的替换，则这个积分展示了一个意想不到的结果。我们发现新的积分值是 $\pi/2$ 或 $-\pi/2$，这依据 k 为正值或负值而不同（当 k 为负值时，上限变为 $-\infty$，再做 $v=-u$ 的替换，就可以得到 $-\pi/2$ 的结果）。因此，我们有下面的结果：

$$(2/\pi)\int_0^\infty \frac{\sin kx}{x}\mathrm{d}x = \begin{cases} 1 & k>0 \\ 0 & k=0 \\ -1 & k<0 \end{cases} \tag{4}$$

等式右边的表达式可以看作 k 的函数，就是图 10-4 所示的“符号函数”。我们这里得到的，是函数积分中最简单的例子之一，在应用数学中经常需要这种表达式。等式左边的积分称为“狄利克雷不连续因子”。

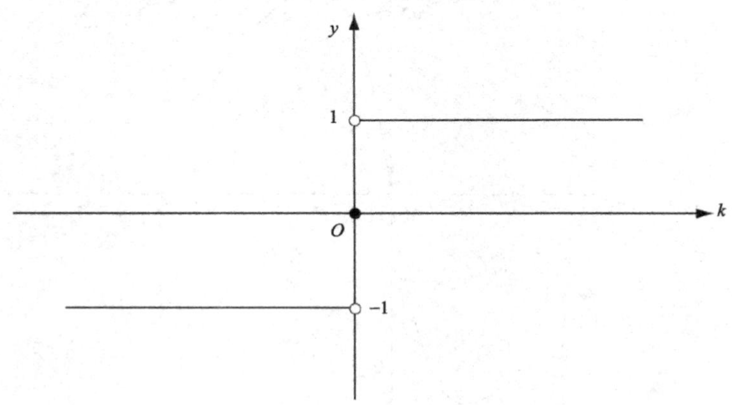

图 10-4　符号函数的图形

函数 $(\sin x)/x$ 出现在许多应用中，这里我们考虑地理学中的一个情形。我们在学校的时候就知道了地球是圆的，尽管这个事实被普遍接受经历了好几个世纪（直到宇宙飞船传回圆的地球图像后，最后一批相信地球是平的信徒才真正舍弃了他们的信仰）。事实上，对于一个门外汉而言，“我们生活在一个圆的世界里”这件事一点也不明显，许多日常生活经验，都可以很自然的以“地球是平的”为基础来做出解释。只有通过间接证据，主要是天文观测，我们才知道地球是圆的。

在艾博特的经典数学小说《二维国》（*Flatland*）中，他描绘了一个二维空间世界。在这个世界中，像蚂蚁般的生物可以前后左右移动，但是不能上下移动。假如这些“平面生物”生活在地球上，他们并不会意识到地球是球形的，从他们的角度来看，地球就好像和桌面一样平坦。但是有一天，他们决定要探索自己所生活的世界，发现它的几何结构。于是他们从北极开始，用一个可伸缩的绳子作为圆规，以北极点为圆心画出半径越来越大的圆。然后测量出圆的周长，并表示成与半径之间的关系。回去后，他们开始验证在学校中所学到的：所有圆的周长和半径之比都相同，差不多等于 6.28。对于较小的圆，他们很高兴地发现情况确实如此。但是随着圆越来越大，高兴开始转变成疑惑，然后是失望，这些平面生物发现圆的周长与半径之比竟然不是常数。

为了明白其中的原因，我们可以利用人作为三维空间生物的优势。我们知道这个世界是圆的。这里假设地球是一个完美的球形，半径用 R 表示。为了找出围绕北极点的圆的周长，需要知道圆的半径，而这依赖于圆所在的纬度。为了简化，如果我们的纬度不像地理学那样从赤道开始度量，而是从北极开始度量，则纬度为 θ 的圆的半径为 $r=R\sin\theta$（参见图 10-5），因此圆周的长为：

$$c=2\pi R\sin\theta \tag{5}$$

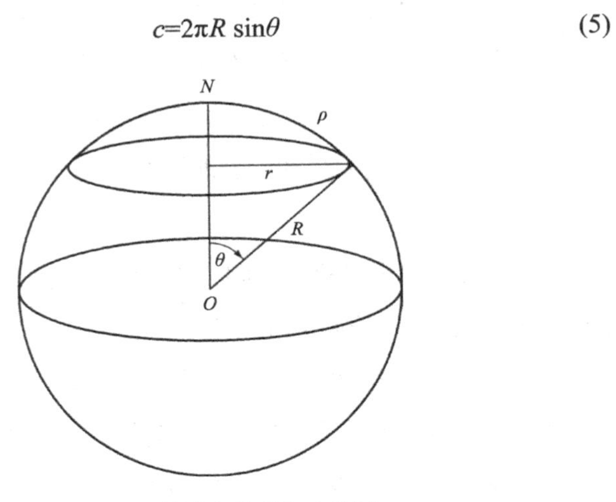

图 10-5　地球上纬度为 θ 的圆

当然了，这个结果对我们这些三维空间者而言是非常合情理的，但是对于二维空间的地球居住者而言是没有任何意义的。他们并不知道自己生活在一个有曲率的曲面上，如果有人告诉他们，他们的平面世界其实是球形的，他们会感到非常疑惑。因为对他们而言，像 R 这样由第三维得到并且无法直接测量的量，就如同要小学生找出四维空间“球”的体积一样毫无意义。

为了让这个公式具有意义，我们必须把它用那些平面生物能够测量的量来表示。事实上，从他们的角度来看，最重要的变量是圆的半径，不过这是从地球表面测量的。我们用希腊字母 ρ 来表示这个半径，如果 θ 是用弧度表示的，那么就有 $\rho=R\theta$，因此 $R=\rho/\theta$。把这个表达式代入式 (5) 中，可以得到：

$$c=2\pi\rho\frac{\sin\theta}{\theta} \tag{6}$$

因此，地球上圆的周长不仅与半径有关，也与纬度有关。

在思考这个公式的结果之前，我们可能要问：“如果这些居民不知道他们的世界是球形的，那么他们怎么去测量纬度 θ 呢？”他们可能从观察天空中得到一些线索：就像古代的船员一样，注意到每隔 24 小时，整个天球就会绕着看似不动的北极星转一圈。还有，当他们向南走的时候，北极星在水平面上的高度会不断减小。事实上，他们会发现北极星和天顶（天球恰好在观测者上方的点）的夹角 θ 与他们到北极的距离 ρ 成正比（由 $\rho=R\theta$ 可以得到此结果）。

现在，这些居住者可以验证他们在几何课上学到的知识了。对于小的纬度（距离北极的角距），他们发现比率 c/ρ 看起来似乎是一个常数，或者差不多就是一个常数，如表 10−2 所示。他们的测量员可能在刚开始时把这些差别归结为测量误差，但是很快就可以看到比率 c/ρ 并不是常数，而是会随着 θ 的增大而减小，如表 10−3 所示（表中最后一个数值 4 表示北极到赤道的距离为赤道周长的 1/4）。假如这些居住者把这个表继续延伸，也就是继续测量到南半球，那么比率 c/ρ 将继续减小，直到在 180°（南极）时变为 0° 为止。由于不知道世界是圆的，他们将对所学到的“圆的周长与半径之比为常数”这一说法完全失去信心[2]。但是，也许某个聪明的居民会对这个发现有不同的解释，进而得出他们所生活的世界是弯曲的。这个聪明的居民将因发现第三维度而被载入史册。

表　10-2

θ	c/ρ	θ	c/ρ
0°	6.283	3°	6.280
1°	6.283	4°	6.278
2°	6.282	5°	6.275

注：在应用式 (6) 时，所有的角都必须先换算成弧度（1 度 =π/180 弧度）。

表　10-3

θ	c/ρ	θ	c/ρ
10°	6.251	60°	5.196
20°	6.156	70°	4.833
30°	6.000	80°	4.432
40°	5.785	90°	4.000
50°	5.516		

事实上，我们可以画出一个由平坦生物所看到的世界地图。这个被称为“等距方位图”的地图，给出了从一个事先选定的、并处于地图中心的固定点到地球上其他各点的“直线”距离和方向。球面上两点的“直线”是指一条连接这两个点的大圆上的一段弧（如图 10-6 所示），过此两点的大圆的圆心就是该球的球心，这条直线代表这两个点之间的最短距离。注意，在等距方位图上各大洲的形状和大小都会严重扭曲，这是因为地图上以固定点为圆心、半径为 ρ 的圆的周长是 $2\pi\rho$，但是在球体上它的周长是 $2\pi\rho(\sin\theta)/\theta$，其中 θ 的定义和图 10-5 相同，只是用固定点取代了北极点。因此，围绕固定点的同心圆与在地球上的实际大小相比，被扩大了 $1:[(\sin\theta)/\theta]$ 倍，即 $\theta/\sin\theta$ 倍。这个扩大因子会随着 θ 的增加而增大，当 θ=180° 时则变为无限大，此时该点刚好是固定点的对角点（地球上与固定点

正好相对的点）。在等距方位图上，整个外边界表示中心点的对角点，它表明了平面生物的宇宙边缘就是他们往任何方向所能达到的最远的点。他们发现自己的世界虽然没有边界，却是有限的。

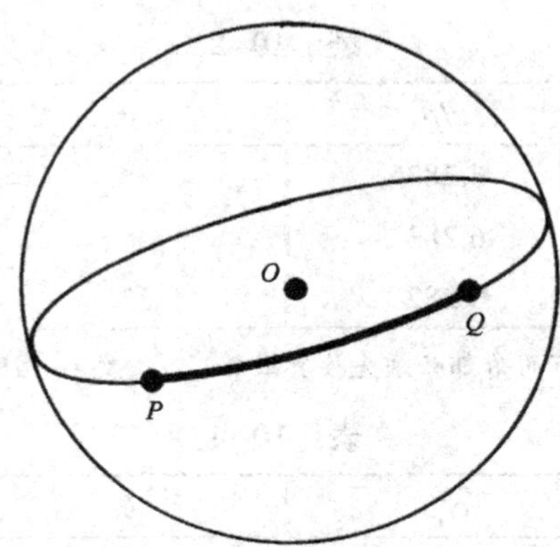

图 10-6　大圆上的一段弧

第11章

非凡的公式[1]

所有无穷过程的典型就是重复……凡是说过或做过一次的事情，都有可能被重复。我们对于“极限”的概念，正是从这个观念得来的。

——丹茨格，《数字：科学的语言》

我们还没有完全讨论完 $(\sin x)/x$ 这个函数。有一天，我在浏览一本数学公式手册时，碰到了下面的公式：

$$\frac{\sin x}{x}=\cos\frac{x}{2}\cdot\cos\frac{x}{4}\cdot\cos\frac{x}{8}\cdots \tag{1}$$

由于我从来没有见过这个公式，原以为证明会相当困难。但是出乎我的意料，它的证明相当简单：

$$\begin{aligned}\sin x&=2\sin\frac{x}{2}\cdot\cos\frac{x}{2}\\&=4\sin\frac{x}{4}\cdot\cos\frac{x}{4}\cdot\cos\frac{x}{2}\\&=8\sin\frac{x}{8}\cdot\cos\frac{x}{8}\cdot\cos\frac{x}{4}\cdot\cos\frac{x}{2}\\&=\cdots\end{aligned}$$

把这个过程重复 n 次，可以得到：

$$\sin x = 2^n \sin(x/2^n) \cdot \cos(x/2^n) \cdot \cdots \cdot \cos(x/2)$$

把这个乘积的第一项乘以和除以 x（假设 $x \neq 0$），重新写成 $x \cdot [\sin(x/2^n)/(x/2^n)]$，则可以得到：

$$\sin x = x \cdot \left[\frac{\sin(x/2^n)}{x/2^n}\right] \cdot \cos(x/2) \cdot \cos(x/4) \cdot \cdots \cdot \cos(x/2^n)$$

注意，在这里我们颠倒了其余各项（仍是有限的）的顺序。如果我们现在让 x 保持不变，而令 $n \to \infty$，则 $x/2^n \to 0$，且中括号里形如 $(\sin\alpha)/\alpha$ 的式子趋向于 1，于是我们得到：

$$\sin x = x\prod_{n=1}^{\infty}\cos(x/2^n)$$

其中$\prod$表示“乘积”。将式子两边都除以 x，就得到了式 (1)。

式 (1) 是欧拉发现的，它是初等数学中少有的几个无穷 [2] 乘积的例子。因为它对任意 x（包括 $x=0$，如果我们定义 $(\sin 0)/0=1$）都成立，所以我们可以用任何 x 值代入，例如 $x=\pi/2$：

$$\frac{\sin(\pi/2)}{\pi/2} = \cos(\pi/4) \cdot \cos(\pi/8) \cdot \cos(\pi/16) \cdots$$

我们知道 $\sin(\pi/2)=1$，$\cos(\pi/4)=\sqrt{2}/2$，对其余的每一项都利用半角公式 $\cos(x/2)=\sqrt{(1+\cos x)/2}$计算，可以化简得到等式：

$$\frac{2}{\pi} = \frac{\sqrt{2}}{2} \times \frac{\sqrt{2+\sqrt{2}}}{2} \times \frac{\sqrt{2+\sqrt{2+\sqrt{2}}}}{2} \times \cdots$$

这个漂亮的公式是韦达在 1593 年发现的。他基于内接于同一圆的正 n 边形与正 $2n$ 边形的面积之比，利用几何方法证明了这个等式 [3]。韦达的公式标志着数学史上的一个里程碑：这是第一次将一个无穷过程明确地写成一连串的代数运算（直到当时为止，数学家们都小心避免直接涉及无穷过程，而是把无穷过程视作一连串可以重复任意多次的有限运算）。韦达在乘积的最后加上 3 个点，此大胆举动宣告了无限成为数学实质上的一部分，同时也标志着现代意义下的数学分析的诞生。

韦达的公式不仅漂亮，而且其非凡之处在于，它允许我们重复用加、乘、除和开平方 4 种基本运算（全部作用在 2 上）来找出 π 的值。这甚至可以在最简单的科学计算器上完成：

$$2\ \sqrt{x}\ \text{STO} \div 4 \times \underbrace{2\ \text{SUM RCL}\ \sqrt{x}\ \text{STO} \div 2}_{\longleftarrow}$$

（在某些计算器上，记忆运算 STO、RCL 和 SUM 分别用 M、RM 及 M+ 表示）。每次重复时，若在上述步骤的 × 键后马上按 $1/x$ 键，就可以看到截止到该步骤时 π 的近似值。然后再按一次 $1/x$ 键，则继续计算。看着计算器上显示的数字逐渐接近 π，不禁让人感叹其神奇。经过 9 次计算后，我们得到 3.141 591 4，已经精确到小数点后第 5 位了。当然，一个可编程的计算器将大大加快这个计算速度。

从收敛的角度来研究式 (1) 是很有意义的。首先，我们注意到式 (1) 的部分积是单调收敛到它们的极限的；也就是说，每增加一项乘积，它就更靠近极限，这是因为每一个乘积项都是小于 1 的，所以会造成部分积逐渐减小。这和 $(\sin x)/x$ 的无穷级数表示法大相径庭：

$$\frac{\sin x}{x} = 1 - \frac{x^2}{3!} + \frac{x^4}{5!} - \frac{x^6}{7!} + \cdots \tag{2}$$

这个式子是由上下两边逐渐逼近无穷的。部分积的收敛速度非常快，虽然比级数收敛略微慢了一点。表 11–1 比较了式 (1) 和式 (2) 在 $x=\pi/2$ 时的收敛速度。

表 11-1

无穷级数	无穷乘积	无穷级数	无穷乘积
S_1=1.0000	$\prod_1$=0.7071	S_5=0.6366	$\prod_5$=0.6369
S_2=0.5888	$\prod_2$=0.6533	S_6=0.6366	$\prod_6$=0.6367
S_3=0.6395	$\prod_3$=0.6407	…	…
S_4=0.6365	$\prod_4$=0.6376	S_∞=0.6366	$\prod_\infty$=0.6366

注：所有数字均保留小数点后 4 位有效数字。

无穷乘积收敛很快的原因可以由图 11-1 看出。在单位圆上标出与 x 轴夹角为 $\theta/2$, $(\theta/2+\theta/4)$, $(\theta/2+\theta/4+\theta/8)$, …所对应的半径。这些角度构成一个无限几何级数，其和为 $\theta/2+\theta/4+\theta/8+\cdots=\theta$。现在从 x 轴开始，依次做垂线垂直于下一个半径，所以投影的长度依次为 $1,\cos\frac{\theta}{2}$，$\cos\frac{\theta}{2}\cdot\cos\frac{\theta}{4}$，$\cos\frac{\theta}{2}\cdot\cos\frac{\theta}{4}\cdot\cos\frac{\theta}{8}$，…。可以很容易看到，只要几步之后，投影和它们的极限已经很难区分开了。

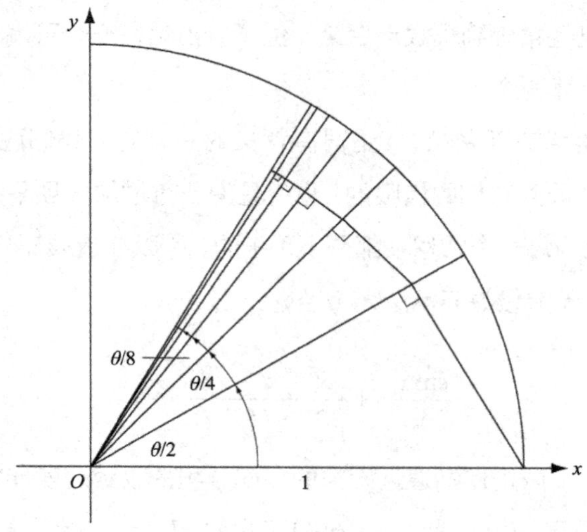

图 11-1　无穷乘积$\prod_{n=1}^{\infty}\cos(x/2^n)$的收敛

根据每一个三角恒等式都可以从几何上进行解释这个原则，我们现在要问：式 (1) 的几何意义是什么呢？答案在图 11-2 中。先画一个圆，圆心在原点，半径为 r_0。以 x 轴为一边作一个角 θ，角 θ 的另一边与圆交与点 P_0。连接 P_0P_1[P_1 的坐标为 $(-r_0, 0)$]，并用 r_1 表示线段 P_0P_1。因为 $\angle OP_1P_0$ 的顶点在圆上，并且与角 θ 所对的弧相同，所以 $\angle OP_1P_0=\theta/2$。对三角形 OP_1P_0 应用正弦定理，得到：

$$\frac{r_0}{\sin(\theta/2)}=\frac{r_1}{\sin(180^\circ-\theta)} \tag{3}$$

但是 $\sin(180^\circ-\theta)=\sin\theta=2\sin\frac{\theta}{2}\cdot\cos\frac{\theta}{2}$，代入式 (3)，并解出 r_1，可得 $r_1=2r_0\cos\frac{\theta}{2}$。

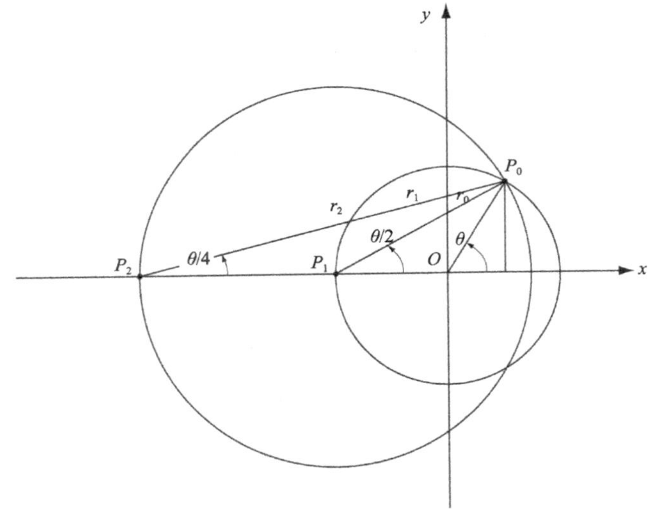

图 11–2 $\prod_{n=1}^{\infty}\cos(x/2^n)=(\sin x)/x$ 的几何证明

我们现在以点 P_1 为圆心，r_1 为半径作第二个圆。$\angle OP_2P_0=\theta/4$，重复刚才的过程，并应用到三角形 $P_1P_2P_0$ 中，则可以得到 $r_2=2\,r_1\cos\frac{\theta}{4}=4r_0\cos\frac{\theta}{2}\cdot\cos\frac{\theta}{4}$，其中 $r_2=P_2P_0$。重复这样的过程 n 次，我们就可以得到以点 P_n 为圆心、半径为 $r_n=P_nP_0$ 的圆，其中 r_n 为：

$$r_n=P_nP_0$$

$$r_n=2^nr_0\cos\frac{\theta}{2}\cdot\cos\frac{\theta}{4}\cdot\cdots\cdot\cos\frac{\theta}{2^n} \tag{4}$$

现在由于$\angle OP_nP_0=\theta/2^n$，因此把正弦定理应用到三角形 OP_nP_0 中，我们有 $r_n/\sin(\theta/2^n)=r_n/\sin(180°-\theta)$，可得：

$$r_n=\frac{r_0\sin\theta}{\sin(\theta/2^n)} \tag{5}$$

在式 (4) 和式 (5) 中消去 r_0 和 r_n，可得：

$$\sin\theta/\sin(\theta/2^n)=2^n\cos(\theta/2)\cdot\cos(\theta/4)\cdot\cdots\cdot\cos(\theta/2^n) \tag{6}$$

当 n 增加到非常大时，$\angle OP_nP_0$ 趋近于 0，因而与其正弦值几乎相等。换句话说，半径为 r_n 的圆中所对应的弧，会趋近于点 P_0 至 x 轴的垂线。接下来，我们用 $\theta/2^n$ 取代 $\sin(\theta/2^n)$ 并消去 2^n，将 x 换成 θ，就可以得到式 (1)。

因此，式 (1) 是下面这个定理的三角形式描述：圆周角是同弧所对圆心角的一半，重复用在越来越大的圆的越来越小的角上[4]。

利萨如和他的图形

利萨如（1822—1880）在科学史上并不算是一个巨人，但是他的名字因为“利萨如图形”（沿着两条相互垂直的直线上的振动叠加而形成的图形）而被物理系的学生所熟知。利萨如在1841年进入巴黎高等师范学校学习，后来成为巴黎圣路易斯高等学校的物理学教授，他就是在这里研究振动和声学的。1855年，他发明了一种简单的研究复合振动的光学方法：在每一个振动体（比如两个音叉）的旁边放置一面小镜子，然后用光束对准其中一面镜子。光束先反射到另一面镜子上，接着再投影到一个大屏幕上，形成一个二维的图样，这就是两个振动合成的视觉效果。这个简单的想法正是今天使用的示波器的前身，但在利萨如那个时代则是一件新奇的事情，因为在当时，对声音的研究完全依靠听觉，也就是人类的耳朵。利萨如可以说是真正使人们能够“看见声音”的人。

假设每一个振动都是一个可以用正弦波表示的简谐振动，令 a 和 b 表示振幅，ω_1 和 ω_2 表示角频率（单位是弧度 / 秒），ϕ_1 和 ϕ_2 表示相位，t 表示时间，则可以得到：

$$x = a\sin(\omega_1 t + \phi_1),\ y = b\sin(\omega_2 t + \phi_2) \qquad (7)$$

当时间发生变化时，坐标为 (x,y) 的点 P 的运动轨迹可以由式 (7) 中消去 t 得到。因为这两个方程中有 6 个参数 [5]，所以除了一些特殊情形外，运动轨迹将十分复杂。例如，当 $\omega_1=\omega_2, \phi_1=\phi_2$ 时，我们得到：

$$x = a\sin(\omega t + \phi),\ y = b\sin(\omega t + \phi)$$

（这里我们把参数的下标给去掉了。）为了消去这两个方程中的 t，我们注意到 $x/a=y/b$，因此 $y=(b/a)x$，即这是一个直线方程。与此类似，当 $\omega_1=\omega_2$，并且相位差是 π 时，我们得到直线 $y=-(b/a)x$。当 $\omega_1=\omega_2$，并且相位差是 π/2 时，我们得到（取 $\phi_1=0$）：

$$x = a\sin\omega t\,,\quad y = b\sin(\omega t + \pi/2) = b\cos\omega t$$

把第一个式子除以 a，第二个式子除以 b，然后分别平方，再相加，可以得到：

$$\frac{x^2}{a^2} + \frac{y^2}{b^2} = 1$$

这是一个轴在 x 轴和 y 轴上的椭圆（如果 $a=b$，则这个椭圆就变成了圆）。对于任意的相位差，轨迹均为一个倾斜的椭圆，前一个例子为特例 [直线 $y=\pm(b/a)x$ 是退化了的椭圆]。如果让相位差连续变化，则椭圆会慢慢改变它的方向及形状，从（$a=b$ 时）圆 $a^2+b^2=1$ 到直线 $y=\pm x$，然后再变回来（参见图 11–3）。

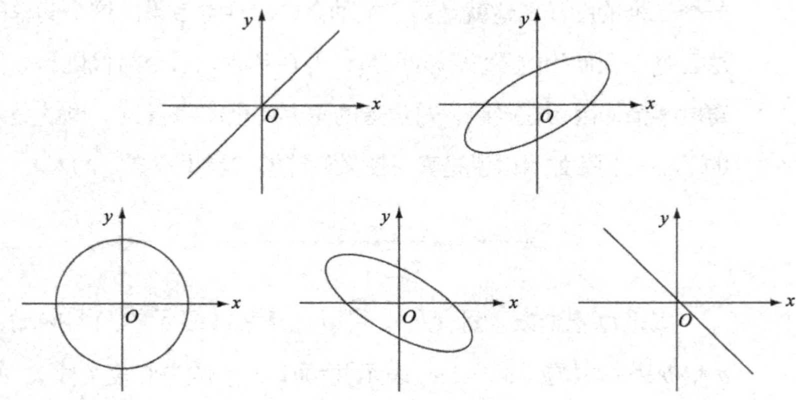

图 11–3　利萨如图形：$\omega_1=\omega_2$ 时的情形

如果角频率不相等，则轨迹要复杂得多。例如，当 $\omega_2=2\omega_1$ 时（从音乐上来说，这两个振动差八度音），我们得到：

$$x = a\sin\omega t\text{，}y = b\sin(2\omega t+\phi)$$

（这里我们还是去掉了参数的下标，并且取 $\phi_1=0$）。现在，我们所得到的曲线会随 ϕ 的变化而变化。当 $\phi=\pi/2$ 时，我们得到：

$$x = a\sin\omega t\text{，}y = b\sin(2\omega t+\pi/2) = b\cos 2\omega t$$

利用恒等式 $\cos 2u=1-2\sin^2 u$，并消去两个方程中的 t，则可以得到 $y=b[1-2(x/a)^2]$。这个方程表示一个抛物线，当时间发生变化时，点 P 来回移动。对于其他的 ϕ 值，曲线可能是封闭的（参见图 11-4）。

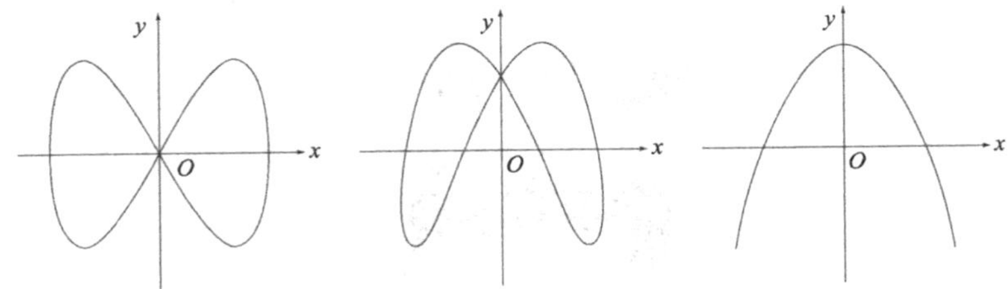

图 11-4 利萨如图形：$\omega_1=2\omega_2$ 时的情形

还有一个观察值得一提。只要 ω_1/ω_2 的频率比是一个有理数，那么不管曲线有多复杂，最终都会重复，也就是说运动是周期性的[6]。反之，如果 ω_1/ω_2 是一个无理数，则点 P 永远不会重复自己已走过的轨迹，也就是说它是一个非周期性运动。然而，它的轨迹会随着时间的推移逐渐填满由直线 $x=\pm a$ 和 $y=\pm b$ 所围成的长方形（参见图 11-5）。

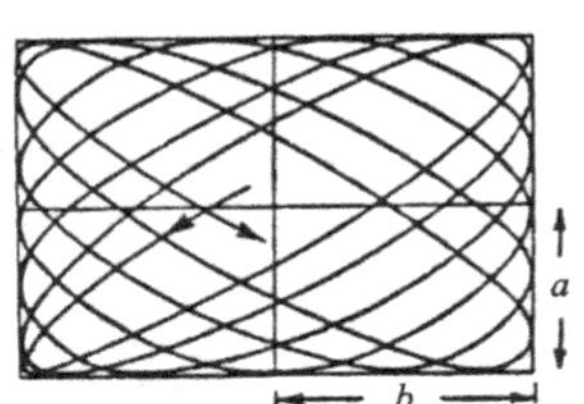

图 11-5 利萨如图形：ω_1/ω_2 是无理数时的情形

利萨如的成就深为同时代的人所推崇，物理学家丁铎尔（1820—1893）

和瑞利（1842—1919）在他们的声学经典著作中也讨论过他的研究成果。1873 年，利萨如由于他的“漂亮的实验成果”而获得拉卡斯奖，而他的方法也在 1867 年的巴黎世界博览会中展出。但是，太阳底下显然没有新鲜事：早在 1815 年，利萨如图形就被自学成才的美国科学家鲍迪奇（1773—1838）用复摆做出来了[7]。这个装置经过改装后，可以将两个钟摆的运动复合在一起，并在其中一个钟摆上装了一支笔，以便于在纸上描出运动轨迹。改装后的装置成为 19 世纪很受欢迎的科学展示品（参见图 11-6），它所描出的图形被称为“调和图形”，它的神奇多变给人留下了深刻的印象（参见图 11-7）[8]。利萨如方法的新颖之处在于，它不再是机械装置，它依赖的是更为有效的媒介——光。就这点而言，他确实有远见，预见了现代电子时代的到来。

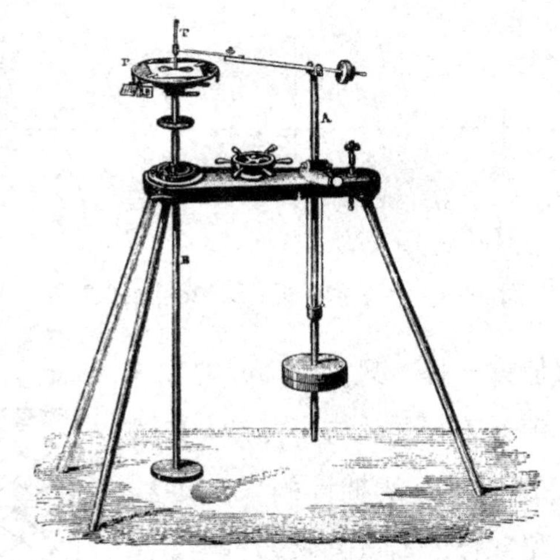

图 11-6　调和作图器（选自一本 19 世纪的科学书籍）

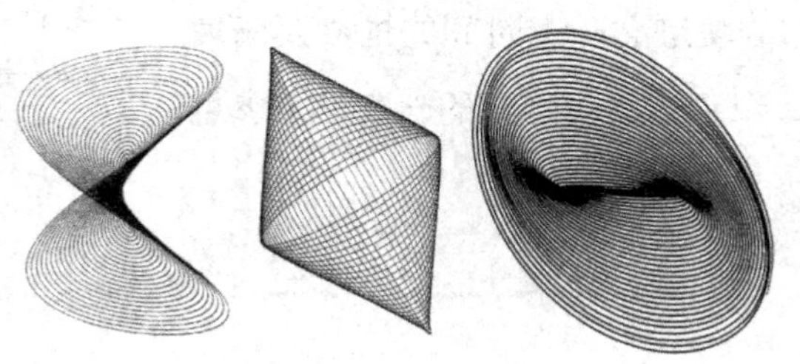

图 11-7　调和图形

第 12 章

tan$x$

> 在欧拉的众多论文，尤其是著作《无穷分析引论》（1748）中，他展现了获得丰硕而富有趣味性成果的最精妙的技巧……在数学史上几乎找不到其他著作能像《无穷分析引论》这样给读者留下如此深刻的印象了。
>
> ——哈伯森，《方圆：问题的历史》，1913

我们在初等数学里遇到的众多函数中，正切函数恐怕是最引人注目的了。下面这些基本性质大家已经很熟悉：$f(x)=\tan x$ 在 $x=n\pi(n=0,\pm 1,\pm 2,\cdots)$ 时的值为 0，在无限多点即 $x=(2n+1)\pi/2(n=0,\pm 1,\ \pm 2,\cdots)$ 处不连续，其周期（如果 P 是使得 $f(x+P)=f(x)$ 的最小正整数，则称 P 是函数 $f(x)$ 的周期）为 π。最后一个性质很引人注意：函数 $\sin x$ 和 $\cos x$ 的周期都是 2π，然而它们的比率 $\tan x$ 的周期为 π。谈到周期，有关函数的一般代数法则可能就不适用了：两个函数 f 和 g 的周期都是 P，并不能推导出 $f+g$ 或 $f\cdot g$ 的周期也一样是 P[1]。

我们在第 2 章已经知道，正切函数起源于古代的“投影计算”。

到了文艺复兴时期，它又因艺术中刚萌芽的透视法而复活（尽管不是以正切命名）。当一个物体逐渐远离观察者时，它看起来会越来越小，这是大家共有的经验。这一点在我们从地面上看一个很高的建筑物时尤为明显：当观测的角度提升时，与垂直方向等高的物体（比如高楼的楼层）看起来会逐渐缩短；反过来，观测角度等量增加时，所看到的部分则越来越长。透视法的创始人之一、著名的纽伦堡画家杜勒所做的一个研究，很清晰地展示了这种效果（参见图 12–1）[2]。

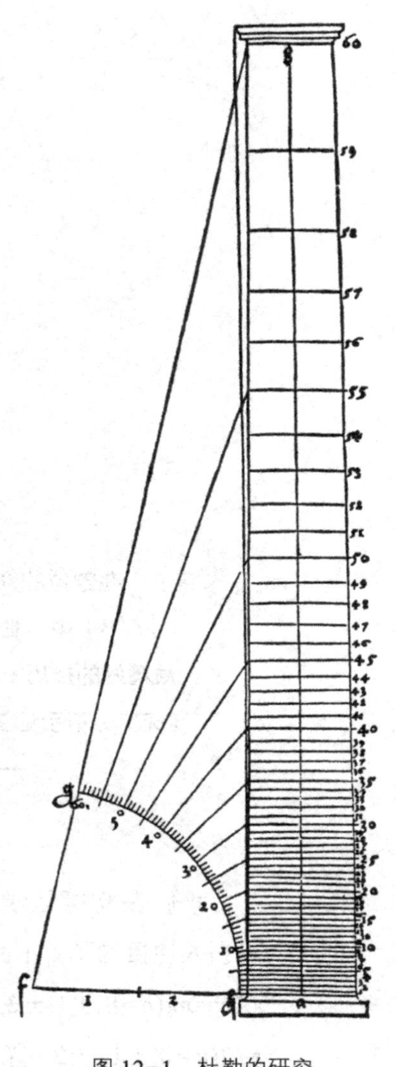

图 12–1　杜勒的研究

杜勒以及他同时代的人，对于当观测角度接近 90° 时对应的高度看起来却在无限增加的这种极端现象感到特别好奇。令他们更感兴趣的是平面上的平行线：当远离观测者时，平行线似乎越来越近，最终在地平线上交于一点，该点被称为“消失点”。所有这些现象都可以归因于 $\tan x$ 在 90° 附近的性质。当然，今天我们知道 $\tan x$ 在 x 趋近于 90° 时趋向于无穷，在 90° 处没有意义，但是过去的人并不知道这些微妙的性质，甚至就在不久前，我们还可以在许多三角学教材中看到“$\tan 90° = \infty$”这样的叙述。

现在言归正传。1580 年，韦达给出了一个漂亮的定理，也就是正切定理。遗憾的是，现在的教科书上已经几乎找不到它了。这个定理是说，在任何三角形中：

$$\frac{a+b}{a-b}=\frac{\tan[(\alpha+\beta)/2]}{\tan[(\alpha-\beta)/2]} \tag{1}$$

这个定理可以从正弦定理 $a/\sin\alpha=b/\sin\beta=c/\sin\gamma$ 和恒等式 $\sin\alpha\pm\sin\beta=2\sin[(\alpha\pm\beta)/2]\cdot\cos[(\alpha\mp\beta)/2]$ 推导出来，但是在韦达那个时代，它被视作一个独立的定理 [3]。当三角形的两边及其夹角已知时（SAS 的情形），这个定理可以用来解三角形。在这种情形下，我们通常会用余弦定理（$c^2=a^2+b^2-2ab\cos\gamma$）来求第三边，然后用正弦定理求出未知的角。但是，由于余弦定理包含加法和减法，因此不容易用对数来做计算（在计算机发明之前，对数实际上是解三角形的唯一方法）。用正切定理就可以避开这个困难：不妨设角 γ 是已知的，进而可以得出（$\alpha+\beta$）/2，利用式 (1) 和正切表我们可以求出（$\alpha-\beta$）/2，从这两个结果可以得到角 α 和 β，而未知边则可以由正弦定理求出。有了计算器后，这些当然都不再需要了，或许这也解释了为什么正切定理失去了大部分的吸引力。不过，它简洁、对称的形式使它从遗忘中重生，即使不作为定理，也可以当作习题。对那些喜欢玩弄数学“谬误”，喜欢用错误的方法得到正确结果的人（例如 16/64=1/4），正切定理提供了足够的实验机会：从式 (1) 的右边开始，“消去”1/2 和“tan”，然后把希腊字母用相应的拉丁字母替换，就可以得到左式 [4]。

其他包含 tan$x$ 的公式也一样简洁。例如，如果 α、β、γ 是任一非直角三角形的 3 个角，则：

$$\tan\alpha+\tan\beta+\tan\gamma=\tan\alpha\cdot\tan\beta\cdot\tan\gamma \tag{2}$$

这个公式可以由 $\gamma=180^\circ-(\alpha+\beta)$ 和正切函数的和角公式来证明。这个公式之所以引人注意，不仅是因为它完美的对称性，还因为由此可以得到一个意想不到的结果。代数中有一个著名的定理：如果 $x_1, x_2, \cdots, x_n$ 为任意 n 个正数，则它们的算术平均数不会小于其几何平均数，也就是：

$$\frac{x_1+x_2+\cdots+x_n}{n}\geqslant\sqrt[n]{x_1x_2\cdots x_n}$$

两个平均值相等，当且仅当 $x_1=x_2=\cdots=x_n$ 时成立。若假设三角形为锐角三角形，则 3 个角的正切值都是正数，因此由上述定理可得：

$$\frac{\tan\alpha+\tan\beta+\tan\gamma}{3}\geqslant\sqrt[3]{\tan\alpha\cdot\tan\beta\cdot\tan\gamma}$$

但是根据式 (2)，这个不等式可以写为：

$$\frac{\tan\alpha\cdot\tan\beta\cdot\tan\gamma}{3}\geqslant\sqrt[3]{\tan\alpha\cdot\tan\beta\cdot\tan\gamma}$$

两边各三次方，则得到：

$$\tan\alpha\cdot\tan\beta\cdot\tan\gamma\geqslant\sqrt{27}=3\sqrt{3}$$

因此，在锐角三角形中，3 个角的正切值的乘积（及和）不会小于$3\sqrt{3}\approx 5.196$，当且仅当 $\alpha=\beta=\gamma=60°$（即等边三角形）时取得这个最小值。

如果三角形是钝角三角形，则三个角中有一个角的正切值是负数，在这种情形下这个定理不适用。但是，此钝角的值只能从 90° 变动到 180°，它的正切值则落在区间（$-\infty$,0），而其他两个角的正切值依然大于 0 且有限。因此，3 个角的正切值的乘积可以是任意负值。

概括起来就是，对任意锐角三角形，我们有$\tan\alpha\cdot\tan\beta\cdot\tan\gamma\geqslant 3\sqrt{3}$，当且仅当三角形是等边三角形时，等号成立。对任意钝角三角形，我们有 $-\infty<\tan\alpha\cdot\tan\beta\cdot\tan\gamma<0$。

由正切函数的倍角公式也可以得到一些有趣的公式。我们在第 8 章得到过下面的公式：

$$\tan[(n+1)\alpha/2]=\frac{\sin\alpha+\sin 2\alpha+\cdots+\sin n\alpha}{\cos\alpha+\cos 2\alpha+\cdots+\cos n\alpha}$$

如果令 $\alpha/2=\beta$，$n+1=m$，则变形后的公式会稍微更有用一些：

$$\tan(m\beta)=\frac{\sin(2\beta)+\sin(4\beta)+\cdots+\sin[2(m-1)\beta]}{\cos(2\beta)+\cos(4\beta)+\cdots+\cos[2(m-1)\beta]}$$

即使写成这种形式，这个公式的用途依然有限，因为它是以其他角的正弦值和余弦值来表示一个倍角的正切值。如果能用 α（只用 α 角，不用其倍角）的正切值来表示 $\tan(n\alpha)$，那将是令人非常满意的事情。幸运的是，这点可以做到。我们从熟悉的正切函数和角公式开始：

$$\tan(\alpha+\beta)=\frac{\tan\alpha+\tan\beta}{1-\tan\alpha\cdot\tan\beta}$$

从这个式子我们可以得到：

$$\tan(2\alpha)=\tan(\alpha+\alpha)=\frac{2\tan\alpha}{1-\tan^2\alpha}$$

$$\tan(3\alpha)=\tan(2\alpha+\alpha)=\frac{\tan 2\alpha+\tan\alpha}{1-\tan 2\alpha\cdot\tan\alpha}=\frac{3\tan\alpha-\tan^3\alpha}{1-3\tan^2\alpha}$$

以此类推。经过几步之后，我们可以发现这样一种模式：式子中的系数与我们所熟悉的二项式系数，也就是 $(1+x)^n$ 的展开式中各项的系数是一样的，只不过是交错出现在分子和分母中（第一项在分母中），而且它们的符号也是两两一组交错出现的[5]。图 12-2 取自一本 19 世纪早期的三角学教材，它给出了正切函数到 $\tan7\alpha$ 时的倍角公式。如果把符号也考虑进去，我们可以把系数组成一个“帕斯卡正切三角形”：

$$\begin{array}{ccccccccccc}
 & & & & & 1 & & & & & \\
 & & & & 1 & & 1 & & & & \\
 & & & 1 & & 2 & & -1 & & & \\
 & & 1 & & 3 & & -3 & & -1 & & \\
 & 1 & & 4 & & -6 & & -4 & & 1 & \\
1 & & 5 & & -10 & & -10 & & 5 & & 1 \\
 & & & & & \cdots & & & & &
\end{array}$$

（最顶部的数字是 1，是因为 $\tan0=0=0/1$。）我们注意到前两条斜线上的数字都是正的，接着两条斜线上的数字都是负的，以此类推。

有一个公式，它的二项式系数看起来与 $(1+x)^n$ 毫不相关，这就是棣莫弗定理：

$$(\cos\alpha+\mathrm{i}\sin\alpha)^n=\cos n\alpha+\mathrm{i}\sin n\alpha \tag{3}$$

CHAPTER XI. 69 W

$$\left.\begin{aligned}
\tan a &= \tan a\\
\tan 2a &= \frac{2\tan a}{1-\tan^2 a}\\
\tan 3a &= \frac{3\tan a-\tan^3 a}{1-3\tan^2 a}\\
\tan 4a &= \frac{4\tan a-4\tan^3 a}{1-6\tan^2 a+\tan^4 a}\\
\tan 5a &= \frac{5\tan a-10\tan^3 a+\tan^5 a}{1-10\tan^2 a+5\tan^4 a}\\
\tan 6a &= \frac{6\tan a-20\tan^3 a+6\tan^5 a}{1-15\tan^2 a+15\tan^4 a-\tan^6 a}\\
\tan 7a &= \frac{7\tan a-35\tan^3 a+21\tan^5 a-\tan^7 a}{1-21\tan^2 a+35\tan^4 a-7\tan^6 a}\\
\tan 8a &= \text{\&c.}
\end{aligned}\right\}3$$

§ 45. If we consider the foregoing formulæ for the sine and cosine of the multiple angles expressed wholly in terms of the sines and cosines of the simple angles, and their successive powers, both in relation to the order in which these powers, and to that in which their coefficients, occur, we shall perceive, that: for every corresponding multiple of the sine and cosine, beginning at the first term of the cosine, thence passing to the first term of the sine, then from the second term of the cosine to the second of the sine, and so on to the end; we have all the terms of the binomial in regular order, as well for the powers of cosine *a*, and sine *a*, as for their numeric coefficients; with this difference only, that a regular change of the signs, +, and —, takes place separately, in each of the series.

The same law holds good in the case of the tangents, as far as regards the coefficients; and the powers of the tangents follow in a regular order, from the numerator to the denominator, alternately.

图 12-2　tan($n\alpha$) 用 tanα 的幂次表示（取自 19 世纪早期的一本三角学书籍）

其中$i=\sqrt{-1}$。如果我们把式 (3) 的左边按照二项式定理展开，并且让实部和虚部与右边对应部分相等，则可以得到 $\cos n\alpha$ 和 $\sin n\alpha$ 关于 $\cos^{n-k}\alpha\cdot\sin^{k}\alpha$ 的表达式，其中 $k=0,1,2,\cdots,n$。从这些式子中我们很容易得到 $\tan n\alpha$ 的式子：

$$\tan n\alpha=\frac{n\tan\alpha-{}^{n}C_3\tan^3\alpha+{}^{n}C_5\tan^5\alpha-\cdots}{1-{}^{n}C_2\tan^2\alpha+{}^{n}C_4\tan^4\alpha-\cdots}\tag{4}$$

其中符号 ${}^{n}C_k$[也写成 (n,k)] 表示：

$${}^{n}C_k=\frac{n\cdot(n-1)\cdot(n-2)\cdot\cdots\cdot(n-k+1)}{k!}\tag{5}$$

举个例子，${}^{4}C_3=(4\times3\times2)/(1\times2\times3)=4$。注意到式 (5) 的右边也等于 $n!/[k!(n-k)!]$，所以我们有 ${}^{n}C_k={}^{n}C_{n-k}$（在上面给出的例子中，${}^{4}C_1=4!/(3!\cdot1!)=4={}^{4}C_3$）。正因为如此，二项式系数才是对称的，也就是在 $(1+x)^n$ 的展开式中，不管是按 x 的幂次从大到小排列，还是从小到大排列，系数都是一样的。

因为对正整数 n，$(1+x)^n$ 的展开式中有 $(n+1)$ 项，所以式 (4) 中的分子和分母都是有限项的和。但是，6 个三角函数都有无穷表示法，特别是表示成幂级数与无穷乘积的形式。$\sin x$ 和 $\cos x$ 的幂级数表示为：

$$\sin x=x-x^3/3!+x^5/5!-\cdots$$

和

$$\cos x=1-x^2/2!+x^4/4!-\cdots$$

虽然牛顿早已知道了这些级数，但是瑞士数学家欧拉真正从这些级数中推导出了丰硕的新成果。欧拉把幂级数看作“无穷多项式”，运算起来就好像一般的有限多项式。因此欧拉认为，既然一般的 n 次多项式可以写成 n 个形如

（$1-x/x_i$）的因子（不一定相同，其中 x_i 是多项式的根或者零点）的乘积[6]，那么函数 $\sin x$ 也可以写成无穷乘积的形式：

$$\sin x = x(1-x^2/\pi^2)[1-x^2/(4\pi^2)][1-x^2/(9\pi^2)]\cdots \tag{6}$$

在这里，二次因子 $[1-x^2/(n^2\pi^2)]$ 是由 $\sin x$ 的零点 $x_n=\pm n\pi$ 对应的因子 $[1-x/(n\pi)]$ 和 $[1+x/(n\pi)]$ 相乘得来的，而单独的因子 x 则是由零点 $x=0$ 得来的[7]。如果我们在式 (6) 中代入 $x=\pi/2$，则会得到一个令人惊奇的结果：

$$1=(\pi/2)\times(1-1/4)\times(1-1/16)\times(1-1/36)\times\cdots$$

把这个式子进行化简，并且解出 $\pi/2$，就可以得到无穷乘积：

$$\frac{\pi}{2}=\frac{2}{1}\times\frac{2}{3}\times\frac{4}{3}\times\frac{4}{5}\times\frac{6}{5}\times\frac{6}{7}\times\cdots \tag{7}$$

这个著名的公式以沃利斯来命名，因为沃利斯在 1655 年大胆地运用插值法，得到了这个公式[8]。

余弦函数 $\cos x$ 的无穷乘积则表示为：

$$\cos x=(1-4x^2/\pi^2)[1-4x^2/(9\pi^2)][1-4x^2/(25\pi^2)]\cdots \tag{8}$$

其中 $x_i=\pm\pi/2, \pm 3\pi/2,\cdots$ 是 $\cos x$ 的零点（这里每一个二次因子都是两个线性因子的乘积）。如果我们用式 (6) 除以式 (8)，则可以得到 $\tan x$ 的一个解析表达式：

$$\tan x=\frac{x(1-x^2/\pi^2)[1-x^2/(4\pi^2)][1-x^2/(9\pi^2)]\cdots}{(1-4x^2/\pi^2)[(1-4x^2/(9\pi^2)][1-4x^2/(25\pi^2)]\cdots} \tag{9}$$

但是这个表达式相当烦琐，为了简化它，我们利用积分中常用的一个技巧，即有理函数的部分分式分解。我们将式 (9) 的右边表示成分式的无穷和，而每一项的分母等于式 (9) 分母中的一个线性因子：

$$\tan x = \frac{A_1}{1-2x/\pi} + \frac{B_1}{1+2x/\pi} + \frac{A_2}{1-2x/(3\pi)} + \frac{B_2}{1+2x/(3\pi)} + \cdots \quad (10)$$

为了找出这个分解式中的系数，我们可以采用“清除分母”的方法：在式 (10) 的两边同时乘以所有分母的乘积（也就是 $\cos x$），并且让其等于式 (9) 的分子（也就是 $\sin x$）：

$$\begin{aligned} & x(1-x/\pi)(1+x/\pi)[1-x/(2\pi)][1+x/(2\pi)]\cdots \\ & = A_1(1+2x/\pi)[1-2x/(3\pi)][1+2x/(3\pi)]+ \\ & \quad B_1(1-2x/\pi)[1-2x/(3\pi)][1+2x/(3\pi)]+\cdots \end{aligned} \quad (11)$$

请注意，式 (11) 右边的每一项都恰好少了一个因子，也就是式 (10) 中对应系数项的分母（就像找到了它们的公分母一样）。

现在式 (11) 是关于 x 的一个恒等式，任何 x 值代入都成立。为了找出 A_1，我们以 $x=\pi/2$ 代入。此时除了第一项外，其余所有的项都可以被“消灭”，因此得到：

$$\begin{aligned} & (\pi/2)\cdot(1/2)\cdot(3/2)\cdot(3/4)\cdot(5/4)\cdot\cdots \\ & = A_1\cdot 2\cdot(2/3)\cdot(4/3)\cdot(4/5)\cdot(6/5)\cdot\cdots \end{aligned}$$

解出 A_1，可得：

$$\begin{aligned} A_1 & = (\pi/2)\cdot(1/2)^2\cdot(3/2)^2\cdot(3/4)^2\cdot(5/4)^2\cdot\cdots \\ & = (\pi/2)\cdot[(1/2)\cdot(3/2)\cdot(3/4)\cdot(5/4)\cdot\cdots]^2 \end{aligned}$$

中括号内的表达式正好是沃利斯乘积的倒数，也就是 $2/\pi$，因此我们得到：

$$A_1=(\pi/2)\cdot(2/\pi)^2=2/\pi$$

为了找出 B_1，我们采取同样的方法，在式 (11) 中令 $x=-\pi/2$，可以得到 $B_1=-2/\pi=-A_1$。其他的系数也可以用类似的方式得到 [9]，$A_2=2/(3\pi)=-B_2$，$A_3=2/(5\pi)=-B_3$，一般式则为：

$$A_i = \frac{2}{(2i-1)\pi} = -B_i$$

将这些系数代入式 (10)，并两两相加，可以得到 $\tan x$ 的部分分式表示法：

$$\tan x = 8x\left[\frac{1}{\pi^2 - 4x^2} + \frac{1}{9\pi^2 - 4x^2} + \frac{1}{25\pi^2 - 4x^2} + \cdots\right] \tag{12}$$

这个著名的公式直接指出了 $\tan x$ 在 $x=\pm\pi/2, \pm 3\pi/2, \cdots$ 处没有定义。当然，这些也正是 $\tan x$ 的垂直渐近线。

既然我们已经花了那么多工夫来导出式 (12)，现在该从中获益了。因为除了 $x=(2n+1)\pi/2$（$n=0, \pm 1, \pm 2, \cdots$）外，式 (12) 对所有的 x 都成立，所以现在我们可以代入一些特殊值。先代入 $x=\pi/4$：

$$\begin{aligned}\tan(\pi/4) = 1 = 8(\pi/4)[1/(\pi^2 - \pi^2/4) + 1/(9\pi^2 - \pi^2/4) + \\ 1/(25\pi^2 - \pi^2/4) + \cdots] \\ = (8/\pi)[1/3 + 1/35 + 1/99 + \cdots]\end{aligned}$$

中括号内的每一项都可以写成下面这种形式：$1/[4(2n-1)^2-1]=1/[(4n-3)(4n-1)]=(1/2)[1/(4n-3)-1/(4n-1)](n=1,2,3,\cdots)$，因此我们得到：

$$1 = (4/\pi)[1 - 1/3 + 1/5 - 1/7 + \cdots]$$

从中可得：

$$\frac{\pi}{4} = 1 - \frac{1}{3} + \frac{1}{5} - \frac{1}{7} + \cdots \tag{13}$$

这个著名的公式是由苏格兰数学家格列高里（1638—1675）在 1671 年发现的，他将 $x=1$ 代入到反正切函数的幂级数 $\tan^{-1}x = x - x^3/3 + x^5/5 - \cdots$ 中，从而得到式 (13)。莱布尼茨在 1674 年也独自发现了这个公式，因此这个公式通常以他的名字命名 [10]。这是刚发明的微积分的最初几个成果之一，莱布尼茨对此十分感兴趣。

关于格列高里-莱布尼茨级数（也包括沃利斯乘积）最引人注目的地方在于，它给出了 π 和整数之间意想不到的联系。但是，由于这个级数的收敛速度非常慢，所以从计算的角度来看，这个级数用处不大。它需要 628 项才能精确到 π 的小数点后 2 位有效数字，比 2000 年前阿基米德的穷尽法的精度还要低。尽管如此，格列高里-莱布尼茨级数仍是数学史上的一个里程碑，它是第一个关于 π 的无穷级数，为以后发现类似的无穷级数奠定了基础。

接下来，我们再以 $x=\pi$ 代入式 (12)：

$$\tan\pi = 0 = 8\pi\,[1/(-3\pi^2)+1/(5\pi^2)+1/(21\pi^2)+\cdots]$$

消去 8/π，并把负项移至等号的左边，可得：

$$1/5+1/21+1/45+\cdots=1/3$$

可能感到有点失望，我们得到了一个不含 π 的级数[11]。不过，当我们把 $x=0$ 代入式 (12) 时，又得到了一个令人兴奋的结果。起初，我们仅仅得到一个未定元方程 0=0，但是通过先在等式两边除以 x，然后令 x 趋向于 0，这样就可以避开这个困难。从等式左边我们可以得到：

$$\lim_{x\to 0}\frac{\tan x}{x}=\left(\lim_{x\to 0}\frac{\sin x}{x}\right)\cdot\left(\lim_{x\to 0}\frac{1}{\cos x}\right)=1\cdot 1=1$$

因此式 (12) 就变为：

$$1=(8/\pi^2)\left[\frac{1}{1}+\frac{1}{9}+\frac{1}{25}+\cdots\right]$$

或

$$\frac{\pi^2}{8}=\frac{1}{1^2}+\frac{1}{3^2}+\frac{1}{5^2}+\cdots \tag{14}$$

最后一个公式和格列高里-莱布尼茨级数一样引人注目，但是我们还可以从中导出更有趣的结果。我们将追随欧拉的大胆精神，再一次运用并不是十分严谨的方法（第 15 章将给出更严谨的证明），进入无穷级数的世界。我们的任务是找出所有正整数平方的倒数和，用 S 来表示这个和 [12]：

$$
\begin{aligned}
S &= \frac{1}{1^2}+\frac{1}{2^2}+\frac{1}{3^2}+\frac{1}{4^2}+\cdots \\
&= \left(\frac{1}{1^2}+\frac{1}{3^2}+\cdots\right)+\left(\frac{1}{2^2}+\frac{1}{4^2}+\cdots\right) \\
&= \left(\frac{1}{1^2}+\frac{1}{3^2}+\cdots\right)+\frac{1}{4}\left(\frac{1}{1^2}+\frac{1}{2^2}+\cdots\right) \\
&= \frac{\pi^2}{8}+\frac{1}{4}S
\end{aligned}
$$

从中我们可以得到 $(3/4)S=\pi^2/8$，所以：

$$
S=\frac{1}{1^2}+\frac{1}{2^2}+\frac{1}{3^2}+\cdots=\frac{\pi^2}{6} \tag{15}
$$

式 (15) 是数学中最著名的公式之一，它是欧拉在 1734 年发现的，他闪现出的灵巧违背了现代数学任何严谨的标准。这个式子的发现解决了 18 世纪最大的困惑之一：长久以来，大家都知道这个级数收敛，但是其收敛值难倒了当时许多大数学家，其中包括伯努利兄弟 [13]。

我们再来看一个由欧拉发现的无穷级数。首先看余切函数的倍角公式：

$$
\cot 2x=\frac{1-\tan^2 x}{2\tan x}=\frac{\cot x-\tan x}{2}
$$

对于任意角 $x\,(x\neq n\pi/2)$，重复运用上述式子，可以得到：

$$
\begin{aligned}
\cot x &= \tfrac{1}{2}[\cot(x/2)-\tan(x/2)] \\
&= \tfrac{1}{4}[\cot(x/4)-\tan(x/4)]-\tfrac{1}{2}\tan(x/2) \\
&= \tfrac{1}{8}[\cot(x/8)-\tan(x/8)]-\tfrac{1}{4}\tan(x/4)-\tfrac{1}{2}\tan(x/2)
\end{aligned}
$$

$$
\begin{aligned}
&= \cdots \\
&= \frac{1}{2^n}[\cot(x/2^n) - \tan(x/2^n)] - \\
&\frac{1}{2^{n-1}}\tan(x/2^{n-1}) - \cdots - \frac{1}{2}\tan(x/2)
\end{aligned}
$$

当 $n \to \infty$ 时，$[\cot(x/2^n)]/2^n$ 趋向于 $1/x$[14]，所以我们得到：

$$\cot x = \frac{1}{x} - \sum_{n=1}^{\infty} \frac{1}{2^n} \tan \frac{x}{2^n}$$

或

$$\frac{1}{x} - \cot x = \frac{1}{2}\tan\frac{x}{2} + \frac{1}{4}\tan\frac{x}{4} + \frac{1}{8}\tan\frac{x}{8} + \cdots \tag{16}$$

这个鲜为人知的公式是富有想象力的欧拉所创造的与无穷过程相关的几百个公式之一。它隐藏着一个意想不到的结果，如果我们把 $x = \pi/4$ 代入，则可以得到：

$$\frac{4}{\pi} - 1 = \frac{1}{2}\tan\frac{\pi}{8} + \frac{1}{4}\tan\frac{\pi}{16} + \cdots$$

把等式左边的 1 换成 $\tan(\pi/4)$，并且把所有的正切项都移到等式右边，然后等式两边再除以 4，可以得到：

$$\frac{1}{\pi} = \frac{1}{4}\tan\frac{\pi}{4} + \frac{1}{8}\tan\frac{\pi}{8} + \frac{1}{16}\tan\frac{\pi}{16} + \cdots \tag{17}$$

式 (17) 一定是数学中最美丽的公式，却很少在教科书中出现。此外，等式右边的级数收敛得非常快（注意，每一项的系数和角都减半），因此我们可以利用式 (17) 作为估算 π 的一个有效方法：只需要 12 项就可以精确到 π 的小数点后 6 位，也就是说，精度是百万分之一。如果再增加 4 项，就可以精确到十亿分之一[15]。

我们在处理诸如式 (6) 和式 (9) 这样的式子时，继承了欧拉的精神，也就是把它们看作有限表达式，遵循一般的代数法则。在欧拉那个时代，数学仍处于自由探索阶段，只在形式上处理无穷级数是当时的常用手法。此外，收敛和极限的概念并未被完全理解，因此一般来说都是忽略不理。今天我们知道，这些都是求解无穷过程中非常关键的问题，忽略它们会导致错误的结果[16]。最后，我们引用西蒙斯在他的一本优秀的微积分教材中的一句话：“这些大胆的推测正是欧拉独特的天才特质，但我们希望，没有一个学生会认为其中蕴含严谨证明的力量。”[17]

第 13 章

地图制作者的天堂

"麦卡托的北极、赤道、回归线、气候带及经线究竟有哪些好处？" 传令员大声问，而船员则回答："它们只是惯用的符号而已！"

——卡罗尔，《猎蛇鲨记》，1876

我们现在要从欧拉的令人赞叹的漂亮式子回到较为平淡的事情上来：制作地图的科学。每个人都知道，我们不可能在不弄破橘子皮的情况下，把它压扁在桌面上。不管我们多么小心地去尝试这件事情，某种形式的扭曲都是不可避免的。令人惊讶的是，直到 18 世纪中叶这个事实才从数学上得到证明，而证明它的不是别人，正是欧拉。他的定理说，把球面映射到平面上而不扭曲，这是不可能的。假如地球是圆柱形或者圆锥形，那么地图制作者的任务就简单多了，因为这些表面都是可展开的，不用收缩或者拉伸就可以将它们压平。这些表面虽然看上去是弯曲的，但本质上是平面结构。而球面结构和平面是不一样的，因此我们不能制作出一幅能如实反映地球所有特性的平面地图。

为了处理这个问题，制图者设计出各种各样的“制图投影”，（从数学意义上来说）也就是把球面上的每一点对应于地图上一点的函数。选择什么样的投影，要依据制图目的而定。有的要（在一定比例下）正确显示两点间的距离，有的是显示国家之间的相对面积，有的则是要保持两点之间的方向。但是，如果想保持这些特性中的任何一个，就意味着要牺牲其他特性：每一种制图投影都要在相互矛盾的需求之间取得妥协。

最简单的制图投影就是圆柱投影：想象地球（用半径为 R 的球体表示）被一个圆柱包围，相切于赤道（参见图 13-1）。再进一步想象地球上有一个光源，从中心向各个方向发射出光线。假设球面上的一点 P 被投影到圆柱上的点 P'，P' 即为点 P 的“影子”或“像”。当圆柱被展开时，我们就得到整个地球的一张平面地图，或者几乎是整个地球：北极和南极在圆柱的轴上，它们的“像”在无穷远处。

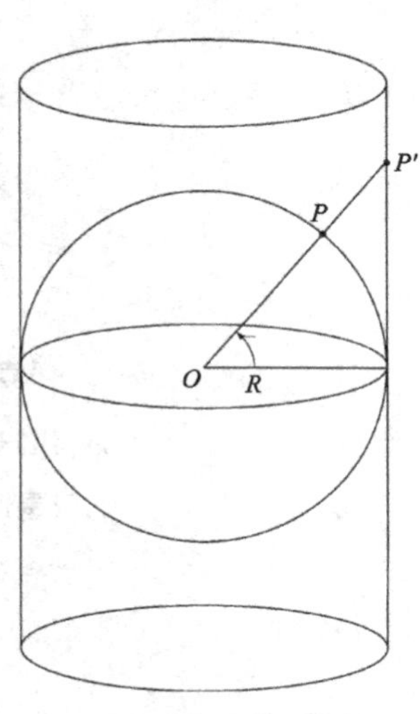

图 13-1　地球的圆柱投影

很显然，圆柱投影把所有的经度圈（经线）投影到等间距的垂直线上，而把所有的纬度圈投影成水平线，其间距随着纬度的增加而增加。为了找出点 P 和它的像 P' 之间的关系，我们必须先用经度（从英国格林威治的主经线开始，向东或向西沿着赤道测量）和纬度（从赤道开始，向北或向南沿着任一条经线测量）来表示出点 P 的位置。我们分别用希腊字母 λ 和 ϕ 表示点 P 的经度和纬度，用 x 和 y 表示点 P' 的坐标，则：

$$x=R\lambda,\ y=R\tan\phi \qquad (1)$$

圆柱投影最突出的特征是在高纬度时南北拉伸过大，造成各大洲的形状发生巨大变化。当然了，这是式 (1) 第二个方程中存在 $\tan\phi$ 的结果。圆柱投影经常与“麦卡托投影”相混淆，其实二者只是表面相似而已。二者除了都是用直角坐标网格之外，它们所基于的原理完全不同，这个我们很快就可以看到。

第二种方法是“球极平面投影”，这种投影法希巴尔卡斯在公元前 2 世纪就已经知道了。我们将地球放在平板纸上，南极 S 与纸平面接触（参见图 13-2）。我们现在用直线连接球面上的每一点 P 和北极 N，并且延长交平面于点 P'，点 P' 就是点 P 在该投影下的“像”。

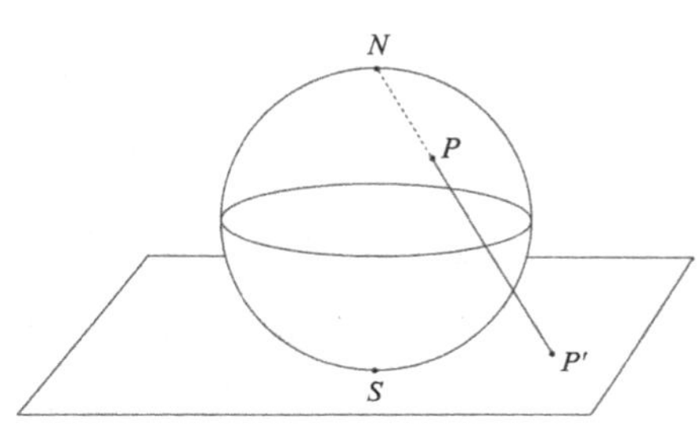

图 13-2　从北极所做的球极平面投影

球极平面投影将所有的经线都映成从南极点 S 发出的射线，而把纬度圈映成围绕 S 的同心圆。赤道映到圆 e，可以认为它是单位圆。整个北半球都映到 e 的外部，而南半球则映到 e 的内部。离北极越近的点，其映在地图上的像就越远。地球上只有一个点在地图上没有像，这一点就是北极点，它的像在无穷远处。

假设地球的直径是 1，这样圆 e（地图上赤道的像）的半径为 1。现在考虑球面上纬度为 ϕ 的一个点 P，我们希望确定出其像 P' 在地图上的位置。图 13-3 给出了地球的一个横截面，E 表示赤道上的一点。已知 $SN=1$，$\angle ONE=45°$，$\angle EOP=\phi$，$\angle ENP=\phi/2$。因此 $\angle ONP=45°+\phi/2$，故点 P' 与南极的距离为：

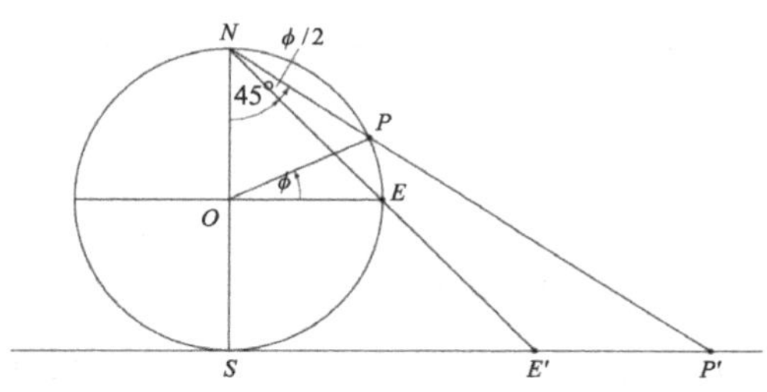

图 13-3　球极平面投影的几何图示

$$SP'=\tan(45°+\phi/2) \qquad (2)$$

由式 (2) 可以导出一个有趣的结果。令点 P 和点 Q 是地球上具有同一经度，但纬度刚好相反的两个点，它们在地图上的投影有什么关系呢？将式 (2) 中的 ϕ 换成 $-\phi$，我们得到：

$$SQ' = \tan(45^\circ - \phi/2) = \frac{1-\tan(\phi/2)}{1+\tan(\phi/2)}$$
$$= \frac{1}{\tan(45^\circ + \phi/2)} = \frac{1}{SP'}$$

因此 $SP' \cdot SQ' = 1$。若平面上的两个点满足此关系式，则称之为关于单位圆的反演点。因此，球极平面投影是将同经度上纬度相反的两个点，投影成地图上的两个反演点。这样我们就可以根据反演理论推导出球极平面投影的所有性质。比如，我们知道两条曲线的夹角经过反演后不变，由此也可以知道，球极平面投影会保持原方向，或者称“共形”（保角）。也就是说，地球上小块区域的形状在地图上保持不变（共形由此得名）[1]。

在第 10 章我们遇到过等距方位地图，它能正确显示出从一定点到地球上其他任意一点的距离和方向。然而，其他任意两点的距离和方向在此地图上并未保持，因此用此地图来航海会受到很大的限制。我们宁可希望有一张地图，它能够显示出从地球上任意一点到其他任意点的正确方向，或者是罗盘方位。但是，这种地图直到 16 世纪中叶以后才出现。

假想你是一艘船的领航员，即将离港向某方向航行。你定下罗盘的方向（比如由北向东 45°）[2]，然后坚定不移地沿着这个方向航行，忽略任何阻碍（为了论证）。那么，你所走的路线会是什么样子呢？长久以来，人们一直相信固定方向的路径（称为恒向线或斜驶线）应该是大圆上的一段弧。但是葡萄牙人努内斯（1502—1578）证明出斜驶线其实是一个螺旋曲线，它趋向于两极中的一极，围绕极点无穷多次，却不能抵达极点。荷兰艺术家埃歇尔（1898—1972）曾经在他的一幅作品《球面与鱼》（*Sphere Surface with Fish*, 1958）中绘制了斜驶线，如图 13–4 所示。

16 世纪制图者的最大挑战就是设计出一种制图投影，能够使球面上斜驶线的投影为直线。在这样的地图上，航海者只需要把出发点和终点用直线连接起来，测量此直线与北面的夹角或方位，然后依照此方向航行就可以了。但是，根据当时存在的投影方法，绘制出来的地图上的直线与海上的斜驶线并不吻合。结果，这使得航海成了一件非常棘手且危险的事业，因为许多生命就是由于船未能抵达目的地而丧生的。营救海员的任务就落在了弗兰德的一个制图者身上。

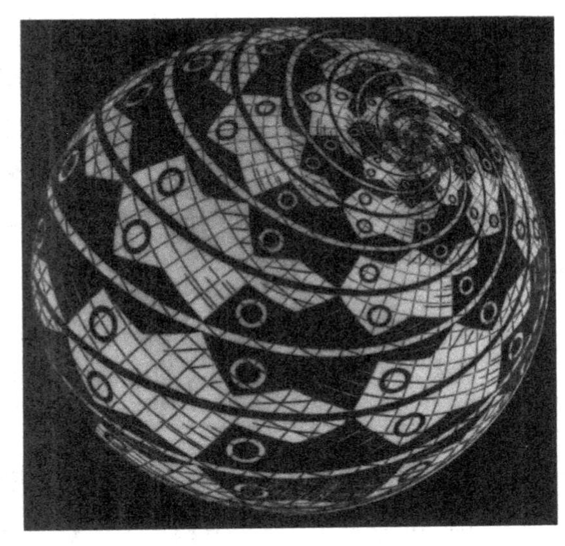

图 13–4　埃歇尔的《球面与鱼》

麦卡托，原名格哈德·克雷默，1512 年 3 月 5 日出生于弗兰德（现在属于比利时，但在当时是荷兰的一部分）的鲁培蒙得，他是世界公认的历史上最著名的制图者。当时，距哥伦布发现新大陆的历史之旅刚刚过去 20 年，新的地理发现点燃了年轻的克雷默的创造力。1530 年，克雷默进入鲁汶大学，毕业后不久就成为欧洲一流的制图者和仪器设计师。按照当时学者的习惯，他把自己的名字拉丁化为麦卡托（相当于英文的“merchant”，是荷兰文 kramer 的意译），而他也以此名流传于世。

1544 年，由于在一个天主教国家里信仰新教，麦卡托以异教徒的罪名被逮捕，他的锦绣前程也因此受到威胁。他仅仅保住了性命，随后逃到杜伊斯堡（现在德国境内），并于 1552 年在此定居，度过余生[3]。

在麦卡托之前的制图者，常用神话人物和想象出来的陆地来装点他们的地图：他们的地图更像是艺术作品，而不是地球的真实写照。麦卡托是第一个完全依据探险者提供的数据资料来制作地图的人，他将制图学从艺术变成科学。他也是首批将不同的地图收集起来装订成册的人之一，他称之为“atlas”（地图集），用以纪念神话中托住地球的阿特拉斯（Atlas），并在扉页上画了阿特拉斯作为装饰。这部作品共分 3 部分出版，最后一部分在 1595 年出版，此时他已经去世一年了 [4]。

1568 年，麦卡托设定了他的任务，他要发明一种新的制图投影，使其既能够满足海员们的需求，也能够将全球航行从危险的冒险活动变成一门精确的科学。从一开始，他就遵循了两个原则：首先，地图必须画在直角坐标网格上，所有的纬线要用平行于赤道的直线表示，并且与赤道等长，而所有的经线则要用垂直于赤道的直线表示；其次，地图必须是共线的，因为只有这样才能保持地球上任意两点之间的方向。

在地球表面上，纬度圈会随着纬度的升高而缩小，直到它们在极点缩小成一个点。但是，在麦卡托的地图上，这些圆将变成等长的水平线。因此，地图上的每一条纬线都被水平（即东西方向）拉伸了，拉伸比例根据它们所对应纬度的不同而有所不同。图 13-5 显示了一个纬度为 ϕ 的圆，它在地球上的周长为 $2\pi r=2\pi R\cos\phi$，然而在地图上的长度为 $2\pi R$，因此拉伸因子为 $2\pi R/(2\pi R\cos\phi)=\sec\phi$。请注意，这个拉伸因子是 ϕ 的函数：纬度越高，拉伸比例就越大，如表 13-1 所示。

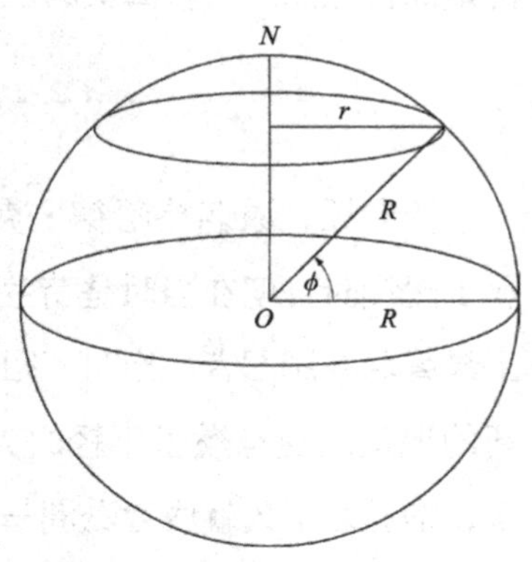

图 13-5　地球上纬度为 ϕ 的圆

表 13-1

ϕ	0°	15°	30°	45°	60°	75°	80°	85°	87°	89°	90°
$\sec\phi$	1.00	1.04	1.15	1.41	2.00	3.86	5.76	11.47	19.11	57.30	∞

现在，麦卡托可以打出他的王牌了：为了使地图能够保角，沿东西方向拉伸纬线的同时，必须在南北方向以同样的比例拉伸纬线间距，并且这种南北方向的拉伸也随着纬度的升高而大幅变大。换句话说，在球面的同一条经线上，每一纬度的间距是相等的，但是在地图上必须逐渐增加（参见图 13-6）。这是麦卡托制作地图的关键原则。

然而，为了实施这个计划，就必须先确定出相邻两条纬线之间的间距。麦卡托具体是如何做到这一点的，目前我们尚未知道（制图学的历史学家们一直为此争论不休）[5]。他并没有留下关于这个方法的任何记录，除了下面这个印在他地图上的简短说明外：

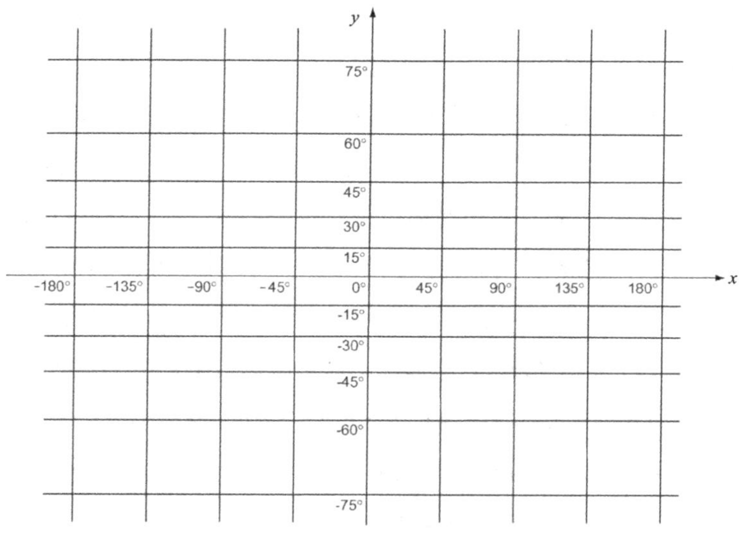

图 13-6　麦卡托的网格

> 在制作这个世界地图时，我们必须把球面摊到平面上，使得地图上的位置在各个方面都能保持彼此相对的方向和距离[6]。为了实现这个目的，我们就必须采用一个新的比例，并且根据纬线来重新安排经线……由于这些理由，我们依照纬线相对于赤道拉长的比例，逐渐增加靠近两极的纬线间距[7]。

即使从这么含糊的说明中，我们也可以清楚地看到，麦卡托完全掌握了他制作地图的数学原理。创建好经纬线网格后，他现在只需在骨架上加内容，也就是他那个时代所知道的各大洲的轮廓。他在 1569 年出版了他的世界地图（或者叫“航海图”，海员们喜欢这样称呼它），名字叫《最新改进的世界地图（航海用）》（*New and Improved Description of the Lands of the World, amended and intended for the Use of Navigators*）。这是一幅巨大的地图，共分为 21 个部分，尺寸为 137.16 厘米 ×210.82 厘米。这是最珍贵的地图文物之一，目前已知只有 3 份原版被保存了下来[8]。

麦卡托于 1594 年 12 月 2 日逝世于杜伊斯堡，长寿给他带来了声名和财富。然而，他最著名的成就——冠上他名字的地图，却并没有马上为航海界所认同，因为他们不能理解地图上过度扭曲的各大洲的形状。而麦卡托也并未清楚地说明他是如何“逐渐增加”纬线间的距离的，这就更增加了大众的困惑。直到后来，英国的数学家和仪器制造者莱特（约 1560—1615）首次详尽地说明了麦卡托的制图原理。在 1599 年于伦敦出版的名为《航海中的某些错误》（*Certaine Errors in Navigation*）的著作中，莱特写道：

> 纬线上每一点所对应的经线弧长必须随正割函数等比例增加。通过不断地把每一纬线纬度的正割值添加到前面所有的正割值上……，我们可以做出一个表，正确指出同经线上每一纬度在航海图上的位置[9]。

换句话说，莱特用数值积分对$\int_0^\phi \sec\phi \mathrm{d}\phi$进行求值。下面我们用现代的符号来论证他的想法。

图 13-7 给出了一个由经线圈 λ 和 $\lambda+\Delta\lambda$ 与纬线圈 ϕ 和 $\phi+\Delta\phi$ 所形成的小球面矩形，其中 λ 和 ϕ 是用弧度度量的（由于“零度经线”的选择是主观的，所以图中只显示了经度的增量$\Delta\lambda$）。矩形的边长分别为 $(R\cos\phi)\Delta\lambda$ 和 $R\Delta\phi$。假设球面上的一点 $P(\lambda,\phi)$ 在地图上的对应点为 $P'(x,y)$（其中 $y=0$ 对应赤道）。于是这个球面矩形就对应于由直线 x、$x+\Delta x$、y 和 $y+\Delta y$ 所形成的平面矩形，其中$\Delta x=R\Delta\lambda$。现在，地图是保角的，这就意味着这两个矩

形相似（反过来就是说从点 $P(\lambda,\phi)$ 到邻近点 $Q(\lambda+\Delta\lambda,\ \phi+\Delta\phi)$ 的方向与它们在地图上的像之间的方向一致）。因此，我们得到下面的等式：

$$\frac{\Delta y}{R\Delta\lambda}=\frac{R\Delta\phi}{R(\cos\phi)\Delta\lambda}$$

即

$$\Delta y=(R\sec\phi)\,\Delta\phi \tag{3}$$

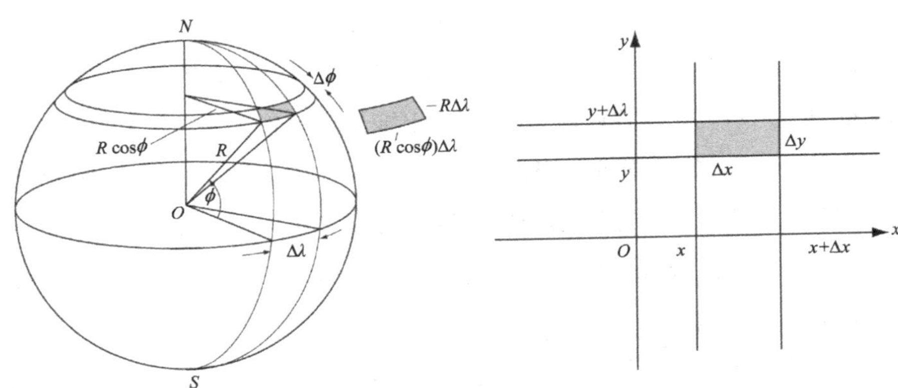

图 13-7　球面矩形和它在麦卡托地图上的投影

用现代语言来说，式 (3) 为有限差分方程，它可以通过按部就班的过程进行数值求解：我们给定增量$\Delta\phi$，并令$\Delta y_i=y_i-y_{i-1}$，$i=1,2,3,\cdots$。从赤道 ($y_0=0$) 开始，将 ϕ 增加$\Delta\phi$，从式 (3) 求出Δy_1，则可求得 $y_1=y_0+\Delta y_1$。我们再将 ϕ 增加$\Delta\phi$，然后求出 $y_2=y_1+\Delta y_2$，以此类推，直到找到我们要求的纬度范围。数值积分是一个乏味、烦琐的过程，除非拥有一个可编程的计算器或者电脑，而这两者对莱特那个时代来说都是不可能得到的。然而，莱特还是完成了这项艰巨的任务，他不停地以每一分弧度的间隔加上正割值 [10]。他以子午线弧长表的形式出版了纬度从 0° ~75° 的结果，于是麦卡托地图的制图方法才为人所知。

当然，今天我们可以把式 (3) 写成一个微分方程。令$\Delta\phi$ 和Δy 同时趋于无限小，取极限之后得到：

$$\frac{\mathrm{d}y}{\mathrm{d}\phi}=R\sec\phi \tag{4}$$

它的解为：

$$y = R\int_0^{\phi} \sec t \, \mathrm{d}t \tag{5}$$

（我们用 t 代替被积函数中的 ϕ，是为了与积分上限区分开来。）今天，这个积分只是微积分课程第二学期的一个习题（我们稍后还会谈到有关它的内容）。但是，莱特的著作是在牛顿和莱布尼茨发明微积分的70年前出版的，所以他就不可能用到微积分。因此，他除了求助于数值积分外别无选择。

作为一个学者，莱特用精确的数学语言来写这本书。但是对于普通的航海者而言，这种理论的解释意义并不大。因此，莱特发明了一种简单的物理模型，他希望通过这个模型能够向普通人解释清楚麦卡托地图背后的制图原理。假想我们用一个圆柱包住地球，二者相切于赤道。然后地球“像一个气囊一样膨胀”，直到球面上的每一点都与圆柱相接触。此时将圆柱展开，就可以得到麦卡托地图。

对后代而言很不幸的是（这不能怪罪于莱特），这段描述引发了下面这个荒诞的说法：麦卡托地图是通过从地心发射出光线，投影到包裹住地球的圆柱体上得到的（这就是我们在本章开始时所讨论过的圆柱投影）。严格来说，麦卡托的“投影”根本不是投影，至少从几何意义上来说它不是投影。它只是通过一系列数学步骤得到，而其核心步骤则包含了无限小过程，也就是微积分。麦卡托本人从未使用过圆柱体这个概念，而他的投影（除了表面相似外）与圆柱投影也没有任何关系。但是传言一旦存在，就不容易消失，即使在今天，我们仍然可以在许多地理教科书上找到这种错误的说法。

还有一些误解来自于地图对高纬度陆地的过度扭曲。比如，格陵兰岛看起来比南美洲还大，而实际上它只有南美洲大小的1/9。此外，地图上连接两点之间的直线，并不代表地球上这两点之间的最短距离（除非这两点在赤道上，或者在同一条经线上），如图13–8所示。有些人常用这些“缺点”来批评麦卡托地图。有位与莱特同时代的人，明显被这种不公平的批评触怒了，他用这样的话来表达他的失落感：

切勿任人将误用投影法的
罪名归结于麦卡托；
但要大力阻止并揭露那些
误用或散布谎言的人。

正如我们所看到的那样，麦卡托自己已经明白，没有一张地图能够同时保持距离、形状及方向。从航海者的需求出发，他选择了牺牲距离和形状，以保持方向。然而，许多人对地球的认知依然来自他们高中教室墙壁上悬挂着的巨幅麦卡托地图。

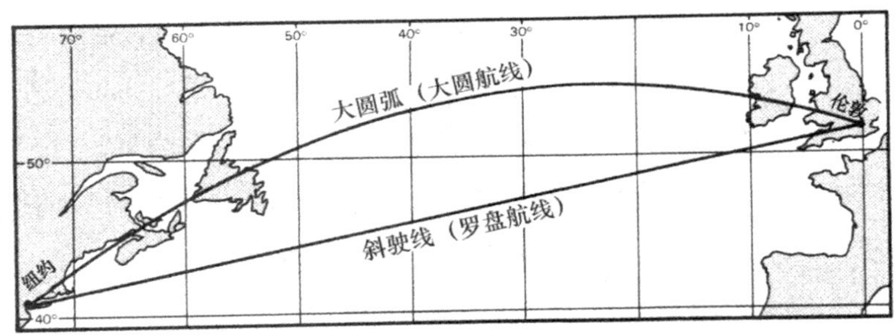

图 13-8　麦卡托地图上的斜驶线和大圆上的弧

莱特的著作出版于 1599 年，距离麦卡托出版他的新世界地图已经过了 30 年。慢慢地，航海人士开始发现新地图对航海者的价值，不久新地图就成为全球航海的标准地图，直至今日。当美国航空航天局在 20 世纪 60 年代开始探索太空时，位于休斯敦的地面控制中心就有幅巨大的麦卡托地图，在地图上显示的卫星轨道一直被监控着。而第一张木星及土星的卫星地图，就是采用麦卡托投影法，依据“开拓者号”和“旅行者号”航天器近距离拍摄的照片绘制而成的。

现在再回到 17 世纪，故事转移到数学领域，让我们看看那时都发生了哪些事情。1614 年，苏格兰人纳皮尔（1550—1617）发表了他发明的对数，这是自中世纪印度 - 阿拉伯计数系统传入欧洲之后，对计算数学帮助最大的工具[11]。随后不久，英国数学家和牧师冈特（1581—1626）发表了正切函数的对数表（1620）。大约在 1645 年，数学家兼航海权威邦德将这张对数表与莱特的子午线弧长表对比后，得到一个惊奇的发现，如果把冈特的对数表中的角写成 $45° + \phi/2$，那么两个表就完全一致。他因此猜测 $\int_0^{\phi} \sec t \mathrm{d}t$ 与 $\ln\tan(45° + \phi/2)$ 相等，其中 ln 表示自然对数（底数是 e=2.718…的对数），但是他不能够证明它。不久，他的猜想就成为 17 世纪 50 年代最著名的数学问题。柯林斯、尼古拉斯 · 麦卡托（与前面的麦卡托没有关系）、哈雷，以及其他与牛顿同时代的人，都曾参与到微积分的证明过程中来，但是都无功而返。

终于在 1668 年，格列高里（我们已经在格列高里–莱布尼茨级数中介绍过他）成功证明了邦德的猜想。然而，他的证明非常难理解，哈雷公开指责其充满了“混乱复杂的因素”。后来到 1670 年，才由巴罗（1630—1677，在牛顿之前担任剑桥大学卢卡斯讲座教授）给出了一个“可以理解”的证明。在这个证明中，巴罗似乎是第一个使用部分分式技巧的人，这种技巧对于解决许多不定积分十分有效。附录 B 给出了这个证明的详细过程。

我们现在已经能够用点 P 在地球上的经度 λ 和纬度 ϕ，来表示麦卡托地图上对应点 P' 的坐标 (x,y) 了。差分方程 $\Delta x = R\Delta\lambda$ 具有一个明显的解 $x=R\lambda$，且式 (5) 中出现的积分等于 $\ln\tan(45° + \phi/2)$，所以我们得到：

$$x = R\lambda,\ y = R\ln\tan(45° + \phi/2) \qquad (6)$$ [12]

我们的故事到此还没有结束。读者可能已经注意到式 (6) 中的 $\tan(45° + \phi/2)$ 和式 (2) 中由球极平面投影得出的结果一样，这并非巧合。18 世纪数学领域最大的成就之一就是把普通函数（如 $\sin x$, e^x 及 $\ln x$ 等）的代数运算，推广到变量 x 为虚数甚至是复数的情形。这项发展始于欧拉，并于 19 世纪以复变函数理论达到高峰。在第 14 章中我们将会看到，通过这样的扩展，我们能够通过函数 $w=\ln u$，将麦卡托的投影看作球极平面投影的一个保角映射（不论是从数学的角度还是从地理的角度来看），其中 w 和 u 都是复变量。

第 14 章

$\sin x=2$: 复三角学

棣莫弗定理是进入整个复三角学新世界的关键。

——麦凯，《数的世界》第 157 页，1946

设想你刚买了一个新的电子计算器，当你试图计算 4 减去 5 时却得到一个错误提示，那是多么沮丧啊！这好比是当老师说从 4 个苹果中拿走 5 个时，小学一年级学生的感觉："这不可能！"

数学发展史中充满了突破"不可能"限制的尝试，许多尝试都以失败告终。两千多年来，数学家们试图找到一种方法，只用直尺和圆规三等分任意一个角。直到 19 世纪中叶，才证明了这是不可能的。另外，无数的人试图去"平方一个圆"，也就是用圆规和直尺构造一个正方形，使其面积等于一个已知圆的面积，这也最终被证明是徒劳的（但这未能阻止业余数学家们提交成百上千的"解答"要求发表，使数学杂志的编辑们困扰不已）。

但是，这里也有辉煌成功的事例——把负数纳入数学中，这使得算术从将减法解释为“拿走”的这种行为中解放出来。现在可以考虑一个崭新的范围内的问题了，从财务问题（借贷问题）到解一般的线性方程式。打破深深根植于我们数学直觉中的“负数不能开平方”的禁忌，这为代数铺平了通往虚数和复数的道路，并以强有力的复变函数理论到达顶峰。这些扩展数字系统的故事，伴随着许多错误的尝试以及最终的成功，这在其他很多书上都谈到过[1]。这里我们主要关注它们在三角学方面的应用。

我们在三角学中首先学习的内容就是，函数 $y=\sin x$ 的定义域是所有的实数，值域是区间 $-1 \leqslant y \leqslant 1$。因此，如果你试图找出一个正弦值为 2 的角，并在计算器上按下 ARCSIN（SIN^{-1} 或者 INV SIN），那么计算器将出现错误的符号（就像试图用计算器找出$\sqrt{-1}$时的结果一样）。然而早在 18 世纪初，人们就开始尝试将函数这个概念推广到变量为虚数，甚至是复数的情形，这些尝试获得了巨大的成功。其成果之一就是我们能够对任意的 y 值求解方程 $\sin x=y$，y 可以是实数、虚数以及复数。

这方面的先驱者之一就是寇茨（1682—1716）。他在 1714 年发表了下面这个公式：

$$\mathrm{i}\phi = \log(\cos\phi + \mathrm{i}\sin\phi)$$

其中 $\mathrm{i}=\sqrt{-1}$，log 表示自然对数。这个公式后来又出现在他唯一的著作《调和度量》(*Harmonia Mensurarum*）中，这本书于 1722 年出版，集结了他曾经发表过的所有文章。寇茨在数学和天文学方面的研究相当广泛，他还是牛顿《自然哲学的数学原理（第 2 版）》的编辑。可惜的是，他在 34 岁时便英年早逝，一名前程似锦的科学新星就这样陨落了。牛顿曾这样形容他：“假如寇茨还活着，我们可能会知道得更多。[2]”

毫无疑问，由于早逝，寇茨并没有因发现这个突破性的公式而得到应得的荣誉。这个公式后以欧拉的名字命名，并写成反函数的形式：

$$\mathrm{e}^{\mathrm{i}\phi} = \cos\phi + \mathrm{i}\sin\phi \tag{1}$$

公式以这个形式出现在欧拉的巨著《无限分析导论》(*Analysin infinitorum*，1748）中，同时出现的还有它的伴随公式：

$$
\begin{aligned}
e^{-i\phi} &= \cos(-\phi) + i\sin(-\phi) \\
&= \cos\phi - i\sin\phi
\end{aligned}
$$

将这两个公式相加和相减，欧拉得到了 $\cos\phi$ 和 $\sin\phi$ 的两个表达式：

$$
\cos\phi = \frac{e^{i\phi} + e^{-i\phi}}{2}，\ \sin\phi = \frac{e^{i\phi} - e^{-i\phi}}{2i} \qquad (2)
$$

这两个公式就是现代分析三角学的基础。

由于欧拉重新发现寇茨的公式而把荣誉归于欧拉，这也并非是完全不应该的：就在寇茨（还有同时代的棣莫弗）仍然将复数当作神秘而又能简化代数计算的一种简便方法时，欧拉已经完全将复数融入函数的代数运算中了。欧拉的思想是只要得出的结果是复数，复数就可以作为函数的自变量。

以函数 w=sin$z$ 为例，其中 w 和 z 都是复变量，令 z=x+iy，w=u+iv，然后假定一般三角函数的运算法则依然成立，我们可以得到：

$$
w = u + iv = \sin(x + iy) = \sin x \cos iy + \cos x \sin iy \qquad (3)
$$

但是 cosi$y$ 和 sini$y$ 是什么呢？我们再次用正规的方法来计算，用 iy 取代式 (2) 中的 ϕ：

$$
\cos iy = \frac{e^{i(iy)} + e^{-i(iy)}}{2} = \frac{e^{y} + e^{-y}}{2}
$$

$$
\sin iy = \frac{e^{i(iy)} - e^{-i(iy)}}{2i} = \frac{e^{-y} - e^{y}}{2i} = \frac{i(e^{y} - e^{-y})}{2}
$$

非常巧合的是，表达式 $(e^y+e^{-y})/2$ 和 $(e^y-e^{-y})/2$ 的许多性质分别与函数 cos$y$ 和 sin$y$ 相似，因此分别用 cosh y 和 sinh y（读作 y 的“双曲余弦”和“双曲正弦”）表示：

$$
\cosh y = \frac{e^{y} + e^{-y}}{2}，\ \sinh y = \frac{e^{y} - e^{-y}}{2} \qquad (4)
$$

例如，我们将这两个表达式分别平方，然后相减，可以得到恒等式：

$$\cosh^2 y-\sinh^2 y=1 \tag{5}$$

这与三角恒等式 $\cos^2 y+\sin^2 y=1$ 很相似，要注意第二项前面的负号。其他还有 $\cosh 0=0$，$\sinh 0=0$，$\cosh(-y)=\cosh y$，$\sinh(-y)=-\sinh y$，$\cosh(x\pm y)=\cosh x\cosh y\pm\sinh x\sinh y$，$\sinh(x\pm y)=\sinh x\cosh y\pm\cosh x\sinh y$，$\mathrm{d}(\cosh y)/\mathrm{d}y=\sinh y$，$\mathrm{d}(\sinh y)/\mathrm{d}y=\cosh y$。事实上，我们熟悉的三角公式大多数都有对应的双曲公式，只不过某一些可能会出现符号的改变 [3]。

我们现在把式 (3) 写成：

$$\sin z=\sin x\cosh y+\mathrm{i}\cos x\sinh y \tag{6}$$

其中 $z=x+\mathrm{i}y$。用同样的方法我们也可以得到 $\cos z$ 的一个表达式：

$$\cos z=\cos x\cosh y-\mathrm{i}\sin x\sinh y \tag{7}$$

例如，计算复数 $z=3+4\mathrm{i}$ 的正弦值。如果单位全部用弧度表示，那么已知 $\sin 3=0.141$，$\cosh 4=27.308$，$\cos 3=-0.990$，$\sinh 4=27.290$（都保留 3 位有效数字），因此 $\sin z=\sin 3\cosh 4+\mathrm{i}\cos 3\sinh 4=3.854-27.017\mathrm{i}$。

当然，我们刚才的推导过程有一个严重的瑕疵：必须假设我们所熟悉的代数和三角学关于实数的法则应用到复数时依然成立。实际上并没有一个这样的保证。事实上，在推广原来的定义域时，会有一些法则失效。例如，当 a、b 都是负数时，$\sqrt{a}\cdot\sqrt{b}=\sqrt{ab}$ 并不成立，否则 $\mathrm{i}^2=\sqrt{-1}\cdot\sqrt{-1}=\sqrt{(-1)\cdot(-1)}=\sqrt{1}=1$，而不是 -1。但是，这些细微之处并不能阻止欧拉实验他的新想法，在他所生活的那个时代，自由操作符号是可以接受的，而他也充分利用了这点。他对自己的公式很有信心，而且通常他都是对的。他大胆而充满想象的探索，产生了许多新的关系式，而对其严谨的证明就不得不等待后代来完成了。

实际上，信心并不是科学的可靠指引，尤其是在数学中。单复变函数理论（或者简称函数论）的建立，在某种程度上为欧拉的想法提供了一个坚实的基础。从本质上讲，就是将整个步骤倒过来做。定义一个函数 $w=f(z)$，

使所有对实变函数 $y=f(x)$ 成立的性质，在 x、y 变成复数 z、w 时依然成立。此外，我们经常回到“老”函数 $y=f(x)$，将其视作“新”函数在 z 是实数（也就是 $z=x+0\mathrm{i}$）时的一个特殊情形。

让我们用正弦函数和余弦函数来说明这个思想。用式 (6) 和式 (7) 作为正弦函数和余弦函数的定义，可以证明 $\sin^2 z+\cos^2 z=1$，每个函数的周期都是 2π[也就是 $\sin(z+2\pi)=\sin z$ 对所有的 z 都成立，$\cos z$ 的情况也一样]，并且我们熟悉的和角公式依然成立。在一定条件下，甚至可以微分复变函数 $f(z)$，而结果在形式上和微分实变函数得到的结果一样[4]。在我们所举的例子中，$\mathrm{d}(\sin z)/\mathrm{d}z=\cos z$，$\mathrm{d}(\cos z)/\mathrm{d}z=-\sin z$，这和实数情形下完全一样。

你可能不禁要问，将实变函数推广到复数域，如果只是为了得到原有的性质，那为什么要找这些麻烦呢？假如这样的推广不能够得到函数只有在复数域上才成立的一些新性质，那么这么做肯定不值得了。其中最重要的特性，就是从一个平面到另一个平面的映射的概念。

为了说明这点，我们首先要再来看一下复变函数。实变函数 $y=f(x)$ 将定义域中的每一个实数 x（自变量，或者输入）对应于值域中的唯一一个实数 y（因变量，或者输出）。因此，它是一个从 x 轴到 y 轴的映射。描述这种映射的一个简便方法，就是在 xy 坐标平面上做出该函数的图形。大体上就是给出图形表示，让我们看到两个变量之间的相互关系。

然而，当试图将这个想法推广到复变量，也就是将实变函数 $y=f(x)$ 用复变函数 $w=f(z)$ 代替时，我们马上就遇到了一个难题。要在图上画出一个复数 $x+\mathrm{i}y$，就需要一个二维坐标系统，一个坐标表示实部 x，另一个表示虚部 y。但是，现在我们处理的是两个复变量 z 和 w，每一个复变量都需要自身的二维坐标系统，因此无法用我们在作 $y=f(x)$ 的图形时所用的概念来作函数 $w=f(z)$ 的图形。为了从几何意义上描述它，我们需要将其视作从一个平面到另一个平面的映射。

我们用函数 $w=z^2$ 来说明这点，其中 $z=x+\mathrm{i}y$，$w=u+\mathrm{i}v$。我们知道：

$$\begin{aligned} w &= u + \mathrm{i}v = (x + \mathrm{i}y)^2 \\ &= x^2 + 2\mathrm{i}xy + (\mathrm{i}y)^2 = (x^2 - y^2) + (2xy)\mathrm{i} \end{aligned}$$

让实部和虚部各自对应相等，可以得到：

$$u=x^2-y^2,\ v=2xy \tag{8}$$

式 (8) 告诉我们，u 和 v 都是自变量 x 和 y 的函数。我们称 xy 平面为“z 平面”，uv 平面为“w 平面”，则函数 $w=z^2$ 就是将 z 平面上的每一点 $P(x,y)$ 映射到对应的点 $P'(u,v)$，也就是点 P 在 w 平面上的像。比如，点 $P(3,4)$ 映射到点 $P'(-7,24)$，因为 $(3+4\mathrm{i})^2=-7+24\mathrm{i}$。

想象点 P 描绘了 z 平面上的某条曲线，则点 P' 就描绘了 w 平面上的一条“像的轨迹”。例如，如果点 P 在双曲线“$x^2-y^2=$ 常数”上，那么点 P' 就沿着曲线“$u=$ 常数”移动，也就是 w 平面上的一条垂线。与此类似，如果点 P 的轨迹是双曲线“$2xy=$ 常数”，那么它的像的轨迹就是水平线“$v=$ 常数”。通过取不同的常数，我们可以得到 z 平面上的两个双曲线族，而它们的像就形成 w 平面上的矩形网格（参见图 14–1）。

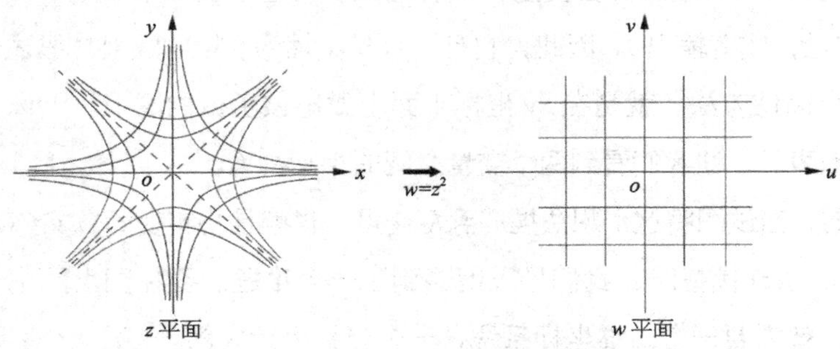

图 14–1 函数 $w=z^2$

这个函数理论最优美的结果之一，是函数 $w=f(z)$ 在所有微分不为 0 的点 z 处为保角（保持方向）映射 [5]。这意味着，如果 z 平面上的两条曲线在某点相交成一定角度（即在相交点的两条切线的夹角），那么它们在 w 平面上的像曲线也会相交成一定角度，这里假设 $\mathrm{d}f(z)/\mathrm{d}z$ 存在，且在相交点不为 0。这点可以在函数 $w=z^2$ 上清楚地看到，两个双曲线族“$x^2-y^2=$ 常数”

和“$2xy$= 常数”是正交的（一族中的任一条双曲线和另一族中的任一双曲线相交成直角），而它们在 w 平面中的像曲线（水平线和垂直线）也是正交的。

函数 $w=\sin z$ 所形成的映射，也可用类似的方法探讨。我们从 z 平面上的直线 $y=c=$ 常数开始。由式 (6) 可以得到：

$$u=\sin x\cosh c,\quad v=\cos x\sinh c \tag{9}$$

我们可以将式 (9) 看作 w 平面上一条曲线的参数方程，参数是 x。为了得到这条曲线的直角坐标方程，我们必须从两个方程中消去 x。将第一个式子除以 $\cosh c$，第二个除以 $\sinh c$，分别平方后再相加，利用恒等式 $\cos^2 x+\sin^2 x=1$，可以得到：

$$\frac{u^2}{\cosh^2 c}+\frac{v^2}{\sinh^2 c}=1 \tag{10}$$

式 (10) 具有形式 $u^2/a^2+v^2/b^2=1$，它的图形是一个中心在原点的椭圆，其长轴为 $a=\cosh c$，短轴为 $b=|\sinh c|$ [因为从式 (4) 可以得到 $\cosh c$ 总是大于 $\sinh c$，所以长轴一定在 u 轴上]。请注意，这个椭圆是沿着顺时针方向或者逆时针方向遍历的，这取决于 c 是一个正数还是负数 [这一点从式 (9) 中可以看出来]。从解析几何我们知道，椭圆的两个焦点是 $(\pm f,0)$，其中 $f^2=a^2-b^2$。由于 $a^2-b^2=\cosh c^2-\sinh c^2=1$，因此有 $f=\pm 1$。对于不同的 c，我们可以得到焦点都为 $(\pm 1,0)$ 的一族椭圆。当 $c\to 0$ 时，$\cosh c\to 1$ 且 $\sinh c\to 0$，因此椭圆逐渐变窄，直到退化成 u 轴上的线段 $-1\leqslant u\leqslant 1$。这些特性可以在图 14-2 中看到。

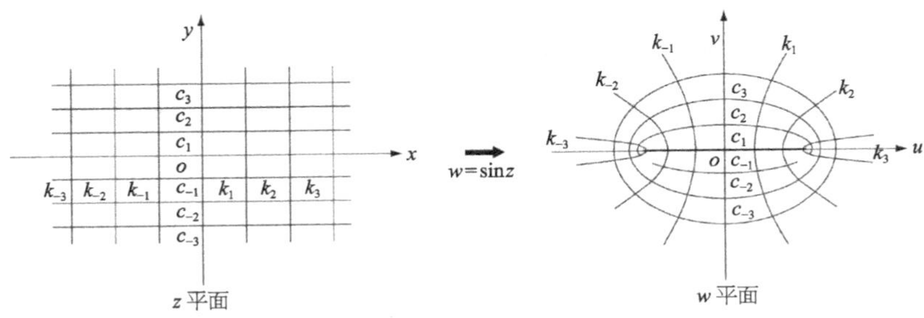

图 14-2　函数 $w=\sin z$

接下来，我们考虑 z 平面上的垂直线 $x=k=$ 常数的情形。此时式 (9) 变为：

$$u=\sin k\cosh y,\quad v=\cos k\sinh y \tag{11}$$

这一次，我们将第一个方程除以 $\cosh y$，第二个方程除以 $\sinh y$，然后分别平方再相减，就可以消去 y。利用 $\cosh^2 y-\sinh^2 y=1$ 可以得到：

$$\frac{u^2}{\sin^2 k}-\frac{v^2}{\cos^2 k}=1 \tag{12}$$

式 (12) 具有形式 $u^2/a^2-v^2/b^2=1$，它的图形是一个中心在原点的双曲线，半实轴长为 $a=|\sin k|$，半虚轴长为 $b=|\cos k|$，渐近线为直线 $y=\pm[(\cos k)/(\sin k)]x=\pm(\cot k)x$。和椭圆的情形一样，这里需要一对直线 $x=\pm k$ 才能生成整个双曲线，右边一支对应 $x=k$（其中 $k>0$），左边一支对应 $x=-k$。双曲线的两个焦点是 $(\pm f,0)$，其中 $f^2=a^2+b^2=\sin^2 k+\cos^2 k=1$，因此变动 k 的值就可以得到具有共同焦点 $(\pm 1,0)$ 的一族双曲线（参见图 14-2）。当 $k\to 0$ 时，双曲线逐渐打开，而当 $k=0$（对应于 z 平面上的 x 轴）时，双曲线退化成直线 $u=0$（就是 w 平面上的 v 轴）。另一方面，当 $|k|$ 变大时，双曲线逐渐变窄，并且在 $k=\pm\pi/2$ 时退化成射线 $u\geqslant 1$ 和 $u\leqslant -1$。我们也注意到，当 k 增加 π 时，$\sin^2 k$ 和 $\cos^2 k$ 的值并不改变，因此所得到的双曲线相同。当然，这仅仅表明这个映射不是一一映射，我们从函数 $\sin z$ 的周期性已经知道这点了。最后，我们从复变函数的保角性质，可以得知椭圆和双曲线为正交族 [6]。

我们再看一个例子，考虑函数 $w=e^z$。首先，当然要定义 e^z 是什么，所以我们依旧将 z 写成 $z=x+iy$，并假定实数的代数法则在复数时依然成立：

$$e^z=e^{x+iy}=e^x e^{iy}$$

但 $e^{iy}=\cos y+i\sin y$，因此得到：

$$e^z=e^x(\cos y+i\sin y) \tag{13}$$

现在将式 (13) 视作 e^z 的定义。首先，我们注意到这不是一个一一映射，将 y 增加 2π 并不改变 e^z 的值，因此有 $e^{z+2\pi i}=e^z$。由此我们知道，复值指数函数具有虚周期 $2\pi i$。这和实值函数 e^x 明显不同。

将函数 w 写成 $w=e^z=u+iv$，由式 (13) 可得到：

$$u=e^x\cos y,\ v=e^x\sin y \tag{14}$$

令 $y=c=$ 常数，消去 x，就得到 $v=(\tan c)u$，这是 w 平面上一条从原点出发的射线，斜率为 $\tan c$。令 $x=k=$ 常数，消去 y，可以得到 $u^2+v^2=e^{2k}$，这是 w 平面上一个圆心在原点、半径为 e^k 的圆。因此，z 平面上的直角坐标网格被映成 w 平面上的极坐标网格，而圆与圆之间呈指数间隔（参见图 14-3）。同样地，这两个网格也是处处正交。

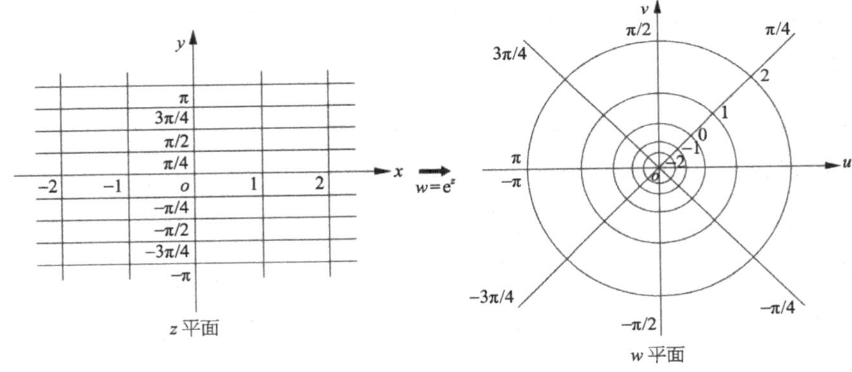

图 14-3 函数 $w=e^z$

我们在这里意外地发现了与第 13 章讨论过的地图投影之间的关系。为了在 w 平面上得到圆与圆之间呈线性间隔（而不是指数间隔）的极坐标网格，我们必须使 k 以对数形式增长，也就是 z 平面上的垂直线必须以 $\ln k$ 作为间隔。能完成这个目标的复值函数就是 $w=e^z$ 的反函数 $w=\ln z$。这个投影应用到球极平面投影的极坐标网格上，除了水平线和垂直线的角色互换之外，就是麦卡托投影。但是这种互换，可以通过将坐标系统旋转 90° 进行修正，也就是乘以 i。因此，我们可以先用球极平面投影将地球投影到 z 平面上，然

后再通过函数 $w=\mathrm{i}\ln z$ 将其投影到 w 平面上，最后的结果就是麦卡托投影。因为每一步骤都是保角的，所以最后的结果也是保角的。我们可以回想一下，正是这个目标，也就是制作出一个基于直角坐标系的保角（保持方向）地图，才促使麦卡托想出著名的麦卡托投影。

本章从一开始，就告诉我们没有一个实角的正弦值是 2。但是，现在已经将 $\sin x$ 和 $\cos x$ 扩展到复数域上了，因此让我们再来尝试一下。我们希望找到一个“角” $z=x+\mathrm{i}y$，满足 $\sin z=2$。由式 (6) 可以得到：

$$\sin x\cosh y=2,\ \cos x\sinh y=0$$

由第二个方程式可得 $\sinh y=0$ 或者 $\cos x=0$，也就是 $y=0$ 或 $x=(n+1/2)\pi$ $(n=0,\pm1,\pm2,\cdots)$。在第一个方程中令 $y=0$，可以得到 $\sin x\cosh 0=\sin x=2$，因为 x 是一个实数，所以这个方程无解。在第一个方程中令 $x=(n+1/2)\pi$，可以得到 $\sin[(n+1/2)\pi]\cosh y=(-1)^n$，因此 $\cosh y=\pm2$。但是，由 $\cosh y=(\mathrm{e}^y+\mathrm{e}^{-y})/2$ 可以得出 $\cosh y$ 的值域是 $(1,\infty)$，因此我们只需要考虑 $\cosh y=2$ 即可。又因为 $\cosh y$ 是一个偶函数，所以这个方程有两个大小相等、符号相反的解。我们可以通过查表，或是可计算双曲函数的计算器得到 $y=\pm1.317\mathrm{i}$，取小数点后 3 位有效数字。因此，方程 $\sin z=2$ 就有无穷多个解 $z=(n+1/2)\pi\pm1.317\mathrm{i}$，其中 $n=0,\pm1,\pm2,\cdots$，这些解没有一个是实数。

所有这些内容看起来都非常抽象，并且与普通的三角学没有什么关系。谈论虚角及其正弦值，这本身听起来就很怪异。不过，怪异是个相对的概念，有了足够的了解之后，昨日的“怪异”就会成为今日的平凡。当负数开始出现在数学中时，它们被视作怪异且虚幻的东西（怎么可能从 4 个物体中拿走 5 个呢）。同样的反应在等待着虚数，这可以从“虚”这个字得到证明。当欧拉将一般函数推广到复数域时，他大胆的结论听起来很怪异，并且富有争议。比如，他是第一个用虚数来定义负数的对数值的人，而那时虚数的存在性还没有被完全接受。

靠着高斯的权威，复数才完全融入到代数中。1799 年，21 岁的高斯在其博士论文中首次严格证明了“代数基本定理”：一个 n 次多项式在复数系统中恰好有 n 个根（可能相同）[7]。当汉密尔顿（1805—1865）在 1835 年将复数简练地定义为“满足一定法则下的有序实数对”后，关于复数存在性的任何疑问都平息了[8]。现在，复变量分析方法的扩展之门已经打开，以函数论在几乎每一个数学分支（不管是纯数学还是应用数学）中得到了广泛应用。昨日的“怪异”确实成了今日的平凡。

兰道：优秀的严谨主义者

1877 年，兰道（1877—1938）出生于柏林，他的父亲是著名的妇科医生利奥波德·兰道。他的教育始于柏林的法文学校（高中），随后不久，他就全身投入到了数学工作中。林德曼（1852—1939）是他的授业恩师之一，他在 1882 年证明了 π 的超越性，即 π 不可能是整系数多项式的根，从而解决了存在已久的“平方圆”问题。从一开始，兰道就对解析数论（即用解析方法研究数论）感兴趣。1903 年，他向 19 世纪的一些大数学家发起挑战，简化了素数定理的证明，而该定理在 7 年前才被证明出来[9]。1909 年，年仅 31 岁的兰道就成为哥廷根大学的数学教授，该大学在第二次世界大战前一直是世界上最著名的数学研究中心。兰道是继任了明可夫斯基的职位，明可夫斯基因用四维空间解释爱因斯坦的相对论而闻名，他在 45 岁时逝世。兰道共发表了 250 多篇文章，并撰写了几本重要的著作，其中包括《素数理论及其分布手册》（*Handbook of the Theory and Distribution of the Prime Numbers*，共 2 册，1909 年出版）和《数论讲义》（*Lectures on Number Theory*，共 3 册，1927 年出版）。

兰道是 1925 年应邀在希伯来大学的建校典礼上演讲的 8 位著名学者之一。在圣城的斯科普斯山顶上，他发表了题为《初等数论中已解决和未解决的问题》的演讲，对一个庆典场合而言，这显得很不寻常。随后，他接受该大学的邀请，成为该校的第一位数学教授，并因此而自学希伯来语。他在 1927 年正式加入希伯来大学，但是不久后又回到了德国，继续他在哥廷根大学的教学工作。然而，他的辉煌前程不久就终止了，1933 年纳粹势力掌权后，他和德国大学里的其他犹太裔教授一样被迫辞职。1938 年，他骤然辞世，这倒使他避免了德国犹太人后来面对的命运。

兰道将纯粹数学家的极致形象表现得淋漓尽致。他鄙视数学的任何实际应用，并极力避免提到它们，将它们视作“油污”。就连几何学也被包括在他所谓的“实际应用”中，他完全将其排除在讲授范围之外。在他的讲义及著作中，定义、定理和证明都是接连而来的，全然没有提及任何背后的动机。他的目标是绝对且绝不妥协的严谨。他要求助教去上他的课，并且只要他有任何疏漏就打断他[10]。

对于那些学习高等数学的学生而言，兰道最有名的是他的两本教科书——《分析学基础》（*Grundlagen der Analysis*，1930）和《微分与积分》（*Differential and Integral Calculus*，1934）[11]。前者有两篇前言，一篇是写给学生的，另一篇是写给老师的。写给学生的前言是这样开篇的。

1. 不要读写给老师的那篇前言。

2. 我只要求你们具有英语阅读和逻辑思考的能力，不需要懂数学，当然更不需要懂高等数学。

3. 忘掉你们在学校里学到的一切，因为你们什么也没学到。

4. 乘法表不会出现在这本书中，即使在定理

$$2\times 2=4$$

中，我建议（可以作为一个练习）你定义

$$2=1+1$$
$$4=(((1+1)+1)+1)$$

然后去证明这个定理。

给老师的那篇前言是这样结尾的：

> 本书所适用的是那么容易的题材，以毫不含糊的电报格式（“公理”“定义”“定理”“证明”，偶尔有个“预备注释”）写成……我希望我用这种方式写成的这本书，一个普通学生可以在两天内读完它。然后（因为他已经知道了从学校中学到的法则）他就可以忘记书中的内容了。

虽然没有人清楚地知道兰道所认为的“普通学生”是指什么样的学生，但是我们很难相信一个普通学生，甚至是一位数学教授，能够在两天内掌握这 134 页的内容——以近乎象形文字写成的 301 个定理（参见图 14–4）。

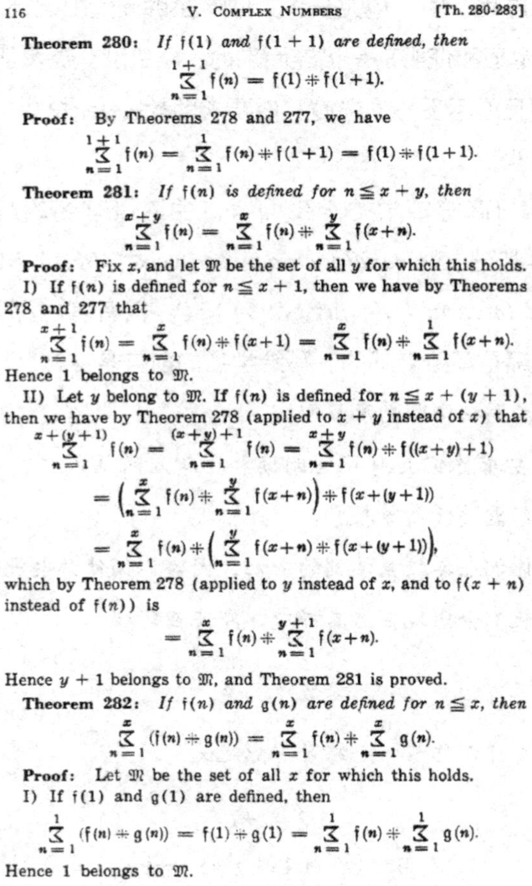

116 V. COMPLEX NUMBERS [Th. 280-283]

Theorem 280: *If $\mathfrak{f}(1)$ and $\mathfrak{f}(1+1)$ are defined, then*

$$\sum_{n=1}^{1+1} \mathfrak{f}(n) = \mathfrak{f}(1) + \mathfrak{f}(1+1).$$

Proof: By Theorems 278 and 277, we have

$$\sum_{n=1}^{1+1} \mathfrak{f}(n) = \sum_{n=1}^{1} \mathfrak{f}(n) + \mathfrak{f}(1+1) = \mathfrak{f}(1) + \mathfrak{f}(1+1).$$

Theorem 281: *If $\mathfrak{f}(n)$ is defined for $n \leqq x+y$, then*

$$\sum_{n=1}^{x+y} \mathfrak{f}(n) = \sum_{n=1}^{x} \mathfrak{f}(n) + \sum_{n=1}^{y} \mathfrak{f}(x+n).$$

Proof: Fix x, and let $\mathfrak{M}$ be the set of all y for which this holds.

I) If $\mathfrak{f}(n)$ is defined for $n \leqq x+1$, then we have by Theorems 278 and 277 that

$$\sum_{n=1}^{x+1} \mathfrak{f}(n) = \sum_{n=1}^{x} \mathfrak{f}(n) + \mathfrak{f}(x+1) = \sum_{n=1}^{x} \mathfrak{f}(n) + \sum_{n=1}^{1} \mathfrak{f}(x+n).$$

Hence 1 belongs to $\mathfrak{M}$.

II) Let y belong to $\mathfrak{M}$. If $\mathfrak{f}(n)$ is defined for $n \leqq x+(y+1)$, then we have by Theorem 278 (applied to $x+y$ instead of x) that

$$\sum_{n=1}^{x+(y+1)} \mathfrak{f}(n) = \sum_{n=1}^{(x+y)+1} \mathfrak{f}(n) = \sum_{n=1}^{x+y} \mathfrak{f}(n) + \mathfrak{f}((x+y)+1)$$

$$= \left(\sum_{n=1}^{x} \mathfrak{f}(n) + \sum_{n=1}^{y} \mathfrak{f}(x+n)\right) + \mathfrak{f}(x+(y+1))$$

$$= \sum_{n=1}^{x} \mathfrak{f}(n) + \left(\sum_{n=1}^{y} \mathfrak{f}(x+n) + \mathfrak{f}(x+(y+1))\right),$$

which by Theorem 278 (applied to y instead of x, and to $\mathfrak{f}(x+n)$ instead of $\mathfrak{f}(n)$) is

$$= \sum_{n=1}^{x} \mathfrak{f}(n) + \sum_{n=1}^{y+1} \mathfrak{f}(x+n).$$

Hence $y+1$ belongs to $\mathfrak{M}$, and Theorem 281 is proved.

Theorem 282: *If $\mathfrak{f}(n)$ and $\mathfrak{g}(n)$ are defined for $n \leqq x$, then*

$$\sum_{n=1}^{x} (\mathfrak{f}(n) + \mathfrak{g}(n)) = \sum_{n=1}^{x} \mathfrak{f}(n) + \sum_{n=1}^{x} \mathfrak{g}(n).$$

Proof: Let $\mathfrak{M}$ be the set of all x for which this holds.

I) If $\mathfrak{f}(1)$ and $\mathfrak{g}(1)$ are defined, then

$$\sum_{n=1}^{1} (\mathfrak{f}(n) + \mathfrak{g}(n)) = \mathfrak{f}(1) + \mathfrak{g}(1) = \sum_{n=1}^{1} \mathfrak{f}(n) + \sum_{n=1}^{1} \mathfrak{g}(n).$$

Hence 1 belongs to $\mathfrak{M}$.

图 14–4 兰道《分析学基础》（1930）中的一页

他所著的微积分教材只有 372 页的篇幅，远不及今天上千页的微积分教材。书中没有任何插图，因为插图就意味着用到了几何概念，而几何是他所说的“油污”。其实，前言已经定下了整本书的基调。兰道首先提到了他的《分析学基础》，他说这本书得到了“宽容甚至有点友善的评论”。他继续说道：“如果一个读者的主要兴趣在微积分的应用上……那么这本书不应该是他的选择。”他还说：“我的任务是将那些对整体架构充当黏合作用、却又常被隐含假设的定义和定理明确地界定出来。”

正如他所言，全书的结构采用精炼的“定义—定理—证明”格式，偶尔在定理后会有一个例子来加以阐述。定义 25 引出了函数的微分，紧接着就是两个定理，其中一个定理是“可微可以推导出连续”，另一个定理是“存在处处连续却处处不可微的函数”。后面这个定理应归功于德国数学家魏尔斯特拉斯（1815—1897），他一生的目标就是消除分析学中任何带有直觉的痕迹，而他严谨的方式也是兰道所推崇的。兰道以下面这个函数作为例子：

$$f(x)=\lim_{m\to\infty}\sum_{i=0}^{m}\{4^i x\}/4^i$$

其中 $\{x\}$ 表示 x 与最近的整数之间的差，然后他要证明 $f(x)$ 处处连续但处处不可微，这个证明用了将近 5 页纸[12]。

这里我们特别感兴趣的是关于三角函数的那一章。那一章的内容是这样开始的：

定理 248：

$$\sum_{m=0}^{\infty}\frac{(-1)^m}{(2m+1)!}x^{2m+1}$$

处处收敛。

（这当然就是幂级数 $x-x^3/3!+x^5/5!-\cdots$）。接下来就是：

定义 59：

$$\sin x=\sum_{m=0}^{\infty}\frac{(-1)^m}{(2m+1)!}x^{2m+1}$$

用类似的方法定义完 $\cos x$ 后，紧接着就是几个定理，用以确立我们所熟悉的这些函数的性质。

定理 258：

$$\sin^2 x+\cos^2 x=1$$

证明：

$$\begin{aligned}1 &= \cos 0 = \cos(x-x) = \cos x\cos(-x) - \sin x\sin(-x) \\ &= \cos^2 x + \sin^2 x\end{aligned}$$

就这样突如其来，而且根本没有提及名字，数学中最著名的定理——毕达哥拉斯定理 [13] 就出现了。

当今，教材市场竞争激烈，需要依靠销路来保证出版的必要性，兰道的书恐怕不会有多少读者。然而，在战前欧洲的大学里，高等教育只是极少数人的特权。此外，教授可以全权决定他的授课方式，包括教材的选择。大多数教授根本不用教材，而是根据自己的讲义来授课，学生要用其他的材料来补充这些讲义。在这种环境下，兰道的书能够给认真的学生提供一个真正的智力挑战，因此受到很高的评价。

第 15 章

傅里叶定理

即使是又一个牛顿，非贵族出身的傅里叶也不能进入炮兵部队。

——阿拉贡

自两千多年前开始，三角学已经经过了漫长的发展历程。有 3 个发展从根本上改变了这个课题：一个是托勒密的弦长表，将三角学转变成实用的计算科学；另一个是棣莫弗定理及欧拉公式 $e^{ix}=\cos x+i\sin x$，将三角学与代数和分析学结合起来；再有一个就是傅里叶定理，我们将在本章讨论这个课题。

1768 年 3 月 21 日，傅里叶出生于法国中北部的欧塞尔。在他 9 岁时，父母相继去世。通过家族中一些朋友的帮助，傅里叶进入了一所军事学校，在那里他展现出了在数学方面的才华。法国有个悠久的传统，许多伟大的科学家都与军队有不解之缘。笛卡儿（1596—1650）从士兵成为哲学家，发明了解析几何；蒙日

（1746—1818）发展了画法几何学，在 1792 年当上了法国的海军部长；庞斯列（1788—1867）在 1812 年拿破仑撤出莫斯科时被俘，被俘期间完成了有关射影几何的巨著；卡诺父子中父亲拉扎尔·卡诺（1753—1823）是几何学家，后来成为法国伟大的军事领袖之一，儿子尼古拉斯·卡诺（1796—1832）最早是个军事工程师，但后来成为热力学的奠基人。年轻的傅里叶也希望能够沿袭这一传统，成为一名炮兵指挥官。但是，由于他出身卑微（他的父亲是一个裁缝），他只能成为军事学校的一名数学教师。然而，这并不能阻止他投身公众事务。他积极支持 1789 年的法国大革命，随后因其为受害者辩护而被捕，差点被送上断头台。最后，傅里叶的这些活动终于得到了回报，1795 年他被任命为声望很高的巴黎高等理工学院的教授，拉格朗日和蒙日当时都在该校任教。

1798 年，拿破仑发动了他在埃及的大规模军事行动。由于拿破仑对艺术和科学有着深厚的兴趣，因此还邀请了一些著名的学者与之同行，其中就有蒙日和傅里叶。傅里叶被任命为南埃及的总督，并且负责设立法国占领军的修理厂。1801 年法国败给英国后，傅里叶回到家乡，成为格勒诺布尔（法国东南部的一个城市）的地方行政长官。他的职责包括监管筑路和下水道工程，这些他都能够胜任。似乎这还不够他忙的，他又被任命为埃及学院的干事，并于 1809 年完成了一本关于古埃及的巨著《历史前言》（*Preface historique*）。

许多 18、19 世纪的学者们能够同时涉足多个领域，我们对此常常感到十分惊讶。就在傅里叶忙于行政工作的同时，他也深深地沉浸于数学研究当中。他的研究涉及两个看起来毫不相关的领域：方程理论和数学物理。在只有 16 岁时，他就给出了笛卡儿符号法则的一个新证明（这个法则用于判断多项式正负根的个数），而这个证明在现代代数教材中成了标准证明。此外，傅里叶还开始撰写《确定方程式的分析》（*Analyse des equations determinees*）一书，在此书中，他已经察觉到了线性规划这门新兴课程。然而，他没来得及完成这部著作就去世了（这部著作后来由他的朋友纳弗尔于 1831 年编辑出版）。另外，他也是量纲分析的先驱，这门学科主要研究基于量纲的物理量之间的关系。

然而，傅里叶最大的成就还是在数学物理方面。他对热流从高温区域传导到低温区域的方式特别感兴趣。牛顿已经研究过这个问题，并且发现一个物体的冷却（温度降低）速率与它和周围环境的温差成正比。然而，牛顿的冷却法则只是关于温度对时间的变化率，而不是对空间的变化率（或梯度）。后者取决于许多因素：物体的热传导性、几何形状、初始时边界的温度分布，等等。为了处理这个问题，我们必须要用到连续的分析工具，尤其是偏微分方程。傅里叶证明了要解这个方程式，必须把初始温度的分布函数表示成正弦函数和余弦函数的无穷和，即三角级数或傅里叶级数。早在 1807 年，傅里叶就开始了这方面的研究工作，之后在他的重要著作《热的解析理论》（*Theorie analytique de la chaleur*，1822）中扩展了这项工作，而此书也成为 19 世纪几部伟大的数学物理著作的典范。

1830 年 5 月 16 日傅里叶从楼梯上摔了下来，意外身亡。他遗留下来的肖像很少：其中一幅完成于 1831 年的半身塑像，在二战中被损毁；另一幅于 1849 年竖立在他家乡的半身塑像，也被德国占领军熔化掉来制造武器。但幸运的是，欧塞尔的市长获悉这个即将到来的灾难后，及时抢救了塑像底座上的两幅傅里叶半身浮雕，从而使其留存了下来。1844 年，考古学家商博良 · 菲吉亚（开篇语中提到的埃及古物学者商博良的哥哥）为傅里叶写了一本传记，名为《傅里叶、拿破仑及一百日》（*Fourier, Napoleon et les cent jours*）[1]。

引导傅里叶研究工作的，除了对纯粹数学的思考外，还有他熟练掌握的物理原理。他的座右铭是："对自然的深入研究，是数学发现最丰富的资源。"这也招致了纯数学家诸如拉格朗日、泊松及比奥的尖锐批评，他们攻击他"缺乏严谨性"。然而，恐怕这里面也有政治动机和私人恩怨方面的原因。具有讽刺意味的是，傅里叶在数学物理方面的研究工作后来导致了纯粹数学的诞生，也就是康托尔的集合论。

傅里叶定理背后的基本思想非常简单。我们知道函数 $\sin x$ 和 $\cos x$ 的周期都是 2π，$\cos(2x)$ 和 $\sin(2x)$ 的周期是 $2\pi/2=\pi$。一般而言，$\cos(nx)$ 和 $\sin(nx)$ 的周期是 $2\pi/n$。但是，如果将这些函数进行线性组合，也就是把它们乘上常数，然后相加，最后得到的函数的周期仍是 2π（参见图 15-1）。

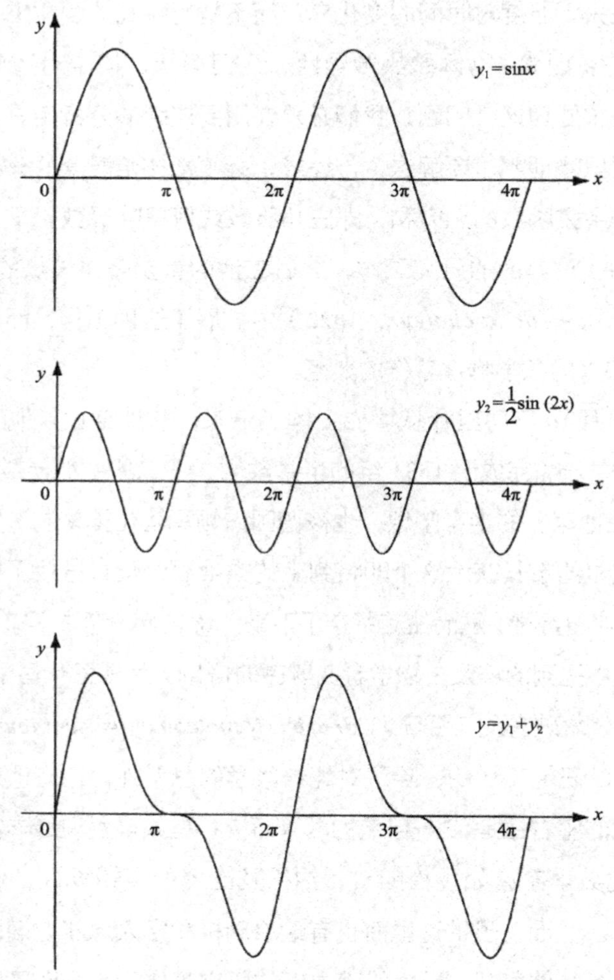

图 15-1　函数 $\sin x$、$[\sin(2x)]/2$ 及它们和的图形

令 $f(x)$ 是任意“相当好”的周期函数，其周期为 2π，也就是对定义域内的所有 x 都有 $f(x+2\pi)=f(x)$[2]。我们考虑下面的有限和：

$$S_n(x)=\frac{a_0}{2}+a_1\cos x+a_2\cos(2x)+a_3\cos(3x)+\cdots+a_n\cos(nx)+ \\ b_1\sin x+b_2\sin(2x)+b_3\sin(3x)+\cdots+b_n\sin(nx) \\ =\frac{a_0}{2}+\sum_{m=1}^{n}[a_m\cos(mx)+b_m\sin(mx)] \tag{1}$$

其中系数 a_m 和 b_m 是实数（把常数项写作 $a_0/2$ 的原因我们随后就可以看到）。$S_n(x)$ 的下标 n 依据正弦函数和余弦函数项的个数而定。由于 $S_n(x)$ 是 $\cos(mx)$ 和 $\sin(mx)$ 的和，其中 $m=1,2,3,\cdots$，因此它是一个周期为 2π 的周期函数。当然，此函数的性质取决于系数 a_m 和 b_m（还有 n）。现在我们要问：有没有可能找到这样的系数，使得式 (1) 在 n 很大时，会在 $-\pi<x<\pi$ 的范围内趋近于已知函数 $f(x)$？换句话说，我们能否找到 a_m 和 b_m，使得下列式子：

$$f(x)=\frac{a_0}{2}+\sum_{m=1}^{n}[a_m\cos(mx)+b_m\sin(mx)] \tag{2}$$

对于区间 $-\pi<x<\pi$ 上的所有 x 都成立？当然，我们要求当 n 增大时近似值更精确，而当 $n\to\infty$ 时会成为等式，即 $\lim\limits_{n\to\infty}S_n(x)=f(x)$。如果确实能做到这点，我们就说式 (2) 中的级数收敛到 $f(x)$，并写成

$$f(x)=\frac{a_0}{2}+\sum_{m=1}^{n}[a_m\cos(mx)+b_m\sin(mx)] \tag{3}$$

先假设式 (2) 中的级数在区间 $-\pi<x<\pi$ 上收敛到 $f(x)$ [3]，下面我们将说明如何确定这些系数 [4]。先从下面这 3 个积分公式开始：

$$\int_{-\pi}^{\pi}\sin(mx)\sin(nx)\,\mathrm{d}x=\begin{cases}0 & (m\neq n)\\ \pi & (m=n\neq 0)\end{cases}$$

$$\int_{-\pi}^{\pi}\cos(mx)\cos(nx)\,\mathrm{d}x=\begin{cases}0 & (m\neq n)\\ \pi & (m=n\neq 0)\end{cases}$$

和

$$\int_{-\pi}^{\pi}\sin(mx)\cos(nx)\,\mathrm{d}x=0 \qquad \text{（对任意 } m \text{ 和 } n \text{ 都成立）}$$

这就是正弦和余弦之间的“正交关系”（这些公式可以通过对每个被积函数

使用积化和公式，然后再对每项分别积分进行证明。注意，如果 $m=n=0$，那么第二个公式中的被积函数为 1，因此 $\int_{-\pi}^{\pi}\mathrm{d}x=2\pi$ ）。

为了找出系数 a_m（$m=1,2,3,\cdots$），我们将式 (3) 两边分别乘以 $\cos(mx)$，并且在区间 $-\pi<x<\pi$ 上逐项积分 [5]。由于正交关系，右边各项积分均为 0，除了 $[a_m\cos(mx)]\cdot\cos(mx)=a_m\cos^2(mx)=a_m[1+\cos(2mx)]/2$，这一项从 $-\pi$ 到 π 的积分是 πa_m。因此，我们可以得到：

$$a_m=\frac{1}{\pi}\int_{-\pi}^{\pi}f(x)\cos(mx)\mathrm{d}x \quad (m=1,2,3,\cdots) \tag{4}$$

为了找出 a_0，我们重复前面的过程。但是因为 $m=0$，用 $\cos(0x)=1$ 乘以式 (3) 后并没有变化，所以我们只需逐项地从 $-\pi$ 到 π 对其进行积分就可以了。所有的项都为 0，除了 $(a_0/2)\int_{-\pi}^{\pi}\mathrm{d}x=(a_0/2)\cdot(2\pi)=\pi a_0$ 这一项。因此我们得到：

$$a_0=\frac{1}{\pi}\int_{-\pi}^{\pi}f(x)\mathrm{d}x \tag{5}$$

注意，式 (5) 实际上只是式 (4) 在 $m=0$ 时的一个特例，这就是我们在式 (3) 中将常数项取作 $a_0/2$ 的原因。假如我们将常数项选作 a_0，那么式 (5) 的右边就不得不除以 2。

最后，将式 (3) 乘以 $\sin(mx)$，并且从 $-\pi$ 到 π 对其进行积分就可以得到 b_m，结果是：

$$b_m=\frac{1}{\pi}\int_{-\pi}^{\pi}f(x)\sin(mx)\mathrm{d}x \quad (m=0,1,2,\cdots) \tag{6}$$

（4）、（5）、（6）三式被称作欧拉公式（没错，又多了两个以欧拉命名的公式），这些公式可以帮助我们找出傅里叶级数的每一个系数。当然，这还要依赖于函数 $f(x)$ 的性质，实际的积分也许能用初等函数表示，也许不能。如果不能用初等函数表示的话，我们必须借助于数值积分。

我们现在把这个过程应用到一些简单的函数上。考虑函数 $f(x)=x$，它是一个定义域为 $-\pi<x<\pi$ 的周期函数，其图形为锯齿形，如图 15−2 所示。由于这是一个奇函数 [即 $f(-x)=-f(x)$]，因此式 (4) 中的被积函数是奇函数，

又因为积分上下限关于原点对称，所以对所有的 $m=0,1,2,\cdots$ 的积分结果都是 0。因此，所有的系数 a_m 都是 0，级数只由正弦函数项组成。对于 b_m，我们知道：

$$b_m=\frac{1}{\pi}\int_{-\pi}^{\pi}x\sin(mx)\,\mathrm{d}x=\frac{2}{\pi}\int_{0}^{\pi}x\sin(mx)\,\mathrm{d}x$$

利用部分积分，可得：

$$b_m=\frac{2(-1)^{m+1}}{m}$$

因此得到：

$$f(x)=2\left[\frac{\sin x}{1}-\frac{\sin(2x)}{2}+\frac{\sin(3x)}{3}-\cdots\right] \tag{7}$$

图 15–3 显示了该函数的傅里叶展开式前 4 部分和的图形。我们可以清楚地看到正弦波在 $x=\pm\pi$ 附近是如何叠加起来的，但是级数是否真的在区间上的每一点（包括不连续点 $x=\pm n\pi$）处都收敛到如图 15–2 中的锯齿形图形，这一点并不明显。事实上，在傅里叶的那个时代，人们很难相信一个由无限个光滑的正弦函数组成的和，可以收敛到一个并不光滑的图形 [6]。不过，两千多年前的芝诺悖论也是同样令人匪夷所思的！当涉及无限过程时，我们总会遇上一些出人意料的事情。

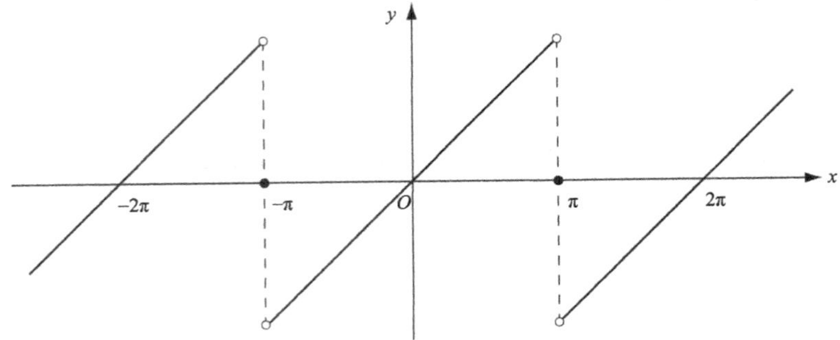

图 15–2 周期函数 $f(x)=x(-\pi<x<\pi)$ 的图形

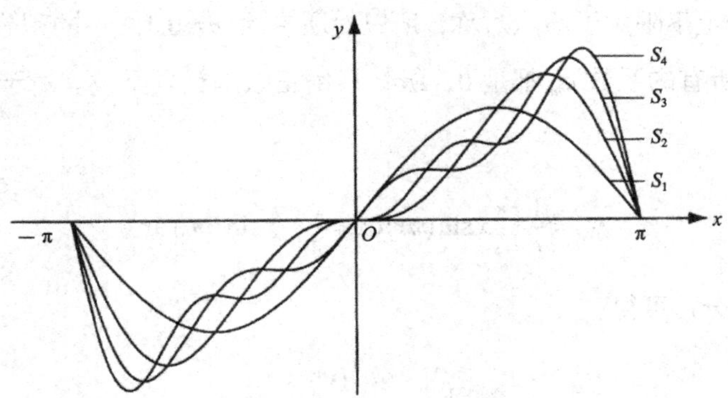

图 15-3　周期函数 $f(x)=x(-\pi<x<\pi)$ 的傅里叶展开式前 4 部分的和

由于式 (7) 对任意的 x 都成立，因此我们现在代入一些特殊的值。令 $x=\pi/2$，我们得到：

$$\frac{\pi}{2}=2\left(1-\frac{1}{3}+\frac{1}{5}-\frac{1}{7}+\frac{1}{9}-\frac{1}{11}+\cdots\right)$$

将此公式除以 2 就可以得到格列高里–莱布尼茨级数。令 $x=\pi/4$，稍加计算可得：

$$\frac{\pi\sqrt{2}}{4}=1+\frac{1}{3}-\frac{1}{5}-\frac{1}{7}+\frac{1}{9}+\frac{1}{11}-\cdots$$

这是个鲜为人知的公式，它把奇数的倒数和 $\sqrt{2}\pi$ 联系起来（注意，此级数的右边具有和格列高里–莱布尼茨级数一样的项，但是正负号是每隔两项变一次）。

对于偶函数 $f(x)=x^2$（仍然将其视作区间 $-\pi<x<\pi$ 上的周期函数），经过两次部分积分，可以得到只有余弦函数项的傅里叶级数：

$$f(x)=\frac{\pi^2}{3}-4\left[\frac{\cos x}{1^2}-\frac{\cos(2x)}{2^2}+\frac{\cos(3x)}{3^2}-\cdots\right] \tag{8}$$

令 $x=\pi$，化简后可得：

$$\frac{\pi^2}{6}=\frac{1}{1^2}+\frac{1}{2^2}+\frac{1}{3^2}+\cdots$$

这个著名的公式是欧拉在 1734 年以完全不同且又不严谨的方式得到的（参见第 12 章）。其他许多级数都可以用类似的方法获得，如图 15-4 所示。

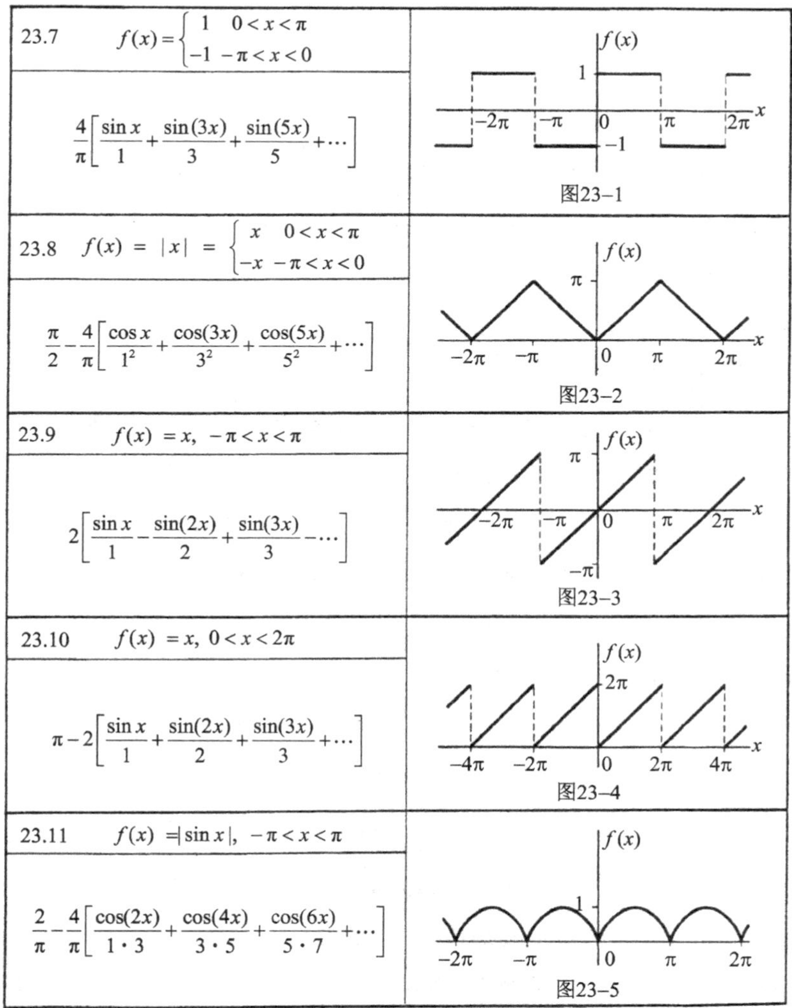

函数及傅里叶展开式	图
23.7　$f(x)=\begin{cases}1 & 0<x<\pi\\ -1 & -\pi<x<0\end{cases}$	图23-1
$\frac{4}{\pi}\left[\frac{\sin x}{1}+\frac{\sin(3x)}{3}+\frac{\sin(5x)}{5}+\cdots\right]$	
23.8　$f(x)=\lvert x\rvert=\begin{cases}x & 0<x<\pi\\ -x & -\pi<x<0\end{cases}$	图23-2
$\frac{\pi}{2}-\frac{4}{\pi}\left[\frac{\cos x}{1^2}+\frac{\cos(3x)}{3^2}+\frac{\cos(5x)}{5^2}+\cdots\right]$	
23.9　$f(x)=x,\ -\pi<x<\pi$	图23-3
$2\left[\frac{\sin x}{1}-\frac{\sin(2x)}{2}+\frac{\sin(3x)}{3}-\cdots\right]$	
23.10　$f(x)=x,\ 0<x<2\pi$	图23-4
$\pi-2\left[\frac{\sin x}{1}+\frac{\sin(2x)}{2}+\frac{\sin(3x)}{3}+\cdots\right]$	
23.11　$f(x)=\lvert\sin x\rvert,\ -\pi<x<\pi$	图23-5
$\frac{2}{\pi}-\frac{4}{\pi}\left[\frac{\cos(2x)}{1\cdot 3}+\frac{\cos(4x)}{3\cdot 5}+\frac{\cos(6x)}{5\cdot 7}+\cdots\right]$	

图 15-4　一些初等函数的傅里叶展开式

对于周期为 2π 的函数，我们已经给出了傅里叶定理的公式表示，在此基础上通过代入 $x'=(2\pi/P)x$，就很容易将这些公式调整为适用于具有任意周

期 P 的函数。因此，如果使用角频率 ω，且令 $\omega=2\pi/P$，那么傅里叶定理叙述起来就方便多了。傅里叶定理就是说，任何周期函数都可以写成角频率是 $\omega,2\omega,3\omega,\cdots$ 的无限个正弦及余弦函数的和。最小频率（即 ω）称为“基本频率”，其倍数则称为“泛音”。

“泛音”这个词当然来源于音乐，因此我们要暂时岔开话题，来谈谈声音。乐音（即音调）是由某种物体（比如，小提琴的琴弦或者长笛的风管）通过有规则的周期性振动产生的。这些有规则的振动在耳朵中产生很多具有稳定音高的音调，可以用五线谱上的音符表示。与此相对的是，非乐音（也就是噪声）是由不规则的随机性振动产生的，它们缺少稳定的音调。因此，音乐属于周期性振动的范畴[7]。

乐音的音高是由振动的频率决定的：频率越快，音高就越高。比如，音调C（五线谱上的“中央C”）所对应的频率为264赫（即每秒振动的次数为264次），比C高的音调A的频率为440赫，而比C高八度的C′的频率为528赫[8]。音程则对应于频率比，八度音程对应的频率为2∶1，完全五度为3∶2，完全四度为4∶3，以此类推（所谓的八度、五度、四度，是根据这些音程在音阶上的位置而得名的）。

最简单的乐音是“纯音”，它是由正弦波生成的音调，借用物理名词来说就是简谐振动[9]。纯音可以通过电子合成器产生，自然乐器所产生的音调，虽然波形是周期性的，但是相当复杂（参见图15−5）。不过，根据傅里叶定理，这些音调可以分解成简单的正弦分量，也就是部分音调。因此，乐音为复合音，而构成乐音的正弦波则是基本（最低）频率的泛音[10]。

乐音的泛音并非仅仅是数学上的抽象化，经过训练的耳朵是可以听出来的。事实上，就是这些泛音为音调增添了多彩的特质，丰富了音色。小号的华丽音色就源于其丰富的泛音，而长笛的泛音较弱，所以音色上较为柔和（参见图15−6）。每一种乐器都有其特殊的音谱，也就是其泛音成分的特征。令人惊讶的是，人的耳朵能够分辨出复合音调中的纯音成分，这就像三棱镜可以把白光分解成彩虹的颜色（因此被称为“光谱”）。耳朵实际上就是一个傅里叶分析器[11]。

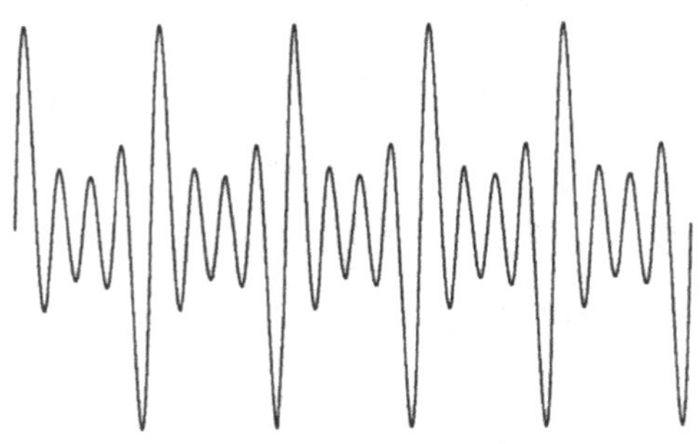

图 15-5　乐音的声波

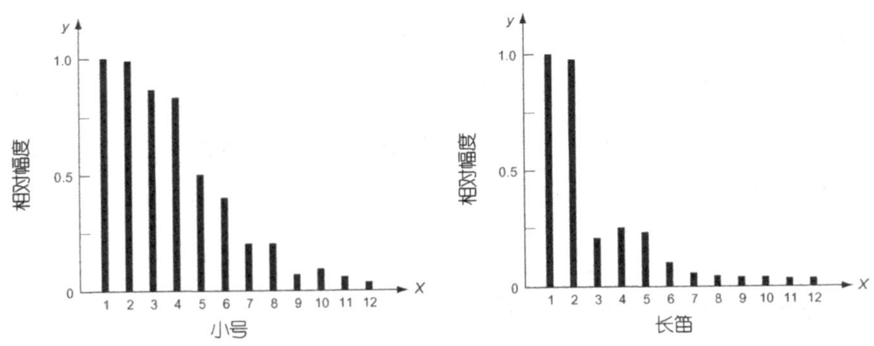

图 15-6　小号（左）及长笛（右）的声谱

在 19 世纪，这些想法都是崭新的，科学家和音乐家很难相信一个音调实际上就是它的所有泛音分量的代数和。伟大的德国物理学家和生理学家赫尔姆霍茨利用共鸣器（不同大小的玻璃球，每一个都可以用来加强复合音中的某一特定频率，参见图 15-7）证明了泛音分量的存在。利用一系列这样的共鸣器，可以组成类似人耳的原始傅里叶分析器。赫尔姆霍茨也做了相反的实验，即通过将不同频率和振幅的简单音调组合起来，便能够模仿出真实乐器的声音，这预示着现代电子合成器的诞生。

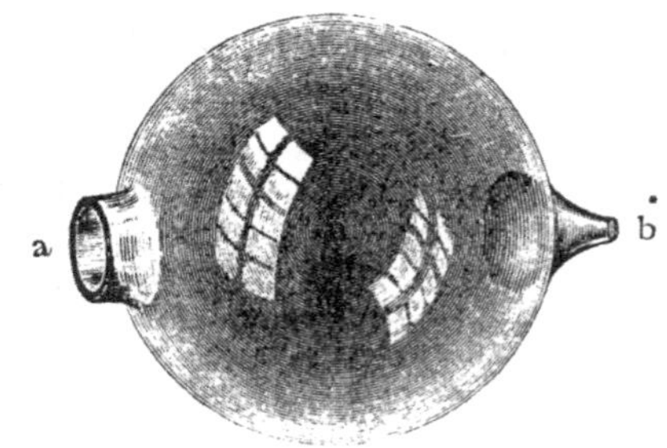

图 15-7　共鸣器

把泛音集1, 2, 3, …写成音符，就可得到如图15–8所示的一串音符。这个序列被称为“泛音列”，它在音乐理论中占据着关键地位，基本音程正是从这个序列得出的[12]。这个序列和数学级数1+1/2+1/3+…（调和级数）具有相同的名字，这并非巧合，后者的每一项正是前述泛音的周期。此外，级数1+1/2+1/3+…中的每一项刚好是其前一项和后一项的调和平均数[13]。这些只不过是数学中经常出现的“调和”这个词的两个例子，它反映了人类心智的两个伟大创造之间的紧密联系。

傅里叶定理的重要性当然不只局限于音乐，它是所有周期性现象的核心。傅里叶自己将这个定理扩展到非周期函数，将非周期函数视作周期函数的极限情形，也就是其周期为无穷大。因而傅里叶级数被一个积分所代替，这个积分表示了所有频率的正弦函数的连续分布，这个想法对20世纪初量子力学的发展具有非常大的影响。傅里叶积分所牵涉的数学要比傅里叶级数复杂得多，但是其核心是一样的，都是正弦函数和余弦函数[14]。

图15–8　泛音列

附录 A

旧观念古为今用

认识三角函数的方式有很多，比如直角三角形中各边的比率，或者单位圆上一点 P 的 x 坐标和 y 坐标，或者实数到其某个子集的“包装函数”，或者是独立变量的某种幂级数，等等。每种方式都有其优点，但显然不是每一个都适合用在课堂上。正如我在前言中所说的，所谓的“新数学”将抽象集合论的语言和形式强加在了三角学上，这当然不是激发初学者兴趣的最好方式。因此，我建议我们再重新考虑一个古老的想法：将三角函数解释成“投影”。为了避免招来批评，我必须从一开始就声明，这种方式并不新颖，它只是将关注点从抽象概念转移到实际应用上来了。别忘了，三角学从一开始就是一门应用科学，既产生于应用，也深深根植于应用。

在附图 A-1 中，点 $P(x,y)$ 为单位圆上的一点，令 θ 表示 x 轴正半轴与 OP 之间的夹角（用度或弧度度量）。我们将 $\cos\theta$ 和 $\sin\theta$

分别定义成 OP 在 x 轴和 y 轴上的投影。因为 $OP=1$，所以这些投影就是点 P 的 x 坐标和 y 坐标：

$$\cos\theta=OR=x，\sin\theta=PR=y$$

将正切函数定义成 $\tan\theta=y/x$，但是这也可以看作一个投影。在附图 A−1 中，过点 $S(1,0)$ 作单位圆的垂直切线，并称这条直线为 t 轴。延长 OP 使其交 t 轴于点 Q，则我们有 $\tan\theta=y/x=PR/OR$。但是，三角形 OPR 和 OQS 相似，所以 $PR/OR=QS/OS$。因为 $OS=1$，并用 t 表示线段 QS，则：

$$\tan\theta=QS=t$$

因此，$\tan\theta$ 就是 OP 在 t 轴上的投影。$\cot\theta$ 也可以用类似的方式定义成 OP 在圆过点 $T(0,1)$ 的水平切线上的投影（参见附图 A−2），我们得到：

$$\cot\theta=QT=c$$

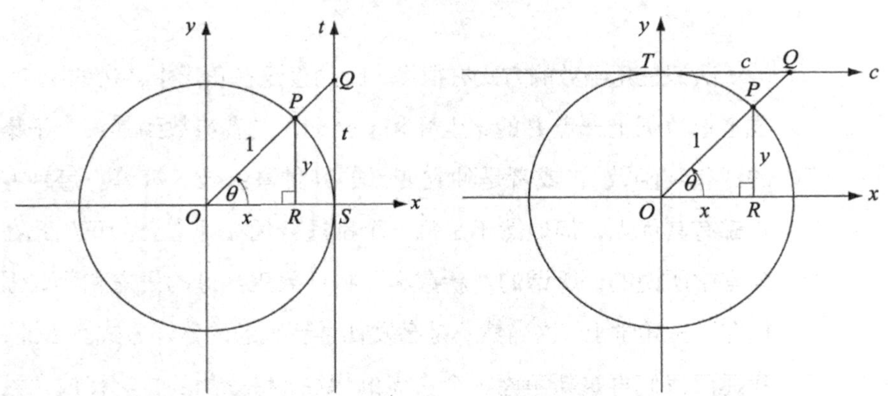

附图 A−1　用单位圆上的投影定义正弦、余弦和正切函数：$OR=x=\cos\theta$，$RP=y=\sin\theta$，$SQ=t=\tan\theta$

附图 A−2　余切函数的投影定义：$TQ=c=\cos\theta$

到目前为止，线段 OR、PR 和 QS 还没有方向，如果我们将它们看作有向线段，那么马上就可以得到 $\tan\theta$ 在 $0°<\theta<90°$（即第一象限）时是正的，在 $270°<\theta<360°$（即第四象限）时是负的。如果 θ 在第二象限，则将 OP 向后投影，直到它交 t 轴于点 Q 为止（参见附图 A−3），因为三角形

OPR 和 $OP'R'$ 全等，所以我们有 $\tan\theta=PR/OR=P'R'/OR'=SQ/1=t$，因此 $\tan\theta$ 就是负线段 SQ。如果 θ 在第三象限，把 OP 向后投影，可以得到一个正值 SQ。从这里我们也得到了 $\tan(\theta+180°)=\tan\theta$ 的几何证明。

对于 $\sec\theta$ 和 $\csc\theta$，它们也可以看作（事实上是定义）投影：再次令点 P 为单位圆上一点（参见附图 A-4），过点 P 作圆的切线，并延长该切线使其分别交 x 轴和 y 轴于点 M 和点 N。因为 $\angle OPM=90°$，所以三角形 ORP 和三角形 OMP 相似，$\sec\theta=1/x=OP/OR=OM/OP=OM/1$，从而线段 OM 表示 $\sec\theta$ 的值（OM 是有向线段，当 P 在第二和第三象限时是负的）。类似地，线段 ON 表示 $\csc\theta$ 的值。此外，因为点 M 和点 N 总是落在圆外，所以 $\sec\theta$ 和 $\csc\theta$ 的范围是 $(-\infty,-1]\cup[1,\infty)$。

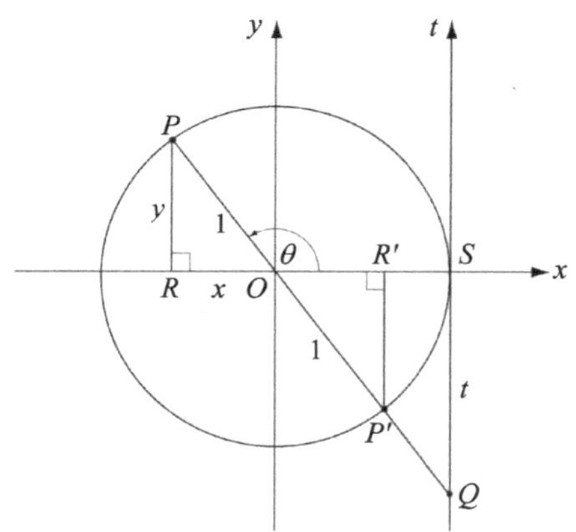

附图 A-3　当 θ 在第二象限时的情形

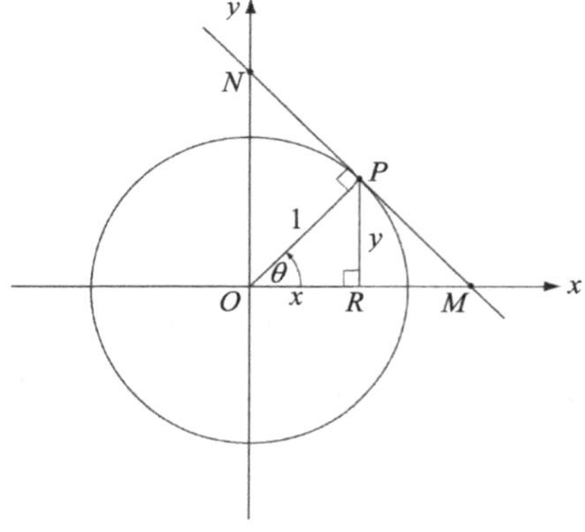

附图 A-4　正割和余割函数的投影定义：$OM=1/x=\sec\theta$，$ON=1/y=\csc\theta$

将 6 个三角函数看作投影，可以让我们真正地“看”到这些函数是如何随着 θ 的变化而变化的。我们只需要观察在点 P 沿着圆移动时所对应的线段的长度变化即可。比如，如果从上往下看，$\cos\theta$ 看起来像是点 P 的“影子”，在 x 轴上来回移动。而在 $\tan\theta$ 的情形中，这个现象更为戏剧化：当 θ 增加时，点 P 在 t 轴上的影子（点 Q）开始时上升很慢，然后上升的速率不断变大，直到 θ 接近 90° 时它消失在无穷远处。就像照在黑墙上的移动光束，我们在此生动地描绘了 $\tan\theta$ 在其渐近线附近的奇特行为[1]。

投影的概念不仅在定义三角函数时有用。考虑任意一个三角形 ABC（参见附图 A-5），从点 C 作 AB 的垂线 h，边 a、b 在 h 上的投影（不妨称其为“垂直投影”）必然相等，因此：

$$a\sin\beta = b\sin\alpha \tag{1}$$

或 $a/\sin\alpha=b/\sin\beta$。对 b、c 两边重复这个过程，可得 $b/\sin\beta=c/\sin\gamma$。因此 $a/\sin\alpha=b/\sin\beta=c/\sin\gamma$，这就是正弦定理。

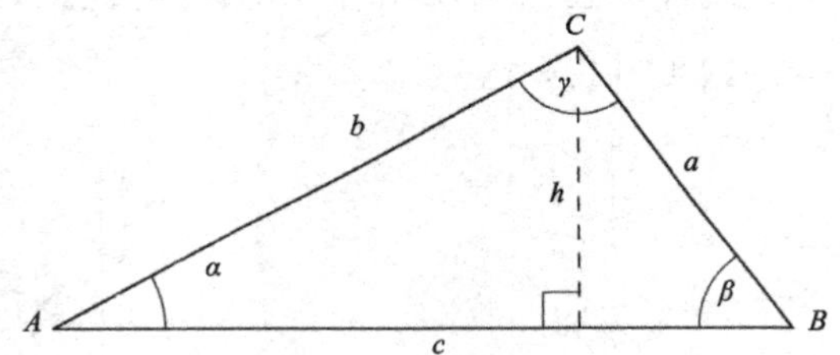

附图 A-5　正弦定理和余弦定理的投影证明

另一方面，a、b 两边在 AB 上的投影（“水平投影”）之和一定等于线段 AB 的长度（即 c），因此我们得到：

$$c = a\cos\beta + b\cos\alpha \tag{2}$$

对 a 和 b 也有类似的式子 [注意，这个公式即使在有一个角（不妨说是 α）是钝角时依然成立，此时 $\cos\alpha$ 是一个负值]。式 (2) 即为余弦定理，不过它更普遍的形式是 $c^2=a^2+b^2-2ab\cos\gamma$。由式 (2) 我们马上可以得到：

$$c \leqslant a+b \tag{3}$$

当且仅当 $\alpha=\beta=0°$ 时等号成立。这就是著名的三角不等式。

由于式 (2) 包含 5 个变量（两个角和 3 条边），因此用式 (2) 来解三角形的用处有限。但是，我们可以同时利用式 (1) 和式 (2)，以此来减少变量的个数。对式 (2) 的两边同时平方，可以得到：

$$
\begin{aligned}
c^2 &= a^2\cos^2\beta + b^2\cos^2\alpha + 2ab\cos\alpha\cos\beta \\
&= a^2(1-\sin^2\beta) + b^2(1-\sin^2\alpha) + 2ab\cos\alpha\cos\beta \\
&= a^2 + b^2 - (a\sin\beta)(a\sin\beta) - (b\sin\alpha)(b\sin\alpha) + \\
&\quad 2ab\cos\alpha\cos\beta
\end{aligned}
$$

利用式 (1)，我们可以将此式写成：

$$
\begin{aligned}
c^2 &= a^2 + b^2 - (a\sin\beta)(b\sin\alpha) - \\
&\quad (a\sin\beta)(b\sin\alpha) + 2ab\cos\alpha\cos\beta \\
&= a^2 + b^2 + 2ab(\cos\alpha\cos\beta - \sin\alpha\sin\beta) \\
&= a^2 + b^2 + 2ab\cos(\alpha+\beta)
\end{aligned}
$$

由于 $\cos(\alpha+\beta) = \cos(180° - \gamma) = -\cos\gamma$，因此我们可以得到：

$$
c^2 = a^2 + b^2 - 2ab\cos\gamma \tag{4}
$$

这正是我们所熟知的余弦定理。因此，正弦定理和余弦定理只是如下结论的一个简单表示：在三角形中，从任一顶点到其对边所作的高是其邻边的垂直投影，而其对边长是其邻边的水平投影之和。

附录 B

巴罗的 $\sec\phi$ 积分

在这里，我们用现代的符号来叙述巴罗在 1670 年对 $\int_0^\phi \sec t\mathrm{d}t = \ln\tan(45° + \phi/2)$ 的证明（参见第 13 章）。在这个证明中第一次用到了部分分式分解的技巧[1]。

我们先考虑：

$$\begin{aligned}\sec\phi &= \frac{1}{\cos\phi} = \frac{\cos\phi}{\cos^2\phi} \\ &= \frac{\cos\phi}{1-\sin^2\phi} = \frac{\cos\phi}{(1+\sin\phi)(1-\sin\phi)} \\ &= \frac{1}{2}\left(\frac{\cos\phi}{1+\sin\phi} + \frac{\cos\phi}{1-\sin\phi}\right)\end{aligned}$$

因此，

$$\int \sec\phi\ \mathrm{d}\phi = \frac{1}{2}\int\left(\frac{\cos\phi}{1+\sin\phi} + \frac{\cos\phi}{1-\sin\phi}\right)\mathrm{d}\phi$$

积分号内的第一项具有形式 u'/u，其中 u 是关于 ϕ 的函数，第二项具有形式 $-u'/u$。利用公式 $\int(u'/u)\mathrm{d}\phi = \ln|u(\phi)| + C$，可以得到：

$$\int \sec\phi\,\mathrm{d}\phi = \frac{1}{2}(\ln|1+\sin\phi| - \ln|1-\sin\phi|) + C$$

利用对数的除法性质，上式就变为：

$$\int \sec\phi\,\mathrm{d}\phi = \frac{1}{2}\ln\left|\frac{1+\sin\phi}{1-\sin\phi}\right| + C$$

将对数表达式里面的分子和分母都乘以 $(1+\sin\phi)$，分母就变成 $(1-\sin\phi)(1+\sin\phi) = 1-\sin^2\phi = \cos^2\phi$，因此：

$$\int \sec\phi\,\mathrm{d}\phi = \frac{1}{2}\ln\frac{(1+\sin\phi)^2}{\cos^2\phi} + C$$

再利用对数的性质，上式就变为：

$$\int \sec\phi\,\mathrm{d}\phi = \ln\left|\frac{1+\sin\phi}{\cos\phi}\right| + C$$

令 $\phi = 2(\phi/2)$，并利用正弦函数和余弦函数的倍角公式，可以得到：

$$\begin{aligned}\int \sec\phi\,\mathrm{d}\phi &= \ln\left|\frac{1+2\sin(\phi/2)\cos(\phi/2)}{\cos^2(\phi/2)-\sin^2(\phi/2)}\right| + C\\ &= \ln\left|\frac{[\cos(\phi/2)+\sin(\phi/2)]^2}{[\cos(\phi/2)+\sin(\phi/2)][\cos(\phi/2)-\sin(\phi/2)]}\right| + C\\ &= \ln\left|\frac{\cos(\phi/2)+\sin(\phi/2)}{\cos(\phi/2)-\sin(\phi/2)}\right| + C\end{aligned}$$

最后，将对数里面的分子和分母都除以 $\cos(\phi/2)$，可以得到：

$$\begin{aligned}\int \sec\phi\,\mathrm{d}\phi &= \ln\left|\frac{1+\tan(\phi/2)}{1-\tan(\phi/2)}\right| + C\\ &= \ln|\tan(\pi/4+\phi/2)| + C\end{aligned}$$

现在再回到定积分，结果是：

$$\int_0^{\phi}\sec t\ \mathrm{d}t=\ln\left|\tan(\pi/4+\phi/2)\right|-\ln\tan(\pi/4)$$

由于 $\ln\tan(\pi/4)=\ln 1=0$，最后就得到：

$$\int_0^{\phi}\sec t\ \mathrm{d}t=\ln\tan(\pi/4+\phi/2)$$

[我们去掉了绝对值符号，因为在 $-\pi/2<\phi<\pi/2$ 时，$\tan(\pi/4+\phi/2)$ 是正值。]

今天，我们可以通过代入 $u=\tan(t/2)$ 及 $\mathrm{d}u=[\frac{1}{2}\sec^2(t/2)]\mathrm{d}t$ 来求这个积分，但是对于初学者而言它仍是一个难以打开的坚果。

附录 C

三角公式精华

“美，因人而异”是一句古老的格言。我在这里收集了一些三角公式，这些公式应该能够符合大部分人的审美标准。其中有些公式很容易证明，有些就需要读者自己下一番功夫了。我的选择完全是主观的，三角学中充满了漂亮的公式，各位读者绝对可以自己找到同样吸引人的公式。

1. 有限公式

$$\sin^2\alpha+\cos^2\alpha=1$$
$$\sin^4\alpha-\cos^4\alpha=\sin^2\alpha-\cos^2\alpha$$
$$\sec^2\alpha+\csc^2\alpha=\sec^2\alpha\csc^2\alpha$$
$$\sin(\alpha+\beta)\sin(\alpha-\beta)=\sin^2\alpha-\sin^2\beta$$
$$\tan(45^\circ+\alpha)\tan(45^\circ-\alpha)=\cot(45^\circ+\alpha)\cot(45^\circ-\alpha)=1$$
$$\sin(\alpha+\beta+\gamma)+\sin\alpha\sin\beta\sin\gamma$$
$$=\sin\alpha\cos\beta\cos\gamma+\sin\beta\cos\gamma\cos\alpha+\sin\gamma\cos\alpha\cos\beta$$

令 $f(\alpha,\beta)=\cos^2\alpha+\sin^2\alpha\cos2\beta$

则 $f(\alpha,\beta)=f(\beta,\alpha)$

令 $g(\alpha,\beta)=\sin^2\alpha-\cos^2\alpha\cos 2\beta$

则 $g(\alpha,\beta)=g(\beta,\alpha)$

在下列关系中，令 $\alpha+\beta+\gamma=180°$

$$\sin\alpha+\sin\beta+\sin\gamma=4\cos(\alpha/2)\cos(\beta/2)\cos(\gamma/2)$$
$$\sin(2\alpha)+\sin(2\beta)+\sin(2\gamma)=4\sin\alpha\sin\beta\sin\gamma$$
$$\sin(3\alpha)+\sin(3\beta)+\sin(3\gamma)=-4\cos(3\alpha/2)\cos(3\beta/2)\cos(3\gamma/2)$$
$$\cos\alpha+\cos\beta+\cos\gamma=1+4\sin(\alpha/2)\sin(\beta/2)\sin(\gamma/2)$$
$$\cos^2(2\alpha)+\cos^2(2\beta)+\cos^2(2\gamma)-2\cos(2\alpha)\cos(2\beta)\cos(2\gamma)=1$$
$$\tan\alpha+\tan\beta+\tan\gamma=\tan\alpha\tan\beta\tan\gamma$$ [1]
$$0<\sin\alpha+\sin\beta+\sin\gamma\leqslant(3\sqrt{3})/2$$

（当且仅当 $\alpha=\beta=\gamma=60°$ 时，等号成立。）

在任何锐角三角形中，

$$\tan\alpha+\tan\beta+\tan\gamma\geqslant 3\sqrt{3}$$

（当且仅当 $\alpha=\beta=\gamma=60°$ 时，等号成立。）

在任何钝角三角形中，

$$-\infty<\tan\alpha+\tan\beta+\tan\gamma<0$$

2. 无限公式 [2]

$$\sin x=x-x^3/3!+x^5/5!-\cdots$$
$$\cos x=1-x^2/2!+x^4/4!-\cdots$$
$$\sin x=x(1-x^2/\pi^2)[1-x^2/(4\pi^2)][1-x^2/(9\pi^2)]\cdots$$
$$\cos x=(1-4x^2/\pi^2)[1-4x^2/(9\pi^2)][1-4x^2/(25\pi^2)]\cdots$$
$$\tan x=8x[1/(\pi^2-4x^2)+1/(9\pi^2-4x^2)+1/(25\pi^2-4x^2)+\cdots]$$
$$\sec x=4\pi[1/(\pi^2-4x^2)-3/(9\pi^2-4x^2)+5/(25\pi^2-4x^2)-\cdots]$$
$$(\sin x)/x=\cos(x/2)\cos(x/4)\cos(x/8)\cdots$$
$$(1/4)\tan(\pi/4)+(1/8)\tan(\pi/8)+(1/16)\tan(\pi/16)+\cdots=1/\pi$$
$$\tan^{-1}x=x-x^3/3+x^5/5-\cdots \qquad (-1<x<1)$$

附录 D

sinα 的一些特殊值

$$\sin 0° = 0 = \frac{\sqrt{0}}{2},\quad \sin 30° = \frac{1}{2} = \frac{\sqrt{1}}{2},\quad \sin 45° = \frac{\sqrt{2}}{2}$$

$$\sin 60° = \frac{\sqrt{3}}{2},\quad \sin 90° = 1 = \frac{\sqrt{4}}{2}$$

$$\sin 15° = \frac{\sqrt{2-\sqrt{3}}}{2} = \frac{\sqrt{6}-\sqrt{2}}{4}$$

$$\sin 75° = \frac{\sqrt{2+\sqrt{3}}}{2} = \frac{\sqrt{6}+\sqrt{2}}{4}$$

$$\sin 18° = \frac{-1+\sqrt{5}}{4}$$

$$\sin 36° = \frac{\sqrt{10-2\sqrt{5}}}{4}$$

$$\sin 54° = \frac{1+\sqrt{5}}{4}$$

$$\sin 72° = \frac{\sqrt{10+2\sqrt{5}}}{4}$$

最后的 4 个值与正五边形有关。例如，内接于一个单位圆的正五边形的边长是 2sin36°，对角线长是 2sin72°，它们之间的比是 2sin54°。这些值也与“黄金分割”有关，即整个线段与长线段之比等于长线段与短线段之比。这个比率用 ϕ 表示，等于$(1+\sqrt{5})/2 \approx 1.618$，也就是 2sin54°。

重复使用正弦函数的半角公式，就可以得到下面的这些表达式（其中 n=1,2,3,⋯）：

$$\sin\frac{45°}{2^n}=\frac{\sqrt{2-\sqrt{2+\sqrt{2+\cdots+\sqrt{2}}}}}{2}$$

（n+1 个嵌套的根号）

$$\sin\frac{15°}{2^n}=\frac{\sqrt{2-\sqrt{2+\sqrt{2+\cdots+\sqrt{3}}}}}{2}$$

（n+2 个嵌套的根号）

$$\sin\frac{18°}{2^n}=\frac{\sqrt{8-2\sqrt{8+2\sqrt{8+\cdots+2\sqrt{10+2\sqrt{5}}}}}}{4}$$

（n+2 个嵌套的根号）

注释及资料来源

开篇语

[1] 《莱因德纸草书》中也包含 3 个与数学无关的片段，一些作者将它们标记为问题 85、86 和 87。这些描述可以参考 Arnold Chase, *The Rhind Mathematical Papyrus: Free Translation and Commentary with Selected Photographs, Transcriptions, Transliterations and Literal Translations*（Reston, VA: National Council of Teachers of Mathematics, 1979）, pp. 61–62。

[2] 皮特的英译本为 *The Rhind Mathematical Papyrus, British Museum 10057 and 10058: Introduction, Transcription, Translation and Commentary*（London, 1923）。

[3] Chase, *Rhind Mathematical Papyrus*。这本流传广泛的著作是由美国数学协会在 1927 年和 1929 年出版的同名书籍的重印修订版。它包含详细的评论和参考资料，以及许多文献资料的彩插。关于蔡斯的传记概要，可以参考《美国数学月刊》1933 年 3 月号的文章"Arnold Buffum Chase"。其他一些关于埃及数学的优秀资料有 Richard J. Gillings, *Mathematics in the Time of the Pharaohs*; George Gheverghese Joseph, *The Crest of the Peacock: Non-European Roots of Mathematics*; Otto Neugebauer, *The Exact Sciences in Antiquity*，以及 Baertel L. van der Waerden, *Science Awakening*, 1963, chap. 1。

[4] 参见 Chase, *Rhind Mathematical Papyrus*, p. 27。

[5] 另一个差不多同时期的重要文献是《莫斯科纸草书》，它的长度和《莱因德纸草书》一样，但是只有 7.62 厘米宽。文献中包含了 25 个问题，质量比《莱因德纸草书》

略逊一筹。参见 Gillings, *Mathematics*, pp. 246−247; Joseph, *Crest of the Peacock*, pp. 84−89; van der Waerden, *Science Awakening*, pp. 33−35; 以及 Carl B. Boyer, *A History of Mathematics*（1968; rev. ed. New York: John Wiley, 1989）, pp. 22−24。其他埃及数学文献的参考资料可以在下列书籍中找到：Chase, *Rhind Mathematical Papyrus*, p. 67; Gillings, *Mathematics*, chaps. 9, 14, and 22; Joseph, *Crest of the Peacock*, pp. 59−61, 66−67 and 78−79; 以及 Neugebauer, *Exact Sciences*, pp. 91−92。

[6] 引用自 van der Waerden, *Science Awakening*, p. 16, Waerden 显然是引用了皮特的版本。这与蔡斯的翻译略有不同（参见 *Rhind Mathematical Papyrus*, p. 27）。

[7] 参见 van der Waerden, *Science Awakening*, pp. 16−17。

[8] 注意，分解不是唯一的：7/10 也可以写成 1/5+1/2。

[9] 关于埃及人使用单位分数的详细讨论，可以参考 Boyer, *History of Mathematics*, pp. 15−17; Chase, *Rhind Mathematical Papyrus*, pp. 9−17; Gillings, *Mathematics*, pp. 20−23; 以及 van der Waerden, *Science Awakening*, pp. 19−26。

[10] 参见 Chase, *Rhind Mathematical Papyrus*, pp. 15−16; 以及 van der Waerden, *Science Awakening*, pp. 27−29。

[11] 参见 Gillings, *Mathematics*, pp. 154−161。

[12] 参见 Chase, *Rhind Mathematical Papyrus*, p. 46。关于埃及度量的详细讨论，参考同一本书第 18~20 页，及 Gillings, *Mathematics*, pp. 206−213。

[13] 埃及人所用的这个 π 值，可以写成 $(4/3)^4$。Gillings 在 *Mathematics*（pp. 13−153）一书中，对阿梅斯如何得到公式 $A=[(8/9)d]^2$ 提供了一个可信的理论，并推崇阿梅斯是“历史上第一个真正对圆进行平方的人”。也可以参考 Chase, *Rhind Mathematical Papyrus*, pp. 20−21，以及 Joseph, *Crest of the Peacock*, pp. 82−84，87−89。有趣的是，虽然巴比伦人的数学技巧一般而言超过埃及人，但他们却只是把圆的面积用内接正六边形的面积来代替，得到 $\pi=3$，见 Joseph, *Crest of the Peacock*, p. 113。

[14] 英文单词为“saykad”或者“sayket”。

[15] Chase, *Rhind Mathematical Papyrus*, p. 51。

[16] 出处同上，P.21−22，有另一种解释。

[17] 参见 Gillings, *Mathematics*, p. 187。

[18] Arnold Buffum Chase, *The Rhind Mathematical Papyrus: Free Translation and Commentary with Selected Photographs, Transcriptions, Transliterations and Literal*

Translations（Reston, Va.: National Council of Teachers of Mathematics, 1979）, p. 136。我在这里用的是蔡斯的直译（而不是意译），目的是为了保留问题的原味，这也包括了阿梅斯在最右栏第 4 列的明显错误。有关蔡斯的意译，可以参考原书的 p. 59。

[19] 参见 Richard J. Gillings, *Mathematic in the Times of the Pharoahs*.（1972; rpt. New York: Dover, 1982）, p. 168。

[20] 参见 Chase, *Rhind Mathematical Papyrus*, p. 59。

[21] 参见 Gillings, *Mathematics*, p. 170。

第 1 章

[1] 然而，“角”的概念总是有点问题。参见欧几里得《几何原本》，导论和注释由托马斯爵士翻译（Annapolis, Md.: St. John's College Press, 1947）, vol. 1, pp. 176−181）。

[2] 关于这个主题，请参考 David Eugene Smith, *History of Mathematics*（1925; rpt. New York: Dover, 1953）, vol. 2, pp. 229−232, 以及 Florian Cajor, *A history of Mathematics*（1893, 2d ed.; New York: Macmillan, 1919）, pp. 5−6。有些学者把 360 度的度量系统的荣誉归功于埃及人。参见 Elisabeth Achels, *Of time and the Calendar*（New York: Hermitage House, 1955）, p. 40。

[3] 参见 Cajori, *History of Mathematics*, p. 484。

[4] 参见 Smith, *History of Mathematics*, vol. 2, p. 232。

[5] 例如，在 Morris Kline, *Mathematics: A Cultural Approach*（Reading, Mass.: Addison-Wesley, 1962）, p.500 中，我们找到这样的陈述：“相对于度，弧度的好处仅仅在于它是一个更方便的单位。因为一个 90° 的角换算成弧度的话只是 1.57 弧度，我们只需处理 1.57 而不是 90。”像 Kline 这样杰出的数学家竟有如此的言论确实令人惊讶。

[6] 很容易从比率关系来证明这些公式。圆的周长对应于2π弧度，正如弧长s对应于θ，因此$2\pi r/2\pi = s/\theta$，从而得到$s = r\theta$。同理可以得到公式$A = r^2\theta/2$。

[7] 参见 Cajori, *History of Mathematics*, p. 484。

第 2 章

[1] 证明角与线段之间的关系绝非一件简单的事情，思考下面这个定理：如果三角形中两个角平分线的长度相等，则该三角形为等腰三角形。该叙述看起来似乎很简单，但是它的证明过程甚至能够使那些熟知这一领域的专家感到困惑。参见 H.S.M. Coxeter, *Introduction to Geometry*（New York: John Wiley 1969）, pp. 9, 420。

[2] 若想对巴比伦天文学有一个更好的了解，可以参考 Otto Neugebauer, *The Exact Sciences in Antiquity*（1957; 2d ed., New York: Dover 1969）, chapter 5。

[3] 引用自 David Eugene Simth, *History of Mathematics*（1925; rpt. New York: Dover, 1958）, vol. II, pp. 602−603。

[4] Asger Aaboe 在 *Episodes from the Early History of Mathematics*（New York: Random House, 1964）一书中用托勒美欧斯作为他的名字，比较接近希腊文的发音。此处用的 Ptolemaeus 是常用的拉丁文拼法。

[5] Smith 认为，因为字首 al 的意思是 the，所以说到 the Almagest 就好像在说 the the-greatest（见 *History of Mathematics*, vol. I, p. 131）。然而这个误称是如此流行，所以我就将它放在此处了。

[6] 这一栏相当于对数表中的“比例栏”。

[7] 若想全面地了解托勒密是如何编制该表的，可以参考 Aaboe, *Episodes*, pp. 112−126。

[8] 其他的情形可以通过把三角形拆分为直角三角形来处理，出处同上，pp. 107−111。

[9] 这部分在直角三角形 ABC 中看得比较清楚（参见图 2−6），因为 $a=c\sin\alpha$。通过与式 (2) 进行比较，我们得到 $\sin\alpha=(\text{chord}2\alpha)/120$。

[10] 本部分内容是根据 Otto Neugebauer, *The Exact Sciences in Antiquity* [1957; rpt. New York: Dover, 1969], 第 2 章。也参考了 Howard Eves, *An Introduction to the History of Mathematics* [Fort Worth: Saunders College Publishing, 1992], pp. 44−47。

[11] 这个并不是“本原三数组”，因为它可以简化为（28,45,53）。这两个数组表示两个相似三角形。

[12] 第四个错误出现在第 2 行，记录 3,12,1 应该为 1,20,25，得到的数组为（3 367, 3 456, 4 825）。这个错误还没有得到很好的解释。

[13] 关于巴比伦人是如何做出这些计算的，可以参考 Neugebauer, *Exact Sciences*, pp. 39−42。

第3章

[1] *The Aryabhatiya of Aryabhata: An Ancient Indian Work on Mathamatics and Astronomy* 由克拉克翻译并注释（Chicago: University of Chicago Press, 1930）。在这本书中（p.28）π 的值是 3 .141 6，这是通过一系列数学指令描述出来的，而这正是印度人在学习数学时的一个普遍特征。也可以参考 David Eugene Smith, *History of mathematics*（1925;rpt.New York: Dover, 1958）, vol.1, pp.153–156, 以及 George Gheverghese Joseph, *The Crest of the Peacock: Non-European Roots of Mathematics*（Harmondsworth, U.K.:Penguin Books, 1992）, pp.265–266。

[2] 1975 年，印度以他的名字命名了他们的第一颗卫星。

[3] 关于三角学符号的详细历史，读者可以参考 Florian Cajori, *A History of Mathematical Notations*（1929; rpt. Chicago: Open Court, 1952）, vol.2, pp.142–179, 也可以参考 Smith, *History of Mathematics*, vol.2, pp. 618–619, 621–623。关于三角学的符号，以及它们的作者和日期的列表可以参考 Vera Sanford, *A Short History of Mathematics*（1930; rpt.Cambridge, Mass: Houghton Mifflin, 1958）, p.298。

[4] 高斯与马赫之间的通信内容可在 Robert Edouard Moritz 所著的 *On Mathematics and Mathematicians*（*Memorabilia Mathematica*）(1914; rpt. New York: Dover, 142), p.318 中找到。

[5] Smith, *History of Mathematics*, vol.2, p.620。但是卡约里认为阿尔•巴塔尼是第一个制作出余切表的人（*A History of Mathematics*, 1983; 2d ed. New York: Macmillan, 1919, p.105）。

[6] 英文版本由休斯所译，并且加了序言和注释（Madison: University of Wisconsin Press, 1967）。

[7] 参考 *Regiomontanus on Triangles*，由休斯翻译，并添加引言和注释（Madison: University of Wisconsin Press, 1976），pp.11–17，本传记就是据此改编的。也可以参考 David Eugene Smith, *History of Mathematics*（1923; rpt. New York: Dover, 1958）, vol. 1, pp.259–260。关于雷吉奥蒙塔努斯的唯一一本用德文写的现代传记: Ernst Zinner, *Leben und Wirken des Johannes Muller von Königsberg genannt Regiomontanus*（Munich: C.H.Beck,1939）。

[8] 引用自 Hughes, *Regiomontanus on Triangles*, p.13。

[9] 出处同上，p.14。

[10] 关于他被毒死的传说是在由伽桑狄 1654 年为雷吉奥蒙塔努斯写的传记中提到的，而这也引出了萨利耶里毒死其死对头莫扎特的传说。

[11] 法国人道主义者拉姆斯（1515—1572）把下面两个发明归功于雷吉奥蒙塔努斯：一个是可以在屋子里嗡嗡地飞，然后再飞回到手上的机械飞蝇，另一个是可以飞出城外会见重要人物，然后再陪他回来的老鹰（详见 Hughes, *Regiomontanus on Triangles*, p.17）。这些故事无疑有些夸张，但是反映了他在家乡人们心目中的崇高地位。用拉姆斯的话来说："塔伦托有阿基塔斯，塞拉可斯有阿基米德，拜占庭有普罗克鲁斯，亚历山大有泰斯伯斯，纽伦堡有雷吉奥蒙塔努斯……塔伦托、塞拉可斯、拜占庭及亚历山大的数学家都不在了，但是在纽伦堡，学者所高兴的是他们还有雷吉奥蒙塔努斯。"

[12] 出处同上，p.133。

[13] 出处同上，p.4−7。

[14] 出处同上，p.27−29。

[15] 出处同上，p.9。

[16] Heinrich Dörrie, *100 Great Problems of Elementary Mathematics: Their History and Solution*，由 David Antin（1958; rpt. New York: Dover, 1965）所翻译，pp.369−370。我对一些措辞进行了修改和润色，以方便读者能够轻松阅读。

[17] 这个定理成立的原因是负实数的平方不会是负数，所以$0\leqslant(\sqrt{u}-\sqrt{v})^2=u-2\sqrt{uv}+v$。将$-2\sqrt{uv}$移到等号左边再除以 2，可以得出结果。当且仅当$\sqrt{u}-\sqrt{v}=0$，即$u=v$时，等式才成立。

[18] 我不能确定雷吉奥蒙塔努斯是否真正解决了这个问题。根据卡约里在 *A History of Mathematical Notation*（1928;rpt. La Salle, Ill.: Open Court, 1951, vol. 1,p.95）一书中的说法，雷吉奥蒙塔努斯与他的同事们在 1463~1471 年的来往通信保存在纽伦堡的市立历史档案室里。

第 4 章

[1] 最近的发现显示，印度人可能在韦达之前已经知道几个包含 π 的无穷级数。参考 George Gheverghese Joseph, *The Crest of the Peacock: Non-European Roots of Mathematics*（Harmondsworth, U.K.: Penguim Books, 1991），pp.286−294。

[2] 参考我的另一本书《e 的故事：一个常数的传奇（第 2 版）》（由人民邮电出版社出版）。

[3] 参考 pp.37−38 可以知道使用这些符号的先后顺序。也可以参考 Florian Cajori, William Oghtred: *A Great Seventeeth-Century Teacher of Mathematics*（Chicago: Open Court, 1916）, pp.35−39。卡约里注意到奥特雷德在书中把 1 度分成 100 份，而我们现在的计算机又重新采用了这种分法。

[4] 参考 *A Source Book in Mathematics*, 1200−1800 ed. D. J. Struik（Cambridge, Mass.: Harvard University Press,1969）, pp.244−253。

[5] David Eugene Smith, *History of Mathematics*（1925; rpt. New York: Dover, 1958）, vol.2,p.613。卡斯特纳是第一位专门写数学史的数学家（共分 4 卷，Göttingen, 1796−1800）。

[6] 参见 W.W.Rouse Ball, *A Short Account of the History of Mathematics*（1908; rpt. New York: Dover, 1960）, p.230。

[7] Florian Cajori, *A History of Mathematics*（1893; 2nd ed. New York: MacMillan, 1919）,p.138。

[8] 这些公式是：

$$\cos(n\alpha) = \cos^n\alpha - \frac{n(n-1)}{2!}\cos^{n-2}\alpha \cdot \sin^2\alpha + \cdots$$

$$\sin(n\alpha) = \frac{n}{1!}\cos^{n-1}\alpha \cdot \sin\alpha - \frac{n(n-1)(n-2)}{3!}\cos^{n-3}\alpha \cdot \sin^3\alpha + \cdots$$

[9] 在《数学思潮》中，π 的值精确到小数点后第 17 位，这在当时是一个了不起的成就。

[10] 参见 Cajori, *History of Mathematics*, p.138。

[11] 这个恒等式可以从公式 $\sin(5\alpha)=5\sin\alpha-20\sin^3\alpha+16\sin^5\alpha$ 得到：将 $\sin^3\alpha$ 代入 $[3\sin\alpha-\sin(3\alpha)]/4$，然后求出 $\sin^5\alpha$。

[12] 斯霍滕家族出了 3 位数学家，他们都出生和生活在来登：老法兰（1581—1646），小法兰（就是我们上面提到的那一位），还有他们同父异母的弟弟贝楚斯（1634—1679）。在这 3 个人中，最有成就的是小法兰，他编辑了笛卡儿的《几何学》（*La Geometrie*）的拉丁文版，还写过透视法，并且提倡使用三维坐标体系。他更是荷兰大科学家惠更斯的老师。

[13] 目前还没有关于韦达的英文传记。有关他的生平和著作可以参考 Ball, *Short Account*, pp.229−234; Cajori, *History of Mathematics*,pp.137−139; Joseph Ehrenfried

Hofmann, *The History of Mathematics*, 由 Frank Gaynor 和 Henrietta O.Midonick 从德文翻译过来（New York: Philosophical Library,1957），pp.92−101。

第5章

[1] 参见 Sir Thomas. L. Heath, *Aristarchus of Samos: the Ancient Copernicus*（1913; rpt. New York: Dover, 1981），及 *Greek Astronomy*（1932; rpt. New York: Dover,1991）。

[2] 这从下面的事实可以得到：当…时，$(\sin x)/x$的图像是递减的，而 $(\tan x)/x$ 的图像是递增的，所以$(\sin\alpha)/\alpha<(\sin\beta)/\beta$，$(\tan\alpha)/\alpha>(\tan\beta)/\beta$。

[3] 1995年，我随一群天文学家到印度去观测10月24日的日全食。从看到月影中线开始，整个全食过程仅仅持续了41秒。

[4] 引用自 Bryan Brewer, *Eclipse*（Seattle: Earth View, 1978）, p.31。

[5] 见 Albert van Helden, *Measuring the Universe: Cosmic Dimensions from Aristarchus to Halley*（Chicago: University of Chicago Press, 1985）, p.11。也可以参考 Toomer 在 DSB 中关于希巴尔卡斯的文章。

[6] 对于 1stadium 的长度学术界有许多争议。有人说是一英里（1英里≈1.609千米）的1/10，也就是528英尺（1英尺=0.3048米），这将导致周长是25 000英里。不过，这个值看起来好像是为了要使周长正确而倒推回去的。引用 B.L.van der Waerden 在 *Science Awakening*（New York: John Wiley, 1963）, p.230 中的话："因为我们不知道 1stadium 的确切长度，所以除了说地球周长的数量级是正确的外，我们什么也不能说。"也可以参考 David Eugene Smith, *History of Mathematics*（1925; rpt. New York: Dover, 1958）, vol.2, p.641。

[7] 后面叙述的材料来源是：Lloyd A. Brown, *The Story of Maps*（1949; rpt. New York: Dover, 1979）; John Noble Wilford, *The Mapmakers*（New York: Alfred A. Knopf, 1981）; Simon Berthon 和 Andrew Robinson, *The Shape of the World*（Chicago: Rand McNally, 1991）。

[8] 弗里希斯的真名是雷格尼尔，但是他以弗里希斯为人所知，这个名字取自他的出生地弗里斯兰省。1541年，他成为鲁汶大学的医学教授。他关于算术的一本著作（*Antwerp*, 1540）非常受欢迎，至少印了60版。他还撰写过地理学和天文学的著作，并且提出由两地时差来决定经度的方法。他的儿子柯尼利斯（1535—1577）继承

了他的工作，并且在同一所大学做医学教授。

[9] 思奈尔子承父业，在莱顿大学任数学教授。他的研究范围涉及天文学、物理学及球面三角学，其最著名的成就是光的折射定律。

[10] 直到 1913 年法国才承认经过格林威治的经线为本初子午线（0 度经线），以换取英国“承认”公制。

[11] 美国航空航天局在 1997 年 10 月发射的“卡西尼号”土星探测器（要经过 7 年的航行），就是以卡西尼的名字命名的。

[12] 引用自 Berthon 和 Robinson，*Shape of the World*, p.101。

[13] 令人奇怪的是，与 Sherpa Tenzing Norgay 一起第一次登上埃弗雷斯山峰的 Sir Edmund Hillary，在他的自传 *Nothing Venture, Nothing Win*（New York: Coward, McCann & Geoghegan, 1975）中，仍然给出山的高度是 29 001 英尺（1 英尺 =0.3048 米），此时离改为官方数字 29 028 英尺已经过去 20 年了。1999 年，波士顿科学博物馆和中国国家地理协会在全球卫星定位系统的协助下的一次测量，测得高度为 29 035 英尺。

[14] 见 Walter Fricke 在 *Dictionary of Scientific Biography* 中关于贝塞尔的文章。

[15] 事实上，半人马座 α 星是一个三合星系统，最不亮的比邻星（发现于 1915 年）距离地球为 4.2 光年。从距离太阳的远近来看，天鹅座 61 星排名第 19。见 Joshua Roth 和 Roger W. Sinnot 在天文杂志 *Sky & Telescope*, October 1996, pp.32–34 所写的“Our Nearest Celestial Neighbors”一文。

[16] 当 n=0 和 n=1 时，贝塞尔函数 [分别表示成 $J_0(x)$ 和 $J_1(x)$] 分别表现出和 $\cos x$ 及 $\sin x$ 类似的性质。例如，$J_0(0)=1$，$J_1(0)=0$，两个函数的图像均为振荡形。但是，它们的振幅会随着 x 的增加而减小，零点也不是等距分布，这也就是鼓声为什么不同于小提琴的声音（参见第 15 章）。若想进一步了解，可以去看任何一本常微分方程的书籍。

[17] Florian Cajori, *A History of Mathematics*（1893; 2d ed. New York: Macmillan, 1919）, p.230。

[18] 这篇论文也首次给出了关于正态分布的公式。参见 David Eugene Smith, *A Source Book in Mathematics*（1929; rpt. New York: Dover, 1959）, pp.566–568。

[19] 由这个关系式及下面的这个式子

$$i\sin\phi=\frac{1}{2}[\cos(n\phi)+i\sin(n\phi)]^{1/n}-\frac{1}{2}[\cos(n\phi)-i\sin(n\phi)]^{1/n}$$

我们得到$\cos\phi+i\sin\phi=[\cos(n\phi)+i\sin(n\phi)]^{1/n}$，由此可以得到棣莫弗定理。欧拉对任意实数 *n* 都成立的证明的出处同上，pp. 452–454。

[20] 出处同上，pp. 447–450。这里出现的两个根$-3/2+(5\sqrt{3})i/2$和$-3+(\sqrt{3})i/2$很明显是错误的，可能是印刷上的错误。

[21] 三次方程的历史由来已久，充满着争议和阴谋。见 David Eugene Smith, *History of Mathematics*（1925; rpt. New York: Dover, 1958）, vol. 2, pp.454–466; Victor J. Katz, *A History of Mathematics: An Introduction*（New York: HarperCollins, 1993）, pp.328–337 以及 David M. Burton, *History of Mathematics: An Introduction*（Dubuque, Iowa: Wm. C. Brown, 1995）, pp.288–299。

[22] 参见 Ronald W. Clark, *Einstein: The Life and Times*（1971; rpt. New York: Avon Books, 1972）, p. 270。

第 6 章

[1] Euclid, *The Elements*, 由 Sir Thomas Heath 翻译，并且作序和写评论（Annapolis: St. John's College Press, 1947）, vol.2, pp.46–49。

[2] Tobias Dantzig 在他的书 *The Bequest of the Greeks*（New York: Charles Scribner's Sons, 1955）, p.173 中认为，这个定理可能是阿波罗纽斯发现的，比托勒密早了 3 个世纪。

[3] 参见 Euclid, *The Elements*, vol.2, pp. 225–228。

[4] 参见罗密士所著的 *The Pythagorean Propositio*（1940; rpt. Washington,D.C.: The National Council of Teachers of Mathematics, 1968）, p.66。在这 256 个证明中，没有一个须要依靠三角学："没有一个证明要用到三角学，因为三角学的所有基本公式都是根据毕氏定理得来的……由于毕氏定理成立，三角学才存在。"证明中有一个（第 231 个）是加菲尔德于 1876 年提出的，5 年后他成为美国总统。

第 7 章

[1] 这两个恒等式可以分别由解三倍角公式 $\cos(3\theta)=4\cos^3\theta-3\cos\theta$，$\sin(3\theta)=3\sin\theta-4\sin^3\theta$ 得到。

[2] 要得到此式，考虑长度为 R 的线段上的一定点 P，线段两端点在 x 轴和 y 轴上移动（参见图注 7-1）。若 P 点分割线段长度分别为 a 和 b，则我们得到 $\cos\theta=x/a$，$\sin\theta=y/b$，平方后相加，得到 $x^2/a^2+y^2/b^2=1$，也就是长轴为 a，短轴为 $b=R-a$ 的椭圆。因此，线段可以向任何位置移动，P 点的轨迹就是一个椭圆（这就是图 7-9 中椭圆规作图的原理）。当点 P 在线段上的不同位置（也就是 a/b 不同，但 $a+b$ 为常数）时，绘制出的椭圆不同，但是包络同为星形线 $x^{2/3}+y^{2/3}=R^{2/3}$。

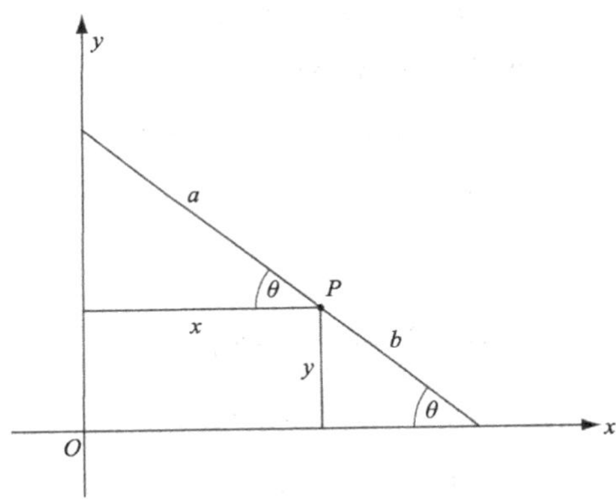

图注 7-1　当 θ 变动时，P 的轨迹是一个椭圆

[3] 关于星形线的其他性质可以参考 Robert C. Yates, *Curves and their Properties*（1952; rpt. Reston, Virginia: National Council of Teachers of Mathematics, 1974）, pp.1−3。

[4] 我们可以用一个参数替换另一个参数，只要新参数可以使得 x 及 y 的值域与原来的参数一样。在现在的情形中，这是由正弦函数和余弦函数都是周期函数保证的。

[5] 双生成定理也可以通过几何方法证明，参考 Yates, *Curves*, pp.81−82。

[6] 我们所熟悉的心脏线的极坐标形式 $\rho=r(1-\cos\theta)$，当尖角在原点时（此时 θ 表示 x 轴与直线 OP 之间的夹角，这与式 (8) 中的 θ 不同）才成立。关于心脏线的其他性质，可以参考 Yates, *Curves*, pp.4−7。

[7] 我非常感谢威斯康星大学 Eua Claire 分校的 Robert Langer 提醒我注意这种情形。

[8] 见 H. Martyn Cundy 和 A. P. Rollertt, *Mathematical Models*（London: Oxford University Press, 1961）, 第 2 章和第 5 章。

[9] 去芝加哥工业科学博物馆参观的人，会看到一个有趣的机械齿轮展品，它很不显眼地放置在楼梯边上，几乎被大厅内的大型展品所遮盖。用手搬动一下小把手，你就可以启动齿轮，并观察随之产生的运动，这样静静地重温过去也很好。

[10] 这个数字来自 AMS-IMS-MAA 的年度调查，见 *Notices of American Mathematical Society*, Fall 1993。

[11] 关于女性科学家的资料可参考 Marilyn Bailey Ogilvie, *Women in Science-Antiquity through the Nineteenth Century: A Biographical Dictionary with Annotated Bibliography*（Cambridge, Mass.: MIT Press, 1988）；也可以参考 Lynn M. Osen, *Women in Mathematics*（1974; rpt. Cambridge, Mass.: MIT Press,1988），以及 *Women of Mathematics: A Bibliographical Sourcebook*, ed. Louise S. Grinstein and Paul J. Campbell（New York: Greenwood Press,1987）。

[12] 这章有关阿涅西生平的部分，改编自 DSB, vol. 1, pp.75−77。也可以参考 Ogilive, *Women in Science*, pp. 26−28。

[13] 这是从下面的公式得来的：

$$2\int_0^\infty y\mathrm{d}x = 8a^2\tan^{-1}(x/2a)\Big|_0^\infty = 4\pi a^2$$

其中 $\tan^{-1}$ 是正切函数的反函数，我们用到了箕舌线关于 y 轴对称的性质。

[14] 箕舌线的其他性质可以在 Robert C. Yates, *Curves and their Properties*（Reston, Va.: National Council of Teachers of Mathematics, 1974）, pp.237−238 中找到。

[15] *A Source book in Mathematics: 1200-1800*（Cambridge, Mass.: Harvard University Press, 1969）, pp 178−180。根据这本书，在这个意义下第一个使用“女巫”这个名称的可能是 B. Williamson，出现在他的《积分学》（*Integral Calculus*, 1875）一书中。Yates（在 Curves 一书第 237 页）对“女巫”这个名称的来源有另一种说法：“阿涅西似乎把古意大利词 Versorio 和 versiera（格兰迪给那条曲线起的名字）弄混了，前者的意思是‘可以自由向各个方向转动’，而后者的意思是‘小妖精’‘妖怪’‘魔鬼的妻子’等。”

[16] 这条曲线确实在概率论中出现过，也就是柯西分布 $f(x)=(1/\pi)(1+x^2)$，除了常数外，这个方程和箕舌线完全一样。

第 8 章

[1] *Summation of Series*，由 L.B.W. Jolley 收集（1925; rpt. New York: Dover, 1961），series no 417。

[2] 两个式子都可以由几何级数$e^{i\alpha}+e^{2i\alpha}+\cdots+e^{ni\alpha}$的实数和虚数部分来证明。见 Richard Courant, *Differential and Integral Calculus*（1934; rpt London: Blackie & Son, 1956）, vol. 1, p. 436。

第 9 章

[1] 这个悖论的另一种说法是：跑步者要从 *A* 跑到 *B*，就必须先跑到 *A* 和 *B* 的中点 *C*，为了到达 *C*，他就必须先跑到 *A* 和 *C* 的中点 *D*，以此类推。

[2] 关于这种恐惧的来源，可以参考我的另一本书《e 的故事：一个常数的传奇（第 2 版）》，pp. 43–47。

[3] 即使在今天，仍然有一些思想家拒绝承认芝诺悖论已经被解决。参见 William I. McLaughlin 为 Scientific American 所写的文章 *Resolving Zeno's Paradoxes*，1994 年 11 月号，及 A. W. Moore 为 Scientific American 所写的文章 *A Brief History of Infinity*，1995 年 4 月号。也可以参考 Adolf Grunbaum 所著的 *Modern Science and Zeno's Paradoxes*（Middletown，Conn.: Wesleyan University Press，1967）一书。

[4] 参见 Thomas L. Heath，*The Work of Archimedes*（1897; rpt. New York: Dover，1953）一书中的这一章“Quadrature of the Parabola”。

[5] 现代的证明是这样写的：等式 $S=a+ar+ar^2+\cdots+ar^{n-1}$ 的两边同时乘以 *r*，然后两式相减，则等式右边除了第一项和最后一项外都消去了，得 $(1-r)S=a-ar^n$，从而可以得到 $S=a(1-r^n)/(1-r)=a(r^n-1)/(r-1)$。

[6] 要注意到，2^n-1 并不是对所有的素数 *n* 而言都是素数。例如，$2^{11}-1=2\ 047=23\times89$ 是合数，因此 $2^{11-1}\cdot(2^{11}-1)=2\ 096\ 128$ 就不是完全数。如果一个素数等于 2^n-1，而 *n* 是素数，则称该素数为梅森素数，是以法国的一位修道士梅森（Marin Mersenne，1588—1648）的名字命名的。截止到 1996 年，梅森素数只有 34 个，最大的是 $2^{1\ 257\ 787}-1$，有 378 632 位数。因为每一个梅森素数会生成一个完全数，所以它们的历史密切相关。

由 $2^{n-1}\cdot(2^n-1)$ 所生成的完全数必然是偶数。1770年，欧拉证明了定理36的逆命题：如果一个偶数是完全数，那么它一定可以写成 $2^{n-1}\cdot(2^n-1)$ 这种形式，其中 2^n-1 是素数。目前，我们并不知道奇数的完全数是否存在，也不知道完全数是有限个还是无限多个。若想进一步了解这部分知识，可以参考任意一本关于数论的好书。

[7] 参见 Health，*Works of Archimedes*, chap.7, "Anticipations by Archimedes of the Integral Calculus"。

[8] 式(2)的一个常见证明（并不是非常严谨）是把 S 写成 $S=a+ar+ar^2+ar^3+\cdots=a+r(a+ar+ar^2+\cdots)=a+rS$，从而可以得到 $S(1-r)=a$，即 $S=a/(1-r)$。

[9] 以下的内容是基于我发表于 *International Journal of Mathematics Education in Science and Technology*，vol.8，no.1（January 1977），pp. 89−96 的文章"Geometric Construction of the Geometric Series"。

[10] 为了证明这点，可令 a, b 为满足 $a+b=1$ 的任意两个数。级数就变为 $(a+b)-(a+b)+(a+b)-(a+b)+\cdots$，我们称这个和为 S。把括号向右移动一个位置，则得到 $S=a+(b-a)-(b-a)+(b-a)-(b-a)+\cdots$。现在令 $b-a=c$，则 $S=a+c-c+c-c+\cdots$。我们可以用两种方法来求此级数的和，这完全看如何插入括号：我们可以写成 $S=a+(c-c)+(c-c)+(c-c)+\cdots=a$，或者 $S=a+c-(c-c)-(c-c)-(c-c)-\cdots=a+c=a+(b-a)=b$。因此级数的和可以是 a 或者 b，而将1分解成 a 和 b 完全是任意的，所以 S 可以是任意数。当然了，这不过是说明了该级数的部分和并不收敛于一个固定值，从而证明级数是发散的（虽然不是无限）。

第10章

[1] 证明并不简单，参见 Richard Courant, *Differential and Integral Calculus*（London: Blacke & Son, 1956），vol. 1, pp.251−253, 444−450；另外一个用到复平面上积分的证明过程，可参考 Erwin Kreyszig: *Advanced Engineering Mathematics*（New York: John Wiley, 1979），pp. 735−736。

[2] 另外一个类似的情形是求一个半径为 ρ 的"圆"的面积（实际是一个球形盖子）。这个面积为 $A=2\pi Rh$，其中 h 是这个盖子的高度（由底到球面的距离）。由于 $h=R(1-\cos\theta)=2R\sin^2(\theta/2)$，因此 $A=4\pi R^2\sin^2(\theta/2)=4\pi(\rho/\theta)^2\sin^2(\theta/2)=\pi\rho^2\left[\frac{\sin(\theta/2)}{\theta/2}\right]^2$。如果我们要求出比率 A/ρ^2，则需要一个"修正因子" $\left[\frac{\sin(\theta/2)}{\theta/2}\right]^2$。

第 11 章

[1] 本章是根据我的文章“A Remarkable Trigonometric Identity”第 422~455 页 [发表在 *Mathematics Teacher*, vol. 70, no. 5（May 1977）] 所写的内容。

[2] E. W. Hobson, *Squaring the Circle: A History of the Problem*（Cambridge, England: Cambridge University Press, 1913），p.26。

[3] 参见 Petr Beckmann, *A History of π*（Boulder, Colo.: Golem Press, 1977），pp.92−96。

[4] 我在上面所提到的这篇文章中，给出了式 (1) 的一个从物理角度出发的证明。

[5] 事实上，5 个参数就足够了，因为只有相对相位（也就是相差）会发生作用。

[6] 周期为这两个周期的最小公倍数。

[7] 参见 Florian Cajori, *A History of Physics*（1898, rev. ed. 1928; rpt. New York: Dover, 1962），pp. 288−289。

[8] 1980 年，我和同事荷伯在威斯康昆大学 Eau Claire 分校建造了一个复摆，并将它作为数学模型展出，图 11−7 所示的图形就是由这个装置画出来的。

第 12 章

[1] 一个简单的例子可以由函数 $f(x)=\sin x$ 和 $g(x)=1-\sin x$ 给出。每个函数的周期都是 2π，但是 $f(x)+g(x)=1$ 是一个常数，周期可以是任意实数。

[2] 关于杜勒的数学著作，可以参考 Julian Lowell Coolidge, *The Mathematics of Great Amateurs* (1949; rpt. New York: Dover, 1963), chap. 5 以及 Dan Pedoe, *Geometry and the Liberal Arts* (New York: St. Martin’s Press, 1976), chap.2。

[3] 雷吉奥蒙塔努斯早在 1464 年左右就知道了这个定理的等价形式，也就是用 $(\sin\alpha+\sin\beta)/(\sin\alpha-\sin\beta)$ 替换了等式的左边。但是奇怪的是，他并没有将该定理（也没有任何关于正切函数的应用）收录在他的主要专著《论三角形》（见 p.44）中。其他有关正切函数规律的发现，参考 David Eugene Smith, *History of Mathematics* (1925; rpt. New York: Dover, 1958), vol.2, pp.611−631。

[4] 三角学中存在许多这样的例子。我们在第 8 章见到过一个与 $\sin\alpha+\sin(2\alpha)+\cdots+\sin(n\alpha)$ 相关的例子。另一个例子是恒等式 $\sin^2\alpha-\sin^2\beta=\sin(\alpha+\beta)\cdot\sin(\alpha-\beta)$，可以通过将左边写成：$\sin(\alpha^2-\beta^2)=\sin[(\alpha+\beta)\cdot(\alpha-\beta)]=\sin(\alpha+\beta)\cdot\sin(\alpha-\beta)$ 来“证明”。

[5] 我们可以通过 $(1+ix)^n$ 的展开式将符号也考虑进去，其中 $i=\sqrt{-1}$。

[6] 这等价于比较常用的分解因子（$x-x_i$）的乘积。例如，多项式 $f(x)=x^2-x-6$ 的两根为 -2 和 3，因此我们有 $f(x)=(x+2)(x-3)=-6(1+x/2)(1-x/3)$。一般来说，多项式 $f(x)=a_nx^n+a_{n-1}x^{n-1}+\cdots+a_1x+a_0$ 可以写成 $a_n(x-x_1)\cdot\cdots\cdot(x-x_n)$，其中 a_n 是首项系数，也可以写成 $a_0(1-x/x_1)\cdot\cdots\cdot(1-x/x_n)$，其中 a_0 是常数项。

[7] 事实上，欧拉摒弃了根 $x=0$，从而得到 $(\sin x)/x$ 的无穷乘积表示法。见 Morris Kline, *Mathematical Thought from Ancient to Modern Times*（New York: Oxford University Press,1972），vol.2, pp.448−449。

[8] 参见 *A Source Book in Mathematics*, 1200−1800, ed. D. J. Struik（Cambridge, Mass.: Harvard University Press, 1969），pp. 244−253。关于式 (6) 和式 (7) 的一个严谨证明参考 Richard Courant, *Differential and Integral Calculus*（London: Blackie & Son, 1956），vol.1, pp.444−445 及 223−224。从式 (6) 也可以得到其他关于 π 的无穷乘积表示法。例如，令 $x=\pi/6$，可以得到：

$$\frac{\pi}{3}=\frac{6}{5}\cdot\frac{6}{7}\cdot\frac{12}{11}\cdot\frac{12}{13}\cdot\frac{18}{17}\cdot\frac{18}{19}\cdot\cdots$$
$$=\prod_{n=1}^{\infty}(6n)^2/[(6n)^2-1]$$

其收敛速度要快于沃利斯乘积（它只需要 55 项就可以精确到 π 的小数点后两位，而沃利斯乘积则需要 493 项）。

[9] 然而，当 i 增加时，乘积的数值会变得更复杂。幸运的是，这里有一个简单的方法来得到系数：式 (11) 的左边为 $\sin x$，而右边的每一项为 $\cos x$ 除以该项所缺的分母。所以，为了求 A_2，我们令 $x=3\pi/2$，并代入式 (11) 中。除了 A_2 外，其余各项都被“消灭”了，从剩下的那一项可以得到：

$$(\sin x)_{x=3\pi/2}=A_2\left[\frac{\cos x}{1-2x/(3\pi)}\right]_{x=3\pi/2}$$

左边等于 -1，而右边则为不定形式 0/0。若要求其值，我们必须用洛必达法则，把式子转换为 $A_2[(-\sin x)/(-2/3\pi)]_{x=3\pi/2}=-(3\pi/2)A_2$，因此我们得到 $A_2=2/(3\pi)$，其他的系数也可以用同样的方法求得。

[10] 参见 Petr Beckmann, *A History of π* (Boulder, Colo: Golem Press, 1977), pp. 132−133。关于莱布尼茨的证明，见 George F. Simmons, pp. 720−721。函数 $\tan^{-1}x$ 的级数展

开式可以由 $1/(1+x^2)$ 的展开式 $1-x^2+x^4-\cdots$（公比为 $-x^2$ 的等比级数）逐项积分得到。

[11] 级数 1/5+1/21+1/45+…收敛到 1/3，结果可以通过下面的方式进行确认：每一项都具有形式 $1/[(2n+1)^2-4]=1/[(2n-1)(2n+3)]=(1/4)[1/(2n-1)-1/(2n+3)]$，因此级数就可以变为：

$$\frac{1}{4}\left[(1-\frac{1}{5})+(\frac{1}{3}-\frac{1}{7})+(\frac{1}{5}-\frac{1}{9})+(\frac{1}{7}-\frac{1}{11})+\cdots\right]$$

这是一个“可伸缩”的级数，除了第一项和第三项外，其余的项都消去了，所以结果是 (1/4) (1+1/3)=1/3。

[12] 当然，假设此级数收敛。在微积分教材里已经证明了$\sum_{n=1}^{\infty}1/n^k$在 $k>1$ 时收敛，$k\leqslant 1$ 时发散，其中 k 是任意实数。在我们的例子中 $k=2$，因此 S 收敛。

[13] 参见 Simmons, Calculus, pp.722−723（欧拉的证明）及 pp.723−725（严谨的证明）。我们可能认为级数$\sum_{n=1}^{\infty}1/n^2$的收敛速度要比格列高里－莱布尼茨级数的收敛速度快得多，因为它所有的项都是正的，并且包含整数的平方。出人意料的是，事实并非如此。与格列高里－莱布尼茨级数的 628 项比较起来，它需要 600 项才能精确到 π 的小数点后两位。

[14] $\lim\limits_{n\to\infty}[\cot(x/2^n)]/2^n=(1/x)\lim\limits_{n\to\infty}[(x/2^n)\cot(x/2^n)]=1/x$，最后的结果是由 $\lim\limits_{n\to\infty}(1/t)\cot(1/t)=\lim\limits_{n\to\infty}u\cot u=\lim\limits_{n\to\infty}u/\tan u=1$（其中 $u=1/t$）得到的。

[15] 或许有人会对式 (17) 提出异议，因为正切项中的角度用弧度表示，所以该式是用含 π 的项来表示。然而，三角函数是不受所选择的角度单位影响的，若用度而不是弧度表示，则式 (17) 变为 $1/\pi=(1/4)\tan 45^\circ+(1/8)\tan(45^\circ/2)+\cdots$。

[16] 关于这个课题，可参考 Kline, *Mathematical Thought*, vol. 2, pp. 442−454 及 460−467；也可以参考我的书 To Infinity and Beyond: *A Cultural History of the Infinite*（Princeton, N.J.: Princeton University Press, 1991），pp.32−33 及 36−39。

[17] 参见 Simmons, *Calculus*, pp. 723。

第 13 章

[1] 关于球极平面投影以及它与反演理论关系的详细讨论，可以参考我的书 *To Infinity*

and Beyond: A Cultural History of the Infinite（1987: rpt. Princeton, N.J.: Princeton University Press, 1991），pp.95–98 及 239–245。关于其他地图投影，可以参考 Charles H. Deetz 和 Oscar S. Adams 所著的 *Elements of Map Projection*（New York: Greenwood Press, 1969），以及 John P. Snyder 所著的 *Flattening the Earth: Two Thousand Years of Map Projections*（Chicago: University of Chicago Press, 1993）。

[2] 斜驶线的原文 loxodrome 来自于希腊文 loxos（= 斜的）和 dromos（= 路径），也就是“斜线”的意思。这个单词是荷兰科学家思奈尔（1581—1626）于 1624 年所创造的，他因提出光学中的折射定律而闻名于世。

[3] 尽管麦卡托十分出名，但是并没有关于他的详细英文传记。关于他生平的详细情况可以参阅 Lloyd A. Brown, *The Story of Maps*（1949; rpt. New York: Dover, 1977），pp. 134–136 及 158–160; Robert W. Karrow, *Mapmakers of the Sixteenth Century and Their Maps*（Chicago: Speculum Orbis Press, 1993），chap. 56; John Noble Wilford, *The Mapmakers*（New York: Alfred A. Knopf, 1981），pp. 73–77。

[4] 这个想法的先驱应该是与麦卡托同时代的欧蒂里斯（1527—1598），他的 *Theatrum orbis terrarium* 于 1570 年在 Antwerp 出版，这被认为是第一本现代地图册。然而单词“atlas”应归功于麦卡托。麦卡托和欧蒂里斯虽然是同领域的竞争者，但是他们保持着很好的友谊。

[5] 关于这个主题请参考 Snyder, *Flattening the Earth*, p.47。

[6] 麦卡托很快就意识到他不能够同时满足这两个条件：他的地图不能够同时保持方向和距离不变，因此他放弃了保持距离这个要求。

[7] 这个版本取自 V. Frederick Rickey 和 Philip M. Tuchinsky 在 *Mathematics Magazine*（1980 年 5 月）上所发表的文章“An Application of Geography to Mathematics: History of the Integral of the Secant”。还有一个稍微不一样的版本出现在 Snyder, *Flattening the Earth*, pp.46–47。

[8] 它们保存的位置列在 R. V. Tooley, *Maps and Map-Makers*（New York: Bonanza Books, 1962），p.31; 其中保存在德国布勒斯劳的那一份在第二次世界大战中被毁。

[9] 参考 Rickey and Tuchinsky, “*Application of Geography*”（可以再参考 Snyder, *Flattening the Earth*, pp.48 中另一个稍微不同的版本）。为了阅读上的方便，我对原文做了一点改变，省略了一些重复的句子。莱特的书的全名是 *Certaine errors in navigation, arising either of the ordinarie erroneous making or vsing of the sea chart, compasse, crosse staffe, and tables of declination of the sunne, and fixed stares detected and*

corrected（在那个年代，为了吸引读者的注意，长标题是必需的）。莱特是剑桥凯斯学院的院士，同时也是英国国王詹姆斯一世的儿子威尔斯的家庭教师，他最有名的成就是把纳皮尔关于对数的著作翻译成英文。

[10] Snyder, *Flattening the Earth*, pp.48。Florian Cajori 在 *A History of Mathematic*（1893; 2d ed. New York: Macmillan, 1919），p.189 中声称，莱特是用 1 角秒作为间隔。不过，这看起来不可能，因为这意味着需要 3 600 × 75=270 000 次加法运算才能使得纬度范围覆盖 0°～75°。

[11] 关于对数的历史，可以参考我的另一本书《e 的故事：一个常数的传奇（第 2 版）》的第 1 章和第 2 章。

[12] 式 (6) 中第二个等式的一个等价形式是 $y=R\ \ln(\sec\phi+\tan\phi)$。

第 14 章

[1] 关于负数的历史，可以参考 David Eugene Smith, *History of Mathematics* (1925; rpt. New York: Dover, 1958), vol.2,pp.257–260；关于虚数和复数的历史，可以参考同书的 pp.261–268。

[2] 关于寇茨的生平及著作的更多资料可以参考 Stuart Hollingdale, *Makers of Mathematics* (Harmondsworth, U.K.: Penguin Books, 1989), pp.245–252。

[3] 请注意，双曲函数并不具有周期性，它们的值域是 $1\leqslant\cosh y<\infty$，$-\infty\leqslant\sinh y<\infty$。“双曲”这个名称是这样来的，如果令 $x=\cosh t$, $y=\sinh t$（其中 t 是一个实数参数），那么由恒等式 $\cosh^2 t-\sinh^2 t=1$ 可知坐标为 (x, y) 的点落在双曲线 $x^2-y^2=1$ 上，如同坐标为 $x=\cos t$, $y=\sin t$ 的点落在圆 $x^2+y^2=1$ 上。关于双曲函数的历史，可以参考我的另一本书《e 的故事：一个常数的传奇（第 2 版）》，pp. 140–150 及 208–210。

[4] 复变函数在微分的概念中，包含一些并不存在于实数领域的微妙之处。另外一种定义方法是采用德国数学家魏尔斯特拉斯（1815—1897）的定义，他将函数定义为幂级数，关于 $\sin z$ 就是 $z-z^3/3!+z^5/5!-z^7/7!+\cdots$。详细情况可以参见任意一本关于函数理论的书。

[5] 这是一个意义深远的结果，我们在此只陈述了其简单形式。关于完整的定理，可以参考任意一本关于函数理论的书。

[6] 关于函数 $w=\sin z$ 更详细的讨论，可以参考 Erwing Kreiszig, *Advanced Engineering*

Mathematics (New York: John Wiley, 1979), pp.619−620。

[7] 例如，多项式 $f(z)=z^3-1$ 有 3 个根 1、$(-1-i\sqrt{3})/2$ 及 $(-1+i\sqrt{3})/2$，这可以首先将 $f(z)$ 因式分解成 $(z-1)(z^2+z+1)$，并令每个因式等于零，然后求解。“1 的三次方根”可以用三角形式表示成 cis 0、cis$(2\pi/3)$ 及 cis$(4\pi/3)$，其中 cis 表示 cos+ i sin。当学生们知道 1 有 3 个立方根而其中两个是复数时，总是感到很惊讶。

[8] 参见我的另一本书《e 的故事：一个常数的传奇（第 2 版）》。

[9] 这个定理说的是，素数的平均密度（即小于某一整数 x 的素数的个数除以 x）在 $x\to\infty$ 时趋近于 $1/\ln x$。这个定理首先由高斯在 1792 年提出，那一年他只有 15 岁。1896 年，这个定理首次被法国的哈达玛（1865—1963）和比利时的普桑（1866—1962）分别独立证明出来。

[10] 参考 Constance Reid，*Courant in Gottingen and New York: The Story of an Improbable Mathematician*（New York: Springer-Verlag，1976），pp.25−26, 126−127。也可以参考 Edmund Landau: *Collected Works*（ed. L. Mirsky et al，Essen: Thales Verlag，1985），pp.25−50 中的 “In Memory of Edmund Landau: Glimpses from the Panorama of Number Theory and Analysis”一文。

[11] 这两本书的英文译本都由纽约的 Chelsea Publishing Company 出版：一本是 *Foundations of Analysis: The Arithmetic of Whole, Rational, Irrational and Complex Numbers*，由 F. Steinhardt 翻译（1951），另一本是 *Differential and Integral Calculus*，由 Melvin Hausner 和 Martin Davis 共同翻译（1950）。上面的选文都是摘自英文译本。

[12] 在前言中，兰道是这样捍卫他的方式的：“有些数学家可能会认为，在定义微分后就给出第二个定理并不正统……对他们我要说的是，虽然有些非常优秀的数学家从未学过这个定理的证明，但是对一个初学者而言，从教科书中学到最简单的证明方法也没有什么害处。”

[13] 方程 $\cos(x/2)=0$ 的最小正解用 π 表示，虽然书上从未提及这个常数的数值以及它与圆的关系。

第 15 章

[1] 目前没有一本关于傅里叶的英文传记。关于他生平的简介可以在这里找到，Eric

Temple Bell, *Men of Mathematics*（Harmondsworth, U.K.: Penguin Books, 1965）, vol. 1, chap. 12。这一章中有关傅里叶的传记部分是根据 Jerome R. Ravetz 和 I. Grattan-Guiness 在 *DSB* 中所写的文章。

[2] 关于“相当好”的意思是 $f(x)$ 在 $-\pi<x<\pi$ 上是分段光滑的，也就是说除了跳跃不连续的有限点外，$f(x)$ 均连续可微。在跳跃不连续的点处，我们定义 $f(x)$ 为 $[f(x^-)+f(x^+)]/2$，也就是 $f(x)$ 在该点左右极限的平均值。关于这点完整的讨论请参考 Richard Courant, *Differential and Integral Calculus*（London: Blackie & Son, 1956），vol. 1, chap 9。

[3] 收敛可以由注释 [2] 中的条件保证。

[4] 这种情形和 $f(x)$ 展开成幂级数 $\sum_{i=0}^{n} a_i x^i$ 很相似：我们必须确定出系数 a_i，使得部分和在收敛区间上的每一点都近似等于函数值。

[5] 在注释 [2] 中的条件下，可以逐项积分。

[6] 与这个话题相关的一个有趣的历史插曲可以参考 Paul J. Nahin, *The Science of Radio*（Woodbury, N.Y.: American Institute of Physics, 1995），pp. 85−86。

[7] 然而，在我们这个时代，这种传统的区分几乎已经消失了，从古典音乐爱好者与摇滚迷之间对于什么是“真正”音乐的无休止辩论就可以看出来。

[8] 这些频率依据的是国际标准，称为“标准音高”，在此标准下 A=440 赫。“科学音高”是根据 C=256 赫确定的，其好处在于所有高八度的 C 对应的音调都是 2 的幂次方倍，在此标准下 A=426.7 赫。

[9] “纯音”是指正弦振动和余弦振动。这是因为人耳对音调的相位差并不敏感，也就是说 $\sin(\omega t)$ 和 $\sin(\omega t+\varepsilon)$ 听起来差不多。

[10] 严格来说，英文的 overtones（也是“泛音”的意思）和 harmonics 是有区别的，overtones 是指频率高于基础音的音调，而 harmonics 是指 overtones 中频率是基础频率整数倍的音调。大部分乐器产生的是调和的泛音，但是也有些乐器（如鼓和打击乐器）则会发出非调和的成分，导致音调不够一致。

[11] 相比之下，眼睛就没有这种能力：当蓝光和黄光叠加到一起后，眼睛看到的是绿色。

[12] 然而，全音之间存在 9∶8 和 10∶9 这两种不同的频率比，这给一个音阶变调（转换）至另一个音阶造成了一定的困难。基于这个原因，所有现代乐器都是根据“平均律音阶”来调音的，即每个八度分成 12 个半音，使每一个频率比都是 $\left(\sqrt[12]{12}\right):1$。

这个比率的数值是 1.059，比“纯律”半音的 16:15=1.066 要稍微小一点。这部分内容可参考我在 *Mathematics Teacher*（1979 年 9 月号）pp.415−422 上发表的“What is there so Mathematical about Music?”一文。

[13] 整数 a 和 b 的调和平均数的定义为 $H=2ab/(a+b)$。从这个式子可以得到 $1/H=(1/a+1/b)/2$，也就是调和平均数的倒数是 a 和 b 倒数的算术平均数。举例来说，1/2 和 1/4 的调和平均数是 1/3。

[14] 傅里叶级数也被推广到非三角函数，并带有与正弦函数和余弦函数类似的正交关系。详细情况可以参考任何一本高等应用数学书籍。

附录 A

[1] 可惜的是，许多教材在作 $\tan\theta$ 和 $\cot\theta$ 的图形时，只是基于在 −90°到 90° 之间任选的几个 θ 值（有时甚至只有 3 个点！）。这当然不能够真正反映这些函数的特殊性质了。

附录 B

[1] 这个推导是根据 V. Frederick Rickey 和 Philip M. Tuchinsky 在 *Mathematics Magazine*, vol. 53, no.3（1980 年 5 月号）中所写的“An Application of Geography to Mathematics: History of the Integral of the Secant”一文。

附录 C

[1] 对应的公式：

$$\cot\alpha+\cot\beta+\cot\gamma=\cot\alpha\cot\beta\cot\gamma$$

只有在 $\alpha+\beta+\gamma=90°$ 时才成立。

[2] 有关傅里叶级数的例子，可以参考本书的图 15−4。许多其他的三角级数可以在这本书中找到：*Summation of Series*, collected by L.B. W. Jolley(1925; rpt. New York: Dover, 1961), chaps.14 and 16。

参 考 文 献

Aaboe, Asger. *Episodes from the Early History of Mathematics*. New York: Random House, 1964.

Ball, W. W. Rouse. *A Short Account of the History of Mathematics*. 1908. Rpt. New York: Dover, 1960.

Beckman, Petr. *A History of π*. Boulder, Colo.: Golem Press, 1977.

Bell, Eric Temple. *Men of Mathematics*. 2 vols. 1937. Rpt. Harmondsworth, U.K.: Penguin Books, 1965.

——. *The Development of Mathematics*. 1945. 2d ed. Rpt. New York: Dover, 1992.

Berthon, Simon, and Andrew Robinson. *The Shape of the World: The Mapping and Discovery of the Earth*. Chicago: Rand McNally, 1991.

Bond, John David. "The Development of Trigonometric Methods down to the Close of the XVth Century," *Isis* 4 (October 1921), pp. 295–323.

Boyer, Carl B. *A History of Mathematics*. 1968. Rev. ed. New York: John Wiley, 1989.

Braunmühl, Anton von. *Vorlesungen über die Geschichte der Trigonometrie*. 2 vols. Leipzig: Teubner, 1900–1903.

Brown, Lloyd A. *The Story of Maps*. 1949. Rpt. New York: Dover, 1979. Burton, David M. *The History of Mathematics: An Introduction*. Boston: Allyn and Bacon, 1985.

Cajori, Florian. *A History of Mathematics*. 1893. 2d ed. New York: Macmillan, 1919.

——. *A History of Mathematical Notations*. Vol. 2: *Higher Mathematics*. 1929. Rpt. Chicago: Open Court, 1952.

——. *William Oughtred: A Great Seventeenth-Century Teacher of Mathematics*. Chicago: Open Court, 1916.

Chase, Arnold Buffum. *The Rhind Mathematical Papyrus*. 1927–1929. Rpt. Reston, Virginia: National Council of Teachers of Mathematics, 1979.

Courant, Richard. *Differential and Integral Calculus*. 2 vols. 1934. Rpt. London: Blackie & Son, 1956.

Dantzig, Tobias. *The Bequest of the Greeks*. New York: Charles Scribner's Sons, 1955.

Dörrie, Heinrich. *100 Great Problems of Elementary Mathematics: Their History and Solution*. Trans. David Anin. 1958. Rpt. New York: Dover, 1965.

Dunham, William. *Journey through Genius: The Great Theorems of Mathematics*. New York: John Wiley, 1990.

Euclid. *The Thirteen Books of Euclid's Elements*. 3 vols. Trans. from the text of Heiberg with introduction and commentary by Sir Thomas Heath. New York, 1956.

Eves, Howard. *An Introduction to the History of Mathematics*. 1964. Rpt. Philadelphia: Saunders College Publishing, 1983.

Gheverghese, George Joseph. *The Crest of the Peacock: Non-European Roots of Mathematics*. Harmondsworth, U.K.: Penguin Books, 1991.

Gillings, Richard J. *Mathematics in the Time of the Pharaohs*. 1972. Rpt. New York: Dover, 1982.

Gillispie, Charles Coulston, ed. *Dictionary of Scientific Biography*. 16 vols. New York: Charles Scribner's Sons, 1970–1980.

Helden, Albert van. *Measuring the Universe: Cosmic Dimensions from Aristarchus to Halley*. Chicago: University of Chicago Press, 1985.

Helmholtz, Hermann Ludwig Ferdinand von. *Sensations of Tone. 1885*. Trans. Alexander J. Ellis. New York: Dover, 1954.

Hollingdale, Stuart. *Makers of Mathematics*. Harmondsworth, U.K.: Penguin Books, 1989.

Jolley, L.B.W. *Summation of Series*. 1925. Rpt. New York: Dover, 1961. Karpinski, Louis C. "Bibliographical Check List of All Works on Trigonometry Published up to 1700

A.D.," *Scripta Mathematica* 12 (1946), pp. 267–283.

Katz, Victor J. *A History of Mathematics: An Introduction*. New York: HarperCollins, 1993.

Keay, john. *The Great Arc: The Dramatic Tale of How India Was Mapped and Everest Was Named*. New York: HarperCollins, 2000.

Klein, Felix. *Elementary Mathematics from an Advanced Standpoint*. Vol. 1: *Arithmetic, Algebra, Analysis*. 1924. Trans. E. R. Hedrick and C. A. Noble. Rpt. New York: Dover (no date).

Kline, Morris. *Mathematical Thought from Ancient to Modern Times*. 3 vols. New York: Oxford University Press, 1990.

Knopp, Konrad. *Elements of the Theory of Functions*. Trans. Frederick Bagemihl. New York: Dover, 1952.

Kramer, Edna E. *The Nature and Growth of Modern Mathematics*. 1970. Rpt. Princeton, N.J.: Princeton University Press, 1981.

Loomis, Elisha Scott. *The Pythagorean Proposition*. 1940. Rpt. Washington, D.C.: National Council of Teachers of Mathematics, 1972.

Maor, Eli. *e: The Story of a Number*. Princeton, N.J.: Princeton Univeristy Press, 1994.

Müller, Johann (Regiomontanus). *De triangulis omnimondis*. Trans. Barnabas Hughes with an Introduction and Notes. Madison, Wis.: University of Wisconsin Press, 1967.

Osserman, Robert. *Poetry of the Universe: A Mathematical Exploration of the Cosmos*. New York: Anchor Books, 1995.

Pedoe, Dan. *Geometry and the Liberal Arts*. New York: St. Martin's, 1976.

Simmons, George F. *Calculus with Analytic Geometry*. New York: McGraw-Hill, 1985.

Smith, David Eugene. *History of Mathematics*. Vol. 1: *General Survey of the History of Elementary Mathematics*. Vol. 2: *Special Topics of Elementary Mathematics*. 1923–1925. Rpt. New York: Dover, 1958.

Snyder, John P. *Flattening the Earth: Two Thousand Years of Map Projections*. Chicago: University of Chicago Press, 1993.

Struik, D. J., ed. *A Source Book in Mathematics, 1200–1800*. Cambridge, Mass.: Harvard University Press, 1969.

Taylor, C. A. *The Physics of Musical Sounds*. London: English Universities Press, 1965.

van der Werden, Bartel L. *Science Awakening: Egyptian, Babylonian and Greek Mathematics*. 1954. Trans. Arnold Dresden. 1961. Rpt. New York: John Wiley, 1963.

Wilford, John Noble. *The Mapmakers*. New York: Alfred A. Knopf, 1981.

Yates, Robert C. *Curves and Their Properties*. 1952. Rpt. Reston, Va.: National Council of Teachers of Mathematics, 1974.

Zeller, Mary Claudia. *The Development of Trigonometry from Regiomontanusto Pitiscus*. Ann Arbor, Mich.: Edwards Bros., 1944.